高等院校数据科学与大数据专业“互联网+”创新规划教材

大数据处理

主　编　王道平　蒋中杨

内容简介

本书以介绍大数据处理技术为主线，详细介绍了基于 Hadoop 的大数据处理框架及其组成部分，并且讲述了基于 Spark 和 Storm 的大数据处理技术，同时简单介绍了大数据处理的其他技术及其应用。

本书既可以作为高等院校数据科学与大数据、大数据技术与应用、软件工程及相关专业的教材，也可以供系统分析师、系统架构师、软件开发工程师和项目经理，以及其他学习大数据技术的读者阅读和参考。

图书在版编目(CIP)数据

大数据处理/王道平，蒋中杨主编. —北京：北京大学出版社，2020.8
高等院校数据科学与大数据专业"互联网+"创新规划教材
ISBN 978-7-301-31479-1

Ⅰ. ①大… Ⅱ ①王… ②蒋… Ⅲ. ①数据处理—高等学校—教材 Ⅳ. ①TP274

中国版本图书馆 CIP 数据核字（2020）第 134938 号

书　　名 大数据处理
DASHUJU CHULI
著作责任者 王道平　蒋中杨　主编
策划编辑 程志强
责任编辑 程志强
数字编辑 蒙俞材
标准书号 ISBN 978-7-301-31479-1
出版发行 北京大学出版社
地　　址 北京市海淀区成府路 205 号　100871
网　　址 http://www.pup.cn　新浪微博：@北京大学出版社
电子信箱 pup_6@163.com
电　　话 邮购部 010-62752015　发行部 010-62750672　编辑部 010-62750667
印 刷 者 北京鑫海金澳胶印有限公司
经 销 者 新华书店
787 毫米×1092 毫米　16 开本　12 印张　273 千字
2020 年 8 月第 1 版　2020 年 8 月第 1 次印刷
定　　价 39.00 元

前　言

近年来，随着移动互联网、物联网和云计算的迅猛发展，大数据理论和技术已经成为学术界、产业界以及政府部门关注的热点。早在2009年，联合国就启动了“全球脉动计划”，拟通过大数据技术推动落后地区的发展。2015年，我国政府也通过了《促进大数据发展行动纲要》。2018年，我国信息通信研究院第三次发布了《大数据白皮书》，集中介绍了我国大数据技术的最新发展态势和成果；在学术界，我国诸多高校纷纷建立了大数据与人工智能学院，设立了数据科学与大数据或大数据技术与应用等专业；在产业界，IBM、阿里巴巴、滴滴出行等知名企业都提出了各自的大数据解决方案。

本书详细地介绍了基于Hadoop的大数据处理框架及其组成部分，并且讲述了基于Spark和Storm的大数据处理技术，同时简述了大数据处理的其他技术及其应用。本书符合48学时的教学要求，适合大学低年级同学使用，建议先学习本系列前置课程的教材《大数据导论》，后续课程的教材建议是《大数据分析》等，以达到系统性学习大数据知识的目的。本书加入了大量的图文、视频资源，扫描二维码可以观看。

另外，为了尊重外来词汇的原创性同时又兼顾中国读者的阅读习惯，本书涉及英文专业术语的地方尽量以英文形式出现，并且大多进行了中文标注，附录还给出了常用中英文术语对照表，读者可进行查询。

本书共分8章，讲述的内容包括表1所列的5个部分。

表1　本书内容框架及建议学时

部　分	部分简介	章	章　简　介	建议学时
第1部分	大数据处理概述	第1章	介绍了大数据的概念和特征，分析了大数据的国内外发展情况，并简介了大数据全生命周期的操作流程，着重介绍了批处理和流式计算两种大数据处理方式	4
第2部分	基于Hadoop的大数据处理技术	第2章	介绍了Hadoop的发展历程，并阐述了Hadoop的具有可扩充的分布式架构、擅于处理非结构化数据和自动化的并行处理机制等特性	8
		第3章	简介了分布式文件系统HDFS的相关概念、架构组成及其存储原理，并详细地介绍了HDFS的主要工作流程	8
		第4章	对并行计算框架MapReduce的相关知识进行了阐述，介绍了分布式并行编程和MapReduce的工作流程	8
		第5章	介绍了Hive的基本架构、工作原理、数据模型及其查询语言HiveQL	8
第3部分	基于Spark的大数据处理技术	第6章	介绍了Spark的概念、特点和安装要点，分析了Spark的流数据处理模型，并介绍了Spark在企业中的应用	6

续表

部　　分	部分简介	章	章　简　介	建议学时
第4部分	基于Storm的大数据处理技术	第7章	介绍了Storm的概念，详细阐述了Storm各组件的基本概念和功能以及各组件之间的关联，分析了Storm的特点，并给出了其在Linux系统上的安装步骤	3
第5部分	大数据处理的其他技术与应用	第8章	围绕图数据库技术、Flink技术以及Kafka技术展开介绍，重点介绍了每种技术的概念、功能框架及应用案例	3

本书由北京科技大学王道平和蒋中杨担任主编，负责设计全书内容、草拟写作提纲、组织编写工作及统稿，参加编写和资料整理的人员还有陈华、宋雨情、王婷婷、徐良越、赵超、李明芳、李锋、李小燕、张海平、梁思涵等。

本书在编写过程中参阅了大量的图书和相关资料，在此向各位作者表示真诚的谢意。本书在出版的过程中，得到北京大学出版社的大力支持，在此一并表示衷心的感谢。由于作者水平有限，书中难免存在疏漏之处，恳请广大读者批评斧正。

编　者

2020年2月

【资源索引】

目　　录

第 5 章　分布式数据仓库 Hive ……… 78

第 6 章　基于 Spark 的大数据处理 … 103

第 7 章　基于 Storm 的大数据处理 … 130

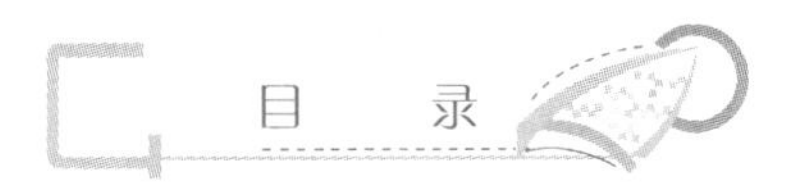

第1章 大数据处理概论

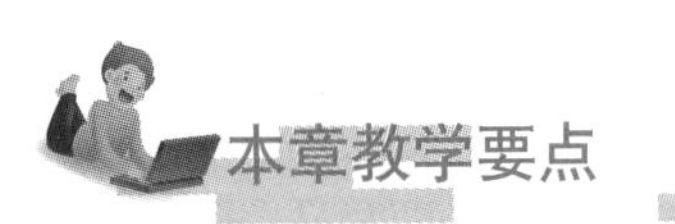

知识要点	掌握程度	相关知识
大数据的概念及特征	掌握	大数据的定义、存储单位、“4V”特征
大数据的发展	了解	云计算技术、商务智能、交互数据分析
大数据的采集	熟悉	采集来源、采集方法、采集平台
大数据的存储和处理	熟悉	HDFS、HBase、MapReduce、Hadoop和云数据库
大数据的分析	了解	大数据的5种分析方法
大数据的处理类型	掌握	批处理、流式计算及两者的对比

随着互联网和信息行业的快速发展，大数据越来越引起人们的关注，它正在积极地影响着社会的各个方面。人们的生活方式发生了很大的改变，通过简单、容易操作的移动应用和基于云端的数据服务，就能够实时追踪自己的行为。以前，人们总说知识就是力量，而如今，这些知识就隐含在对大数据进行必要的处理中。

1.1 大数据简介

大数据不等同于数据量大的数据，它是具有一定价值的资源，确切地说，它是可以为人类带来巨大的社会效益和经济效益的数据。大数据类型繁多，处理速度快，但价值密度低，很多数据无法直接使用甚至没有分析价值。除了结构化的数据，更多的数据是半结构化、准结构化和非结构化的，这对大数据的处理提出了很高的技术要求。

1.1.1 大数据的概念

所谓大数据，狭义上可以定义为：用现有的一般技术难以管理的大量数据的集合。例如，目前在企业数据库中占据主流地位的关系型数据库无法进行管理的、具有复杂结构的数据。广义上，美国高德纳（Gartner）咨询公司给出了这样的定义：大数据是需要新处理模式才能具有更强的决策力、洞察发现力和流程优化能力的海

【数据存储单位及换算关系】

量的、高增长率和多样化的信息资产。

从经济学的角度看，大数据是经过系统整理的储存在现实或虚拟空间中能够提供一定价值的信息资源。从会计学的层面看，这些信息资源是大数据企业或大数据研究机构通过合法交易取得的能够拥有或控制的并可以带来经济利益的资产。从海量的数据规模来看，根据报道全球 IP 流量达到 1EB 所需的时间，在 2001 年是 1 年，在 2013 年仅为 1 天，在 2016 年仅为半天，在今天则为数分钟。全球新产生的数据年增较快，信息总量大约每两年就要翻一番。

大数据具有多种形式，从高度结构化的财务数据到文本文件、多媒体文件和基因定位图的任何数据，都可以称为大数据。由于其自身的复杂性，处理大数据的首选方法就是在并行计算的环境中进行大规模并行处理，这使得同时发生的并行摄取、并行数据装载和分析成为可能。实际上，大数据多半是半结构化或非结构化的，这需要不同的技术和工具来处理。

1.1.2 大数据的特征

关于"大数据的特征是什么"这个问题，学术界比较认可大数据的"4V"说法：数据量(Volume)大、数据类型(Variety)繁多、处理速度(Velocity)快和价值(Value)密度低。

1. 数据量大

人类进入信息社会以后，数据以自然方式增长，其产生不以人的意志为转移。从 1986 年到 2010 年的这 20 多年时间里，全球数据的数量增长了 100 倍，今后数据会增长得更快。随着 Web2.0 和移动互联网的迅速发展，人们已经可以随时随地发布包括微博和微信在内的各种信息。物联网也得到了飞速发展，各种传感器和摄像头已经几乎遍布了工作和生活的各个角落，这些设备每时每刻都在自动产生大量的数据。预计到 2022 年，全球将拥有 35ZB 的数据量，与 2010 年相比，数据量将增长近 30 倍。

2. 数据类型繁多

大数据的来源众多，科学研究和 Web 应用等都在源源不断地生成新的数据。生物大数据、交通大数据、医疗大数据、电信大数据、电力大数据和金融大数据等都呈现出"井喷式"增长，所涉及的数量十分巨大，已经从 TB 级跃升到 PB 级，这些数据往往都归类为结构化数据、半结构化数据和非结构化数据。与以往的结构化数据为主导地位的局面不同，如今的数据多为非结构化数据，包括网络日志、社交网络信息和地理位置信息等类型，这些都对数据的处理工作带来了巨大的挑战。

传统的数据主要储存在关系数据库中，但是在 Web 2.0 等应用领域中，越来越多的数据开始被储存在 NoSQL 数据库中，这就必然要求在集成的过程中进行数据转换，而这种转换的过程是非常复杂和难以管理的。传统的联机分析处理(On-Line Analytical Processing，OLAP)和商务智能工具大都面向结构化数据，而在大数据时代，有广阔市场空间的商业软件必将是用户交互友好的并支持非结构化数据分析的。

3. 处理速度快

大数据的处理速度非常快，各种数据基本上都实时在线，并能够进行快速处理、传送和存储，以便全面反映对象的当下情况。在数据量非常庞大的情况下也能够做到数据的实时处理，可以从各种类型的数据中快速获得高价值的信息。以谷歌公司的 Dremal 为例，它是一种可扩展的、交互式的实时查询系统，用于嵌套数据的分析，通过结合多级树状执行过程和列式数据结构，它能做到几秒内完成对万亿张表的聚合查询，也可以扩展到成千上万的 CPU(中央处理器)上，满足谷歌众多用户操作 PB 级数据的需求，并且可以在 2～3 秒内完成 PB 级别数据的查询。

4. 价值密度低

大数据的价值密度相对较低，需要做很多的工作才能挖掘出有价值的信息。随着互联网和物联网的广泛应用，信息感知无处不在，在数据的海洋中不断寻找才能“淘”出一些有价值的东西，可谓“沙里淘金”。以监控视频为例，一天的记录可能只有几秒钟的记录是有价值的。但是，为了安保工作的顺利进行，不得不投入大量的资金用来购买各种设备，耗费大量的电能和存储空间以保存不断更新的监控数据。

有人把数据比喻为蕴藏能量的煤矿，煤按照性质有泥煤、褐煤、烟煤、无烟煤和超级无烟煤等分类，而露天煤矿、深山煤矿的挖掘成本又不一样。与此类似，大数据并不在于“大”，而在于“有用”，价值含量、挖掘成本比数量更为重要。对于很多行业而言，如何利用好这些大数据已成为赢得竞争的关键。

1.1.3 大数据的关键技术

大数据的关键技术一般包括大数据采集、预处理、存储管理、安全开发、分析及挖掘和展现与应用等技术。

1. 大数据采集（见图 1.1）

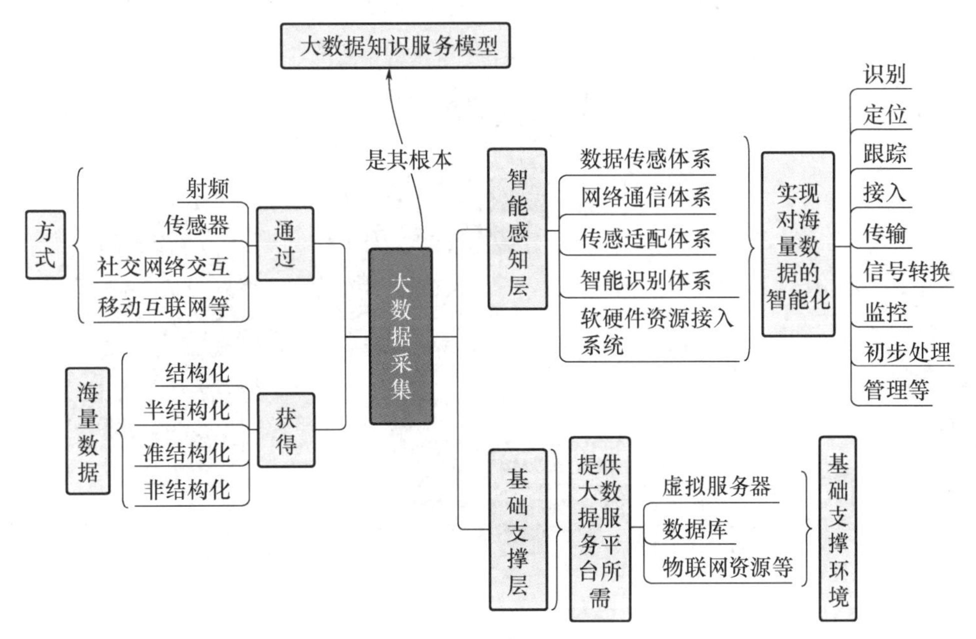

图 1.1 大数据采集

2. 大数据预处理

大数据预处理主要完成对已接收数据的抽取、清洗等操作。

(1)抽取：因获取的数据可能具有多种结构和类型，数据抽取过程可以帮助将复杂的数据转化为单一的或者便于处理的结构和类型，以达到快速分析处理的目的。

(2)清洗：由于在海量数据中，数据并不全是有价值的，有些数据并不是所关心的内容，而另一些数据则是完全错误的干扰项，因此要对数据进行“去噪”，从而提取有效数据。

3. 大数据存储管理

大数据存储与管理要用存储器把采集到的数据存储起来，建立相应的数据库，并进行管理和调用。大数据存储与管理技术重点解决复杂结构化、半结构化和非结构化的数据管理与处理；主要解决大数据的存储、表示、处理、可靠性和有效传输等几个关键问题；开发可靠的外布式文件系统、能效优化的存储、计算融入存储、大数据的去冗余及高效低成本的大数据存储技术，突破分布式非关系型大数据管理与处理技术、异构数据的数据融合技术和数据组织技术，研究大数据建模技术、大数据索引技术和大数据移动、备份、复制等技术，开发大数据可视化技术和新型数据库技术。新型数据库技术可将数据库分为关系型数据库和非关系型数据库。其中，非关系型数据库主要指的是 NoSQL，它又分为键值数据库、列存数据库、图存数据库及文档数据库等类型。关系型数据库包含传统关系数据库系统及 NewSQL 数据库。

4. 大数据安全开发

大数据安全开发技术包括改进数据销毁、透明加解密、分布式访问控制和数据审计等技术，突破隐私保护和推理控制、数据真伪识别和取证、数据持有完整性验证等技术，如图 1.2 所示。

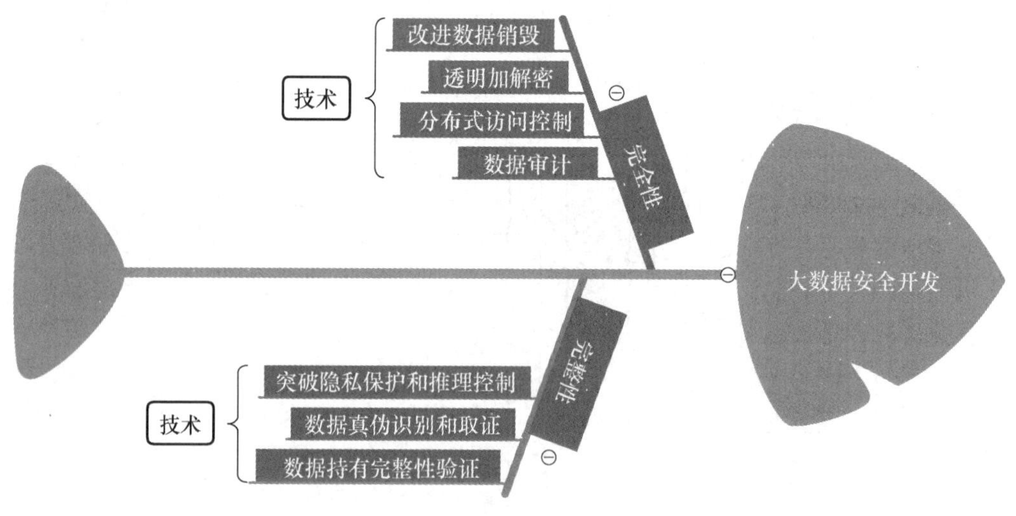

图 1.2 大数据安全开发

5. 大数据分析及挖掘

【大数据可视化分析常用的工具】

大数据分析及挖掘技术包括改进已有数据挖掘、机器学习技术、开发数据网络挖掘、特异群组挖掘和图挖掘等新型数据挖掘技术，突破基于对象的数据连接、相似性连接等大数据融合技术和用户兴趣分析、网络行为分析、情感语义分析等面向领域的大数据挖掘技术。

数据挖掘就是从大量的、不完全的、有噪声的、模糊的和随机的实际应用数据中提取隐含在其中的人们事先不知道但又是潜在有用的信息和知识的过程。数据挖掘涉及的技术方法很多，详见表1-1。

表1-1 数据挖掘涉及的技术方法

分类依据	类别
挖掘任务	分类或预测模型发现、数据总结、聚类、关联规则发现、序列模式发现、依赖关系或依赖模型发现、异常和趋势发现等
挖掘对象	关系数据库、面向对象数据库、空间数据库、时态数据库、文本数据源、多媒体数据库、异质数据库、遗产数据库及环球网
挖掘方法	可粗分为机器学习方法、统计方法、神经网络方法和数据库方法。机器学习方法又可细分为归纳学习方法、基于范例学习和遗传算法等；统计方法可细分为回归分析(多元回归、自回归等)、判别分析(贝叶斯判别、费歇尔判别、非参数判别等)、聚类分析(系统聚类、动态聚类等)和探索性分析(主元分析法、相关分析法等)等；神经网络方法细分为前向神经网络(反向传播算法等)和自组织神经网络(自组织特征映射、竞争学习等)等；数据库方法主要有多维数据分析或联机分析处理(OLAP)方法，另外还有面向属性的归纳方法

从挖掘任务和挖掘方法的角度，数据挖掘着重从表1-2所列的几个方向突破。

表1-2 数据挖掘可以突破的方向(从挖掘任务和挖掘方法的角度)

着重突破方向	解析
可视化分析	数据可视化无论是对普通用户还是对数据分析专家来说，都是最基本的功能。数据图像化可以让数据“说话”，让用户直观地感受到结果
数据挖掘算法	图像化是将机器语言翻译给人们看，而数据挖掘算法用的是机器语言，分割、集群、孤立点分析，还有各种各样的算法，可以精简数据、挖掘价值。数据挖掘算法要求能处理大量的数据，同时还应具有很高的处理速度
预测性分析	预测性分析可以让分析师根据图像化分析和数据挖掘的结果做出一些前瞻性判断
语义引擎	语义引擎需要设计足够的智能以致能够从数据中主动地提取信息。语言处理技术包括机器翻译、情感分析、舆情分析、智能输入和问答系统等。数据质量与管理是管理的最佳实践，通过标准化流程和机器对数据进行处理可以确保获得一个预设质量的分析结果

6. 大数据展现与应用

大数据技术能够将隐藏于海量数据中的信息和知识挖掘出来，为人类的社会经济活动提供依据，从而提高各个领域的运行效率，大大提高整个社会经济的集约化程度。

1.1.4 大数据的发展

在2016年7月Gartner发布的新一年度新兴技术成熟度曲线中，往年备受关注的大数据及相关技术概念并没有出现。“这些从曲线中消失的技术依然关键，只是不再‘新兴’”，高德纳咨询公司如此解释。大数据随着相关的基础设施、产业应用和理论体系的发展与完善，越来越被各界所了解，而不像前几年那样仅是少数人眼中的“新领域”。目前，大数据以爆炸式的发展速度迅速蔓延至各行各业。各国抢抓战略布局，不断加大扶持力度，全球大数据市场规模保持着高速增长的态势。

作为大数据发展的策源地和创新的引领者，美国最早正式发布了国家大数据战略。美国政府在2012年3月发布《大数据研究和发展倡议》，将大数据提升为一种战略性资源，应用在科研、工程、教育与国家安全上，该倡议一出台便得到多个联邦部门和机构的响应。随后，美国政府又在2016年5月发布《联邦大数据研究与开发战略计划》，围绕人类科学、数据共享和隐私安全等7个关键领域部署推进大数据建设的相关计划。同期，我国敏锐地把握了大数据的兴起及发展趋势。在短短几年内，大数据迅速成为我国社会各领域关注的热点。我国政府高度重视大数据作为一种前瞻领域的战略意义，并在近几年加快推行相关政策的制定实施工作，启动未来促进大数据发展的数据强国计划。2015年8月国务院发布《促进大数据发展行动纲要》，提出全面推进我国大数据的发展和应用，加快建设数据强国；同年10月，中国共产党第十八届中央委员会第五次全体会议将“大数据”写入会议公报并升级为国家战略；2016年3月，国家在出台的“十三五”规划纲要中再次明确了大数据作为基础性战略资源的重大价值，提出要加快推动相关研发、应用及治理。2016年12月，《大数据产业发展规划(2016—2020年)》正式发布，全面制订了未来五年的大数据产业发展计划，为“十三五”时期大数据产业的持续健康发展确立了目标与路径。2018年9月，我国工业和信息化部为了推进实施国家大数据战略，务实推动大数据技术、产业创新发展和落实国务院关于印发《促进大数据发展行动纲要》的通知，围绕大数据关键技术产品研发、重点领域应用、产业支撑服务和资源整合共享开放四个方面，遴选了一批大数据产业发展试点示范项目。总体来看，大数据进入了从概念推广到应用落地的关键转折期。

1. 硬件性价比提高与软件技术进步

随着计算机性价比的提高、硬盘价格的下降和云计算的兴起以及利用通用服务器对大量数据进行高速处理技术Hadoop(Hadoop是一个分布式系统基础架构，非缩写，而是一个虚构的名字)的诞生，大数据存储和处理的门槛大大降低。因此，过去只有像NASA这样的研究机构以及屈指可数的几家特大企业才能做到对大量数据进行深入分析，现在只需很少的时间和成本就可以完成。无论是存在多年的还是刚刚创业的公司，无论是大型企业还是中小型企业，都可以对大数据进行充分的处理和运用。

2. 云计算开始普及

现在很多情况下，大数据的处理环境并不一定要自行搭建了。例如，利用亚马逊的

云计算服务 EC2(Elastic Compute Cloud，弹性计算云)和 S3(Simple Storage Service，简单存储服务)就可以按用量付费的方式来使用计算机集群组成的计算处理环境。实际上，许多新兴的信息技术创业公司如雨后春笋般不断出现，它们通过使用亚马逊的云计算环境对海量数据进行处理，从而催生出许多新兴的服务，这些公司有网络广告公司 Razorfish、提供预测航班起飞正/晚点服务的 FlightCaster 和预测电子产品价格走势的 Decide 等。

3. 商务智能进化

【BI 的来源】

要想深刻地认识大数据，还需要理解 BI(Business Intelligence，商务智能)的潮流和大数据之间的关系。对企业内外所存储的数据进行有组织性、系统性的集中、整理和分析，从而获得对各种商务决策有价值的知识和观点，这样的技术及行为称为 BI。大数据作为 BI 的进化形式，充分利用后不仅能够高效地预测未来，还能够提高预测的准确率。

要预测未来，从庞大的数据中发现有价值的规则并进行模式的数据挖掘是一种非常有用的工具。为了让数据挖掘的执行更加高效，就要使用能够从大量数据中自动学习知识和有用规则的机器学习技术。从特性上来说，机器学习对数据的要求是体量越大越好。一直以来，机器学习的瓶颈在于如何存储并高效处理学习所需要的大量数据。然而，随着硬盘单价的下降和 Hadoop 等其他大数据处理框架的诞生，这些问题正逐步得以解决，现实中对大数据应用机器学习的实例正在不断涌现。

4. 从交易数据分析到交互数据分析

对比于从像“卖出了一件商品”“一位客户接触了合同”等这样的交易数据中得到的简单统计结果，人们更想得到的是“为什么卖出了这件商品”“为什么这个客户离开了”这样的信息，而这样的信息需要从与客户之间产生的交互数据中来挖掘。以非结构化数据为中心的大数据分析需求不断高涨，也正反映了这种趋势。例如，像京东这样的运营电商网站的企业，可以通过网站的点击量数据追踪用户在网站内的行为，从而对用户从访问网站到最终购买商品的行为路线进行分析，这种点击量数据正是表现客户与公司网站之间相互作用的一种交互数据。对于消费品公司来说，可以通过用户的会员数据、购买记录和呼叫中心通话记录等数据来寻找客户解约的原因。随着“社交 CRM（客户关系管理)”呼声的高涨，越来越多的企业都开始利用微信等社交媒体来提供客户支持服务了，上述这些都是表现企业与客户之间的交互数据，只要推进对这些交互数据的分析，就可以清晰地掌握客户离开的原因从而做出相应的补救措施。

1.2　大数据的操作流程

从 20 世纪开始，政府和各行各业的信息化得到了迅速发展，积累了海量数据。这些数据大部分都是非结构化的，虽然国内的各类数据中心已有足够的硬件设施来存储这些数据，但是，如何让这些海量数据产生最大的商业价值，是目前数据拥有者所需要考虑的。此外，由于数据的增长速度越来越快，数据量越来越大，传统的数据库或数据仓库很难存储、管理、查询和分析这些数据，如何在软件层面实现 PB（数据存储单位）级乃至 ZB 级的海量数据的采集、存储、处理和分析也是亟待数据拥有者思考和解决的问题。

1.2.1 大数据采集

大数据采集涉及的方面有采集来源、方法和平台，并且采集到的数据的质量直接决定了大数据预处理的难度和工作量。互联网数据是数据采集的主要来源之一；大数据通常使用网络数据采集方法进行采集；大数据采集平台的选择取决于数据本身的结构和数据量，采集平台的适当选择可以在很大程度上提高数据采集的效率和质量。

1. 采集来源

大数据的三大主要来源为商业数据、互联网数据和物联网数据（见图 1.3）。

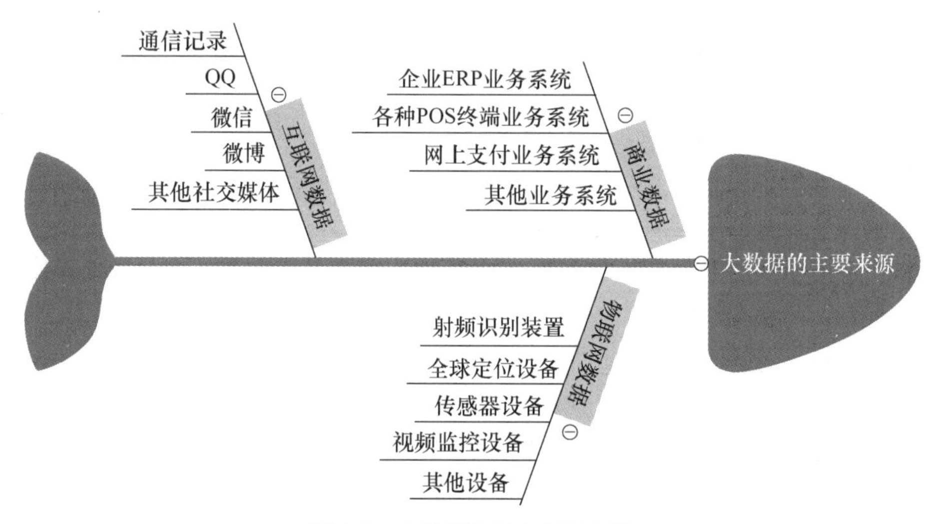

图 1.3　大数据的三大主要来源

【API 简介】

2. 采集方法

研究大数据的前提是高效地获取大数据。获取大数据的方法有很多，如制作网络爬虫从网站上采集数据、从 RSS(简易信息聚合，是一种消息来源格式规范)反馈或者 API(Application Program Interface，应用程序编程接口)中得到数据以及设备发送过来的实测数据等。为了提高数据采集的效率，还可以使用公开可用的数据源。电信固网 DPI 采集的数据大部分是“裸格式”的数据，即数据未经过任何处理，可能包括 HTTP(Hyper Text Transport Protocol，超文本传输协议)、FTP(File Transfer Protocol，文件传输协议)和 SMTP(Simple Mail Transfer Protocol，简单邮件传输协议)等数据，数据来源于 QQ、微信和其他社交应用，或来自爱奇艺、腾讯视频和优酷等视频提供商。很多企业都有自己的业务管理平台，每天会产生大量的日志数据。日志采集系统的主要功能就是收集业务日志数据，为决策者提供在线和离线分析功能。而网络数据采集方法主要针对非结构化数据的采集，是指通过网络爬虫或网站公开 API 等方式从网站上获取数据信息。该方法可以将非结构化数据从网页中抽取出来，将其存储为统一的本地数据文件，并以结构化的方式进行存储。

3. 采集平台

随着数据呈现爆炸式的增长，采集工作面临的挑战日益增大，这就要求采集平台具

有高可靠性和高扩展性。下面介绍几种常用的大数据采集平台。

(1)Apache Flume。

【Apache Flume 架构与运行原理】

Flume 是 Apache 旗下的一款开源、高可靠性、高扩展性、容易管理和支持客户扩展的数据采集平台，它使用 JRuby(一个采用纯 Java 实现的 Ruby 语言解释器)来构建，所以依赖 Java 运行环境。它最初是由美国 Cloudera 公司的工程师设计，用来合并日志数据，后来逐渐发展用于处理流数据事件。Flume 的结构是一个分布式的管道，可以看作在数据源和目的之间有一个 Agent（代理商）的网络，支持数据路由，每一个 Agent 都由 Source（源）、Channel（通道）和 Sink（汇集）组成，如图 1.4 所示。

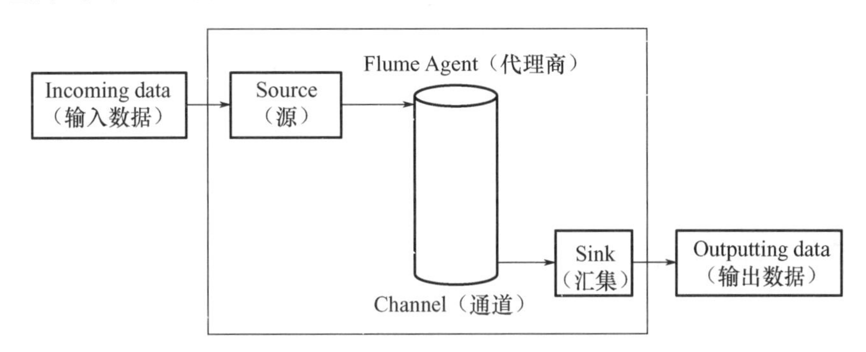

图 1.4 Apache Flume 结构图

(2)Fluentd。

Fluentd 是另一个开源的数据采集平台，它是基于 C/Ruby 语言开发的，使用 JSON（JS 对象简说，一种轻量级的数据交换格式）文件来统一日志数据。Fluentd 的可插拔架构支持各种不同种类、格式的数据源和数据输出，同时也具备高可靠性和很好的扩展性。Fluentd 从各方面看都很像 Flume，它的 Input、Buffer（缓冲区）和 Output 与 Flume 的 Source、Channel 和 Sink 非常类似。两者的区别是 Fluentd 使用 C/Ruby 开发，封装会小一些，但同时也带来了跨平台的问题，不能支持 Windows 平台。

(3)Logstash。

【ELK 介绍】

著名的开源数据栈 ELK(Elasticsearch，Logstash，Kibana)中的“L”就代表 Logstash。Logstash 是用 JRuby 开发的，运行时依赖 JVM(Java Virtual Machine，Java 虚拟机)。在大部分的情况下 ELK 作为一个栈是被同时使用的，所以当一个数据系统使用 ElasticSearch 时，Logstash 是不二之选。

(4)Splunk Forwarder。

在商业化的大数据平台产品中，Splunk Forwarder 可以很好地支持数据采集、存储、分析和可视化这些全生命周期的工作，它是一个分布式的机器数据平台，主要有如下三个角色：Search Head 负责数据的搜索和处理，提供搜索时的信息抽取；Indexer 负责数据的存储和索引；Forwarder 负责数据的采集、清洗、变形，并发送给 Indexer。

Splunk Forwarder 内置了对 Syslog、TCP/UDP 等协议和 Spooling 技术的支持，用户可以通过开发 Input 和 Modular Input（模块化输入）的方式来获取特定的数据。在 Splunk 提供的软件仓库里有很多成熟的数据采集应用，例如 AWS（亚马逊云计算服务）、

DBConnect(数据库连接)等，可以方便地从云或者数据库中获取数据进入Splunk的数据平台以便进行数据分析。

(5)Chukwa。

Chukwa是Apache旗下另一个开源的数据收集平台，是基于Hadoop的HDFS(Hadoop Distributed File System，基于Hadoop的分布式文件系统)和MapReduce(一种编程模型)构建的，具有扩展性和可靠性。Chukwa支持对数据的展示、分析和监视，其主要单元有：Agent、Collector(收集器)、DataSink(数据接收器)、ArchiveBuilder(存档生成器)和Demux(多路分配器)等。

以上介绍的5种大数据采集平台几乎都可以达到高可靠和高扩展的性能要求，均抽象出了输入、缓冲和输出的架构，利用分布式的网络进行彼此连接，其中Flume和Fluentd是两个较多被用户使用的产品。如果使用ElasticSearch，由于ELK有良好的集成优势，因此Logstash是最好的选择。由于项目不活跃，Chukwa的使用度不高。Splunk作为一个优秀的商业产品，可以支持数据采集、数据存储、数据分析和数据可视化全过程工作，但它的数据采集功能还存在一定的限制，有待于优化。

1.2.2 大数据存储

互联网技术和移动设备的出现导致数据性质发生了根本性变化。大数据具有独特的性质，这种特性使它与传统的数据区分开。与传统数据相比，大数据不再集中化、高度结构化和易于管理，大数据结构松散且量级越来越大。传统数据与大数据的特性对比见表1-3。

表1-3 传统数据与大数据的特性对比

数据特性	传统数据	大数据
数据量	吉字节(GB)～太字节(TB)	拍字节(PB)～艾字节(EB)
类型	集中式	分布式
结构	结构化	半结构化和非结构化
模型	稳定的数据模型	平面模型
内部关系	复杂的内部关系	简单的内部关系

大数据时代必须解决海量数据的高效存储问题，为此，谷歌公司开发了分布式文件系统GFS(Google File System)，通过网络实现文件在多台机器上的分布式存储，较好地满足了大规模数据存储的需求。HDFS是针对GFS的开源实现，它是Hadoop的核心组成部分之一，提供了在廉价服务器集群中进行大规模分布式文件存储的能力。HDFS具有很好的容错能力，并且兼容廉价的硬件设备，因此可以以较低的成本利用现有机器实现大流量数据的读写。使用HDFS作为高可靠的底层存储，HBase作为一个高性能、面向列、可伸缩的分布式数据库可以用来存储非结构化和半结构化的松散数据。HBase的目标是处理非常庞大的表，可以通过水平扩展的方式，利用廉价计算机集群来处理由超过10亿行数据和数百万列元素组成的数据表。HBase与Hadoop生态系统其他组件的关系将在后续章节详细介绍。

研究机构IDC(International Data Corporation)预言，大数据将按照每年160%的速度增加，如何方便、便捷、低成本地存储这些海量数据，是许多企业和机构面临的一个严峻挑战，云数据库就是一个非常好的解决方案。目前云服务商正通过云技术推出更多可在公有云中托管数据库的方法，将用户从烦琐的数据库硬件定制中解放出来，同时让用户拥有更强大的数据库扩展能力，满足海量数据的存储需求。云数据库是部署和虚拟化在云计算环境中的数据库，是在云计算的大背景下发展起来的一种新兴的共享基础架构的方法，它极大地增强了数据库的存储能力，消除了人员、硬件、软件的重复配置，让硬件、软件升级变得更加容易，同时也虚拟化了许多后端功能。

1.2.3 大数据处理

大数据时代除了需要解决大规模数据的高效存储问题，还需要解决大规模数据的高效处理问题。分布式并行编程可以大幅提高程序性能，实现高效的批量数据处理。分布式程序运行在大规模计算机集群上，集群中包括大量廉价服务器，可以并行执行大规模数据处理任务，从而获得海量的计算能力。

MapReduce 是一种并行编程模型，用于大规模数据集(大于 1TB)的并行运算，它将复杂的、运行于大规模集群上的并行计算过程高度抽象到两个函数：Map 和 Reduce。MapReduce 极大地方便了分布式编程工作，编程人员在不会分布式并行编程的情况下，也可以很容易将自己的程序运行在分布式系统上，完成海量数据集的计算。

Hadoop 是 MapReduce 框架的一个免费开源实现，采用 Java 编写，支持在大量机器上分布式处理数据。除了分布式计算之外，Hadoop 还自带分布式文件系统。可以在上面运行多种不同语言编写的分布式程序。Hadoop 在可伸缩性、健壮性、计算性能和成本上具有无可替代的优势，事实上已成为当前互联网企业主流的大数据分析平台。

Hadoop 第一代产品使用了 HDFS，第二代加入了 Cache(高速缓存)，以保存中间计算结果，第三代则引入了 Spark 倡导的流技术 Streaming。Spark 是一个针对超大数据集合的低延迟集群分布式计算系统，比 MapReduce 快 40 倍左右。相比于 Hadoop，Spark 是其升级版本，兼容 Hadoop 的 API(Application Program Interface，应用程序编程接口)，能够读写 Hadoop 的 HBase 顺序文件等，并能将结果保存在内存中。

1.2.4 大数据分析

大数据分析是指对规模巨大的数据进行分析，其目的是通过多个学科技术的融合，实现数据的采集、管理和分析，从而发现新的知识和规律。大数据时代的数据分析，首先要解决的是海量、结构多变、动态实时的数据存储与计算问题。这些问题在大数据解决方案中至关重要，决定了大数据分析的最终结果。

大数据分析方法有以下 3 种。

(1)预测性分析。

大数据分析最普遍的应用方法就是预测性分析，从大数据中挖掘出有价值的知识和规则，通过科学建模的手段呈现出结果，然后可以将新的数据带入模型，从而预测未来的情况。

(2)可视化分析。

不管是对数据分析专家还是普通用户，对大数据分析最基本的要求就是可视化分析，因为可视化分析能够直观地呈现大数据的特点，同时能够非常容易被用户所接受，就如同看图说话一样简单明了。可视化可以直观地展示数据，让数据自己说话，让用户看到结果。

(3)数据挖掘算法。

可视化分析结果是给用户看的，而数据挖掘算法是给计算机看的，通过让机器学习算法，按人的指令工作，从而呈现给用户隐藏在数据之中的有价值的结果。大数据分析的理论核心就是数据挖掘算法，算法不仅要考虑数据的量，也要考虑处理的速度。目前许多领域的研究都是在分布式计算框架上对现有的数据挖掘理论加以改进，进行并行化、分布式处理。常用的数据挖掘方法有分类、预测、关联规则、聚类、决策树、描述和可视化以及复杂数据类型挖掘(文本、网页、图形图像、视频、音频)等。

1.3 大数据的处理方式

从数据的处理方式来说，大数据处理可以分为批处理和流式计算两种。批处理是指数据产生后并不立即予以处理，而是累积到一定量后才进行处理；流式计算指的是数据在产生的同时便进行处理的计算模式。

1.3.1 批处理

2004年谷歌发表了关于MapReduce计算模型及框架的论文。MapReduce是一种典型的批处理计算模型，处理大量数据的任务通常最适合用批处理操作进行处理。无论是直接从持久存储设备处理数据集，还是先将数据集载入内存再进行处理，批处理在设计过程中都充分考虑了数据的量，可提供充足的处理资源。因为批处理在应对大量持久数据方面的表现极为出色，所以经常被用于对历史数据进行分析。本节将重点介绍批处理数据集的特征和批处理框架Apache Hadoop。

1. 批处理数据集的特征

(1)有界：批处理数据集代表数据的有限集合。

(2)持久：数据通常始终存储在某种类型的持久存储位置中。

(3)大量：批处理操作是处理海量数据集的常用方法。

2. 批处理框架

Apache Hadoop是一种专用于批处理的处理框架。Hadoop是首个在开源社区获得极大关注的大数据框架，基于谷歌有关海量数据处理所发表的多篇论文与经验的Hadoop重新实现了相关算法和组件堆栈，让大规模批处理技术变得更加容易使用。新版Hadoop主要包含如下3个组件，通过配合使用可用来处理批数据。

(1)HDFS：HDFS是一种分布式文件系统层，可对集群节点间的存储和复制进行协调。HDFS确保了无法避免的节点发生故障后数据依然可用，可将其用作数据来源，可用于存储中间态的处理结果，并可存储计算的最终结果。

(2)YARN：YARN是Yet Another Resource Negotiator(另一个资源管理器)的缩写，可充当Hadoop堆栈的集群协调组件。该组件负责协调并管理底层资源和调度作业的运行。通过充当集群资源的接口，YARN使用户能在Hadoop集群中使用比以往的迭代方式运行更多类型的工作负载。

(3)MapReduce：MapReduce是Hadoop的原生批处理引擎，用于大规模数据集的并

行运算。Apache Hadoop 及其 MapReduce 处理引擎提供了一套久经考验的批处理模型，最适合处理对时间要求不高的超大规模的数据集。通过非常低成本的组件即可搭建完整功能的 Hadoop 集群，使得这一廉价且高效的处理技术可以灵活应用在很多案例中。与其他框架和引擎的兼容及集成能力使得 Hadoop 可以成为使用不同技术的多种工作负载处理平台的底层基础，但是由于这种方法严重依赖持久存储，每个任务需要多次执行读取和写入操作，因此速度相对较慢。

1.3.2 流式计算

在很多实时应用场景（如实时交易、广告推送、监控、社交网络分析等）中，数据量大且实时性要求高，而且数据源是实时不断的。新产生的数据必须立即处理，否则后续的数据就会堆积起来，反应时间通常要求在秒级以下甚至是毫秒级，这就需要一个高度可扩展的流式计算方案。

1. 流式计算的概念

“流式计算”并非最近几年才出现的概念，它已经存在较长的时间，虽然早期的流式计算可以被看成是当前流行的流式计算的先导，但其概念的内涵以及与当前流式计算的含义有着明显的差异，可以将早期的流式计算和当前的流式计算分别称为连续查询处理类和可扩展数据流平台类计算系统。

2. 流式计算的特点

与批处理计算系统相比，流式计算系统有其独特性。好的流式计算系统应该具备以下 4 个特点。

(1)记录处理低延迟。

对于可扩展数据流平台类的流式计算系统来说，从原始输入数据进入流式系统，再流经各个计算节点后到达系统输出端，整个计算过程所经历的时间越短越好，主流的流式计算系统对于记录的处理时间应该为毫秒级。虽然有些流式计算应用场景并不需要如此低的计算延迟，但很明显，流式系统计算延迟越低，其应用场景越广泛。

(2)极佳的系统容错性。

目前大多数的大数据处理问题，一般会采用大量普通的服务器甚至 PC 来搭建数据存储与计算环境，尤其是在物理服务器成千上万的情形下，各种类型的故障经常发生，所以应该在系统设计阶段就将其当作一个常态，并在软件和系统层面能够容忍故障的常发性。

(3)极强的系统扩展能力。

系统可扩展性一般指当系统计算机负载过高或存储计算资源不足以应付手头的任务时，能够通过增加机器等水平扩展方式便捷地解决这些问题。

(4)灵活强大的应用逻辑表达能力。

对于流式计算系统来说，应用逻辑表达能力的灵活性主要体现在两个方面：通常情况下，流式计算任务都会被部署成由多个计算节点和流经这些节点的数据流构成的 DAG(Directed Acyclic Graph，有向无环图)。一方面，应用逻辑在描述其具体的 DAG 任务以及为了实现负载均衡而需要考虑的并发性等方面具有便携性；另一方面，流式计算系统提供的操作原语具有多样性，传统的连续

【有向无环图(DAG)技术解读】

性查询处理类的流式计算系统往往是类 SQL 的查询语言，在很多互联网应用场景下其表达能力是明显不足的。

3. 流式计算框架

Storm 是一种典型的流式计算框架，它是由 BackType 公司的 Nathan Marz 开发的，后来 BackType 公司被 Twitter 公司收购并开源，Storm 也随之闻名天下。Storm 的核心代码是利用极具潜力的函数式编程语言 Clojure 开发的，这也使得 Storm 格外引人注意，它通常应用于表 1-4 所列的三大领域。

表 1-4 Storm 通常应用的三大领域

领　域	英文名	说　明
信息流处理	Stream Processing	Storm 可以实时处理新数据和更新数据库，兼具容错性和可扩展性
连续计算	Continuous Computation	Storm 可以进行连续查询并把结果及时反馈给客户，例如将 Twitter 上的热门话题发送到客户端
分布式远程过程调用	Distributed RPC	Storm 可以并行处理密集查询，它的拓扑结构是一个等待调用信息的分布函数，当它收到一条调用信息时，会对查询内容进行计算并返回查询结果

Spark 及其他的流式计算框架将在本书后续章节介绍。

1.3.3 流式计算和批处理的对比

流式计算和批处理的对比见表 1-5。

表 1-5 流式计算和批处理的对比

处理方式	侧重点	追求目标	处理的数据对象	输出形式
流式计算	实时计算	低延迟	实时的流式数据	流式数据
批处理	离线数据处理	高吞吐量	静态的离线数据	离线数据

总体来讲，两者的区别体现在以下 3 个方面。

(1)系统的输入包括两类数据，即实时的流式数据和静态的离线数据。其中，流式数据是前端设备实时发送的识别数据、GPS 数据等，是通过消息中间件实现的事件触发推送至系统的。离线数据是应用需要用到的基础数据(提前梳理好的)等关系数据库中的数据。

(2)系统的输出也包括流式数据和离线数据。其中，流式数据是写入消息中间件的指定数据队列缓存，可以被异步推送至其他业务系统。离线数据是计算结果，直接通过接口写入业务系统的关系型数据库。

(3)业务的计算结果输出方式是通过两个条件决定的。一是结果产生的频率：若计算结果产生的频率较高，则这类结果以流式数据的形式写入消息中间件(例如要实时监控该客户所拥有的标签，也就是说要以极高的速度被返回)，这是因为数据库的吞吐量很可能无法适应高速数据的存取需求。二是结果需要写入的数据库表规模大小：若需要插入结果的数据表已经很庞大，则结果以流式数据的形式写入消息中间件，待应用层程序实现相关队列数据定期或定量的批量数据库转储(例如宽表异常庞大，每次查询数据库都会有很高的延迟，那么就将结果信息暂时存入中间件层，在晚些时候再定时或定量地进行批量数据库转储)，这是因为大数据表的读取和写入操作对毫秒级别的响应时间仍然无能为力。若对以上两个条件均无要求，结果可以直接写入数据库的相应表中。

本章小结

本章首先介绍了大数据的概念和特征，分析了大数据在国内外的发展情况，重点讲述了我国大数据的发展态势，并简单介绍了大数据全生命周期的操作流程，包括大数据采集、大数据存储、大数据处理和大数据分析等环节；然后着重介绍了批处理和流式计算两种大数据处理方式的概念及其发展；最后从系统输入和输出数据的类型以及计算结果三个方面将两者进行了对比。

关键术语

(1)大数据	(2)商务智能	(3)大数据挖掘算法
(4)语义引擎	(5)批处理	(6)流式计算

习　　题

1. 选择题

(1)以下(　　)不是大数据的特征。

A. 数据量大　　B. 数据类型单一

C. 处理速度快　　D. 价值密度低

(2)以下(　　)是 Apache 旗下的大数据采集平台。

A. Flume　　B. Splunk Forwarder

C. Logstash　　D. A 和 B

(3)Hadoop 的组件包括(　　)。

A. HDFS　　B. YARN

C. MapReduce　　D. 以上全部

(4)Hadoop 是 MapReduce 框架的开源实现，采用(　　)语言编写。

A. Python　　B. Java

C. HTML　　D. C

(5)批处理数据集的特征不包括(　　)。

A. 有界　　B. 大量

C. 持久　　D. 实时更新

(6)Storm 的应用领域包括(　　)。

A. 信息流处理　　　　　　　　B. 连续计算

C. 分布式远程过程调用　　　　D. 以上全部

2. 判断题

(1)大数据就是量比较大的数据。（　）

(2)大数据的特征包括数据量大、数据类型繁多、处理速度快和价值密度高。（　）

(3)大数据处理是大数据操作流程中最后的一个环节。（　）

(4)大数据的处理类型仅包含批处理和流式计算两种。（　）

(5)批处理是指数据产生后并不立即予以处理，而是累积到一定量后进行处理。（　）

(6)流式计算侧重于实时计算，而批处理侧重于离线数据处理。（　）

3. 简答题

(1)大数据的“4V”特征是什么?

(2)简述大数据的操作流程。

(3)大数据的分析方法有哪些?

(4)Hadoop主要包括哪些组件?

(5)一个好的流式计算系统应该至少具备哪些特点?

(6)简述批处理和流式计算的不同点。

第2章 基于 Hadoop 的大数据处理

本章教学要点

知 识 要 点	掌 握 程 度	相 关 知 识
Hadoop 的优势	熟悉	Hadoop 的特点和优势
Hadoop 1.0 与 Hadoop 2.0	了解	Hadoop 1.0 与 Hadoop 2.0 的架构对比
Hadoop 的架构	掌握	Hadoop 的构成、基本组件和其他组件
NameNode 和 DataNode	掌握	Node 的定义和工作原理
YARN	熟悉	YARN 的运行原理和作用
Hadoop 的具体应用	了解	Hadoop 在百度、华为和中国移动的应用

Hadoop 是用于管理大数据的一个基本工具，它满足了企业在大型数据库管理方面日益增长的需求。信息技术的快速发展，使得各种组织能够迅速收集越来越多的数据，这也满足了高效管理这些数据的迫切需求。当涉及大数据管理和应用时，可扩展能力是企业最大的需求之一。本章将对 Hadoop 的架构、原理及其在不同行业中的应用进行介绍。

2.1 Hadoop 简介

Hadoop 是 Apache 基金会下的一个开源分布式计算平台，以 Hadoop 分布式文件系统和分布式计算框架 MapReduce 为核心，为用户提供了底层细节透明的分布式基础设施。HDFS 具有高容错性和高伸缩性等优点，允许用户将 Hadoop 部署在廉价的硬件上，构建分布式系统；分布式计算框架 MapReduce 则允许用户在不了解分布式系统底层细节的情况下开发并行、分布的应用程序，充分利用大规模的计算资源，解决传统的高性能单机无法解决的难题。

2.1.1 Hadoop 的发展简史

【Hadoop 发展编年史】

谈到 Hadoop 的发展简史，就不能不提到 Lucene 和 Nutch。Hadoop 一开始是 Nutch 的一个子项目，而 Nutch 又是 Apache Lucene 的子项目。这 3 个

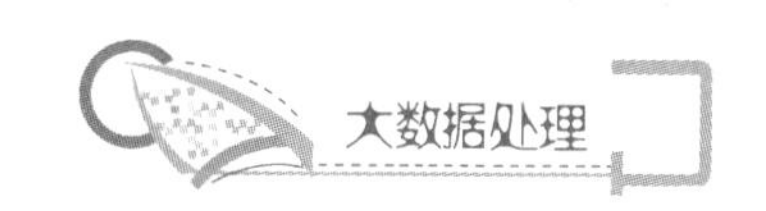

项目都是由 Hadoop 之父 Doug Cutting 所创立的，每个项目在逻辑上都是前一个项目的演进。Nutch 项目开始于 2002 年，是以 Lucene 为基础实现的搜索引擎应用。Lucene 是一个引擎开发工具包，提供了纯 Java 的高性能全文索引，可以方便地嵌入各种实际应用中实现全文搜索和索引功能。Lucene 为 Nutch 提供了文本搜索和索引的 API，Nutch 不仅具备搜索功能，还具备数据抓取的功能。

但很快，Doug Cutting 就意识到他们的架构无法支持拥有数十亿网页的网络，而随后在 2003 年和 2004 年谷歌先后推出了两个支持搜索引擎的软件平台：一个是 GFS，用于存储不同设备所产生的海量数据；另一个是 MapReduce，运行在 GFS 上，负责分布式大规模数据的计算。基于这两个平台，2006 年年初 Doug Cutting 从 Nutch 项目中转移出来一个独立的模块，称为 Hadoop。同时，Doug Cutting 加盟了雅虎，Hadoop 正式成为 Apache 顶级项目，Hadoop 也逐渐被雅虎之外的公司使用。2008 年，Hadoop 打破世界纪录，成为最快排序 1TB 数据的系统，它采用一个由 910 个节点构成的集群进行运算，排序只用了 209s，在 2009 年更是把这一时间缩短到 62s。Hadoop 从此名声大噪，迅速发展成大数据时代最具影响力的开源分布式平台，并成为事实上的大数据处理标准。

截至 2016 年，Apache Hadoop 版本分为两代：第一代 Hadoop 称为 Hadoop 1.0；第二代 Hadoop 称为 Hadoop 2.0。第一代 Hadoop 包含三个版本：0.20.x、0.21.x、0.22.x。第一代 Hadoop 由一个分布式文件系统 HDFS 和一个离线框架 MapReduce 组成；第二代 Hadoop 则包含一个支持 NameNode(主节点)横向扩展的 HDFS、一个资源管理系统 YARN 和一个运行在 YARN 上的离线计算框架 MapReduce。相比之下，Hadoop 2.0 功能更加强大、扩展性更好，并且能够支持多种计算框架。

另外，值得一提的是 Hadoop 名称的由来。Hadoop 是 Doug Cutting 的儿子为“一头吃饱了的棕黄色大象”取的名字，Hadoop 的标志如图 2.1 所示。Hadoop 后来的很多子项目和模块的命名方式都沿用了这种风格，如 Pig 和 Hive。

图 2.1 Hadoop 的标志

2.1.2 Hadoop 的优势

【Hadoop 环境搭建】

Hadoop 的特点在于能够存储并管理 PB 级数据，能够很好地处理非结构化数据，擅长大吞吐量的数据处理，应用模式为“一次写多次读”存取模式。由于采用分布式架构，Hadoop 具有可扩充的分布式架构、擅于处理非结构化数据、自动化的并行处理机制、可靠性高和容错性强、计算靠近存储、低成本计算和存储等优势，下面分别介绍。

1. 可扩充的分布式架构

Hadoop 运行在普通的硬件设备集群上，这些硬件是基于 X86 架构的普通计算机服务器或刀片服务器，硬件被软件松散地耦合在一起。Hadoop 的大数据处理能力是通过大量计算节点的横向扩充来实现的。横向扩充是指计算能力的扩充，是通过增加计算节点的数量来实现的；而纵向扩充虽然也是指计算能力的扩充，但却是通过增加单个计算节点

的中央处理器和存储等设备的处理能力来实现的。对 Hadoop 而言，扩充是很容易的工作，即简单增加机架，并告知系统用新增加的硬件来重新均衡系统，Hadoop 使近线扩充成为可能。在 Hadoop 架构下，增加节点能实现线性扩充，即增加节点可先行增加存储、查询和加载性能。Hadoop 能支持约 4000 个节点及主节点的并行处理能力。假设每个节点有几十 TB（1TB=1024GB）的处理能力，4000 个节点就能形成 PB（1PB=1024TB）级以上的海量数据处理能力。

2. 擅于处理非结构化数据

关系型数据库管理系统或者并行处理系统用 ETL(Extraction-Transformation-Loading，抽取-转换-加载)过程来实现数据库到数据仓库的转换，有利于将预先定义好格式的数据转化到可预知格式的目标数据。但是，ETL 过程对半结构化和非结构化及复杂数据的处理并不有效。在这种情况下，Hadoop 是基于一个低成本、灵活和高扩展的分布式文件系统，它能够使非结构数据处理从传统数据库笨拙的 ETL 工作中解放出来。

3. 自动化的并行处理机制

Hadoop 内部处理自动化并行，无须人工分区或优化。数据分布在所有并行节点上，每个节点只处理其中一部分数据。每个节点上的数据加载与访问方式与关系型数据库相同。所有节点同时进行并行处理，节点之间完全无共享、无输入/输出(I/O)冲突，是最优化的 I/O 处理机制。Hadoop 能够在节点之间动态地移动数据，并保证各个节点的动态平衡，因此处理速度非常快。在 Hadoop 上运行分析任务比在 RDBMS(Relational Database Management System，关系数据库管理系统)和 MPP(Massively Parallel Processing，大规模并行处理)上运行任务快。

4. 可靠性高、容错性强

Hadoop 能够自动保存数据的多个副本，并且能够自动将失败的任务重新分配，数据丢失的概率很小，同时也保证了数据的存储成本很低。

5. 计算靠近存储

在 Hadoop 中，计算与存储是一体的，计算向数据靠拢，实现了一种高效、专用的存储模式，能够实现任务之间无共享、无依赖，具有高的系统横向延展性。Hadoop 要分析的数据通常都是 TB 级别以上的，网络 I/O 开销不可忽视，但分析程序通常不会很大，所以系统传递的是计算方法，而不是数据文件，因此在物理上每次计算都是在相近的节点上进行的(同一台机器或同局域网)，大大降低了 I/O 消耗，而且如果计算程序要经常使用，也可作缓存。

6. 低成本计算和存储

在 Hadoop 中，硬件设备是价格很低的普通设备，当硬件设备不足时，Hadoop 集群能够以低廉的成本迅速增加。所以在 Hadoop 中数据保留的时间可以很长，不必采用数据采样进行决策就能以更细粒度的全量数据进行分析，提高数据分析的准确性。直接从 Hadoop 框架中存储、分析，比从后台的近线存储中调出数据更有效率、更节省成本。

由于 Hadoop 具有上述优势，使其在学术界和工商界都颇受欢迎，它已经成为许多企业和学校基础计算平台的一部分。

2.1.3 Hadoop 1.0 与 Hadoop 2.0

【Hadoop 2.0 与 Hadoop 3.0 对比】

与 Hadoop 1.0 相比，Hadoop 2.0 在整体框架结构上发生了重大变化，变得更加通用，未来目标定位更加明确。Hadoop 2.0 仍旧延续了功能简单、结构紧凑的特点，并获得了 Hadoop 社区的延续维护，主要应用于科研或教育领域，以及对已将 Hadoop 应用到实际产品中的前期版本继续提供技术支持。

HDFS 和 MapReduce 是 Hadoop 系统的两个核心，HDFS 提供分布式存储，MapReduce 提供分布式处理，客户端在 Hadoop 上进行的几乎所有操作在底层都转化为分布式 MapReduce 任务进行实际处理，然后将处理结果使用 HDFS 进行分布式存储。Hadoop 1.0 在使用 MapReduce 进行分布式任务处理时，将设计的资源管理和任务调度/监控都由 MapReduce 作业管理进程 JobTracker 负责，随着分布式系统的集群规模及其工作负荷增长，这种处理方式存在如下问题。

(1)JobTracker 是 MapReduce 的集中处理点，存在单点故障风险。

(2)JobTracker 肩负了太多的任务，造成过多的资源消耗，当 MapReduce 作业非常多时，内存开销会很大，增加了 JobTracker 出错的风险，这也是业界普遍明确的 Hadoop 1.0 的 MapReduce 只能支持 4000 个节点主机上限的原因。

(3)在源代码层面进行分析时，会发现代码非常难读，常常因为一个 Java 类做了太多的事情，代码量超过 3000 行，造成相关类别的任务不清晰，增加了 Bug(漏洞)修复和版本维护的难度。

(4)从操作的角度来看，Hadoop 1.0 中的 MapReduce 框架在进行更新或升级操作时都会强制进行系统级别的升级更新，增加了用户使用 Hadoop 的难度和用户为了验证以前的应用程序是否适合新版 Hadoop 的时间。

基于 Hadoop 1.0 存在的上述问题，Hadoop 社区从版本 0.23.x 开始针对原有 MapReduce 可扩展性优先的情形对 Hadoop 整体框架进行了重新定义，为了与原有的 MapReduce 进行区分，新 MapReduce 被称为 MapReduce2 或 Mrv2。Mrv2 将原有 MapReduce 中的 JobTracker 所兼有的资源管理和作业任务调度/监控两项主要功能拆分为两个独立的模块：对整个群集进行资源管理的 ResourceManager 模块；针对每个特定应用进行任务调度/监控的 ApplicationMaster 模块。

ResourceManager 和与其相对应运行在每个节点上的 NodeManager 负责整个群集资源的分配操作，ResourceManager 管理整个群集资源的分配信息，NodeManager 根据 ResourceManager 提供的资源分配信息，在每台机器节点上执行实际资源分配或回收操作。

ApplicationMaster 相当于框架的一个特殊类库，每个可运行的应用都有一个独立的 ApplicaitonMaster，在可运行的整个生命周期中(可运行应用从开始启动到退出结束)一直存在，用于为特定应用向 ResourceManager 申请所需要的资源，以及整个应用运行期间与 NodeManager 共同监控和管理任务的执行过程。

2012 年 Hadoop 社区通过对 Hadoop 0.23.1 的所有功能进行重新整合，发布了

0.23.2 版本，然后在 Hadoop 0.23.2 中添加了 HDFS Node HA(High Availability，高可用性)功能，衍生出 Hadoop 2.0 系列的第一个 Alpha 版本。

Hadoop 2.0 将对整个集群进行资源管理的功能从 MapReduce 中分离出来，形成一个独立的功能组件 YARN，专门对集群中的 CPU、内存等资源进行管理，因此 Hadoop 2.0 平台包括 MapReduce、HDFS、YARN 这 3 个核心组件，将分布式系统的 3 个复杂特性分布式存储、分布式资源调度、分布式计算分离成 3 个独立的功能组件，提高了 Hadoop 的整体结构清晰度和功能维护的灵活性。

对比 Hadoop 1.0 和 Hadoop 2.0，其核心架构变化如图 2.2 所示。

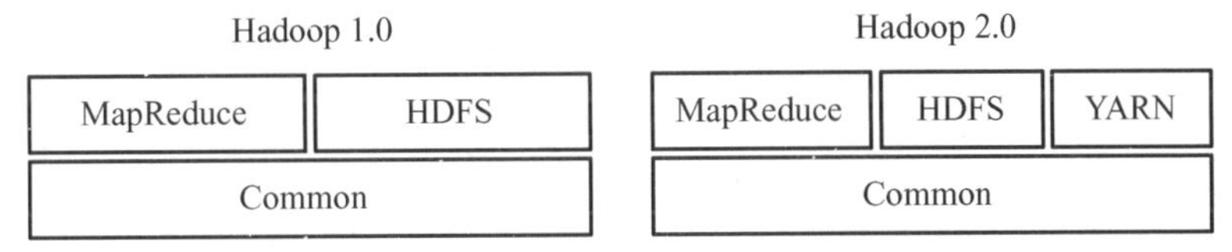

图 2.2　Hadoop 1.0 和 Hadoop 2.0 的核心架构变化

2.2　Hadoop 的架构与组件

Hadoop 的基础组件是 HDFS 和 MapReduce，其中 HDFS 提供了海量数据的存储，MapReduce 提供了对数据的计算。但与 Hadoop 相关的 YARN、Hive、Avro 等组件也都是不可或缺的，它们可以提供互补性服务或者在核心层上提供更高层的服务。

2.2.1　Hadoop 的架构

Hadoop 分布式系统基础框架具有创造性和极大的扩展性，用户可以在不了解分布式底层细节的情况下开发分布式程序，充分利用集群的高速运算和存储。简单来说，Hadoop 是一个可以更容易开发和运行处理大规模数据的软件平台。

Hadoop 架构示意图如图 2.3 所示。Hadoop 的基础组件(也是核心组件)包括 HDFS、MapReduce 和 Common。HDFS 是分布式文件系统，MapReduce 提供了分布式计算编程框架，Common 是 Hadoop 体系最底层的一个模块，为通用硬件的云计算环境提供基本的服务。

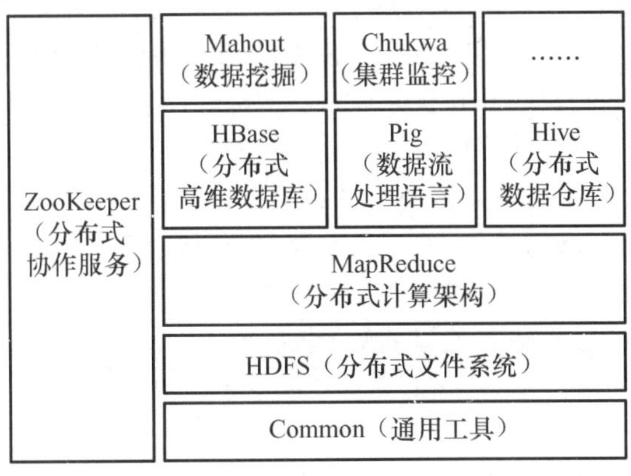

图 2.3　Hadoop 架构示意图

Hadoop 的其他组件包括 Pig、YARN、Hive、Flume Chukwa、Avro、ZooKeeper、Mahout 等（见表 2-1）。

表 2-1　Hadoop 的其他组件

Hadoop 的其他组件	说　明
Pig	处理海量数据集的数据流语言和运行环境，运行在 HDFS 和 MapReduce 中
YARN	Hadoop 集群的资源管理系统
Hive	对存储在 Hadoop 中的海量数据进行汇总，并能使即时查询简单化
Flume	高可靠、高扩展、易管理的开源数据采集系统
Chukwa	基于 Hadoop 的大集群监控系统
Avro	使 Hadoop 的 RPC（Remote Procedure Call，远程过程调用）模块通信速度更快、数据结构更紧凑
ZooKeeper	分布式、可用性高的协调服务，提供分布式锁之类的基本服务，用于构建分布式应用
Mahout	一个开源项目，提供一些可扩展的机器学习域经典算法的实现

随着 Hadoop 的发展，其架构还在不断更新，开发者们将继续研发其他组件来支撑海量数据的运算和存储。

2.2.2　Hadoop 的基础组件

【Hadoop 的基础组件】

Hadoop 整体架构中包括很多组件，本节主要介绍 Hadoop 的基础组件。

1. NameNode 和 DataNode

NameNode 为主节点，又称 MasterNode；DataNode 为从节点，又称 SlaveNode。在 DataNode 上有一个后台的同名进程用来管理 DataNode 上所有的数据块，通过这个进程，DataNode 会定期和主节点进行通信，汇报本地数据的状况。

和 DataNode 一样，NameNode 上也有一个同名的后台进程，而所有的文件匹配信息则保存在一个名为 fsimage 的文件中，所有新的操作修改都保存在一个名为 edits 的文件中，此内容会定期写入 fsimage 文件中。把 fsimage 和 edits 文件中的信息综合起来，就可以得到所有数据文件和所对应数据块的具体位置，而这些信息都会保存在 NameNode 的内存中。

在对 Hadoop 系统进行设计时，对 DataNode 进行以下假设。

(1)DataNode 主要用来存储，额外的开销越小越好。

(2)对于普通的硬盘来说，任何硬盘都可能会出现故障。

(3)文件和数据块的副本都是完全一致的。

DataNode 上一半采用的是普通硬盘，硬盘的故障概率是 4%～5%，如果系统上有 100 个 DataNode，而每一个 DataNode 都有 12 块硬盘，那么平均每周至少都需要更换一块硬盘。正是由于以上假设，才默认 Hadoop 系统上每个文件和数据块的访问可切换到其他副本上，并会重新设置使得文件和数据块都始终保持有 3 个副本。

Hadoop 的用户并不需要了解数据存储的细节，也不需要知道文件的各个数据块是存储在哪些 DataNode 上的，只需对文件进行操作，对应的拆分和多个副本的存储是由系统自动完成的。

2. HDFS

HDFS 是 Hadoop 体系中数据存储管理的基础。它是一个高度容错的系统，能检测和应对硬件故障，在低成本的通用硬件上运行。HDFS 简化了文件的一致性模型，通过流式数据访问，提供高吞吐量应用程序数据访问功能，适合带有大型数据集的应用程序。

关于 HDFS 的详细介绍参见第 3 章。

3. MapReduce

MapReduce 是一种编程模型，用于大规模数据集的并行计算。MapReduce 将应用划分为 Map 和 Reduce 两个步骤，其中 Map 制定数据集上的独立元素，生成键-值对形式的中间结果；Reduce 则对中间结果中相同“键”的所有“值”进行规约，以得到最终结果。MapReduce 的功能划分非常适合在大量计算机组成的分布式并行环境里进行数据处理。MapReduce 以 JobTracker 节点为主，分配工作并与用户程序通信。

关于 MapReduce 的详细介绍参见第 4 章。

4. Common

Common 是 Hadoop 的通用工具，用来支持其他组件。实际上它提供了文件系统和通用 I/O 的文件包(包括 HDFS 和 MapReduce)。它主要包括系统配置工具、远程过程调用、序列化机制和抽象文件系统等。它们为在廉价的硬件上搭建云计算环境提供了基本的服务，并且为运行在平台上的软件开发提供了所需的 API，其他 Hadoop 组件都是在 Common 的基础上发展起来的。

2.2.3　Hadoop 的其他组件

Hadoop 是一个诞生时间不长的系统，一直有爱好者和程序员为完善 Hadoop 系统而开发各种新组件，所以本节介绍的这些内容都有可能独立成为一个有价值的开源产品。

1. YARN

YARN 是 Hadoop 上的一个重要组件，它的主要用途是让其他数据处理引擎能在 Hadoop 上顺畅运行。可以将 YARN 理解成一个资源分配器，它可以分配的内容包括内存空间和 CPU 时间，未来还有可能包括网络带宽等其他资源。YARN 的基本设计思想是将 MapReduce 中的JobTracker拆分为两个独立的服务：全局的资源管理器 ResourceManager 和每个应用程序特有的 ApplicationMaster。其中 ResourceManager 负责整个系统的资源管理和分配，而 ApplicationMaster 则负责单个应用程序的管理。Container(集装箱)是 YARN 中的资源抽象，是执行具体应用的基本单位，它包含某个 NodeManager 节点上的多维度资源，如内存、CPU、磁盘等；任何一个作业或应用程序必须运行在一个或多个 Container 中。在 YARN 中，ResourceManager 只负责告诉 ApplicationMaster 哪些 Containers 可以用，ApplicationMaster 需要自己去找 NodeManager 请求分配具体的 Container。一个节点可运行多个 Containers，但一个 Container 不会跨节点。YARN 的执行路线图如图 2.4 所示。其中，Client 代表客户端，ResourceManager 代表资源管理，NodeManager 代表节点管理，Container 代表集装箱，ApplicationMaster 代表应用程序管理员。

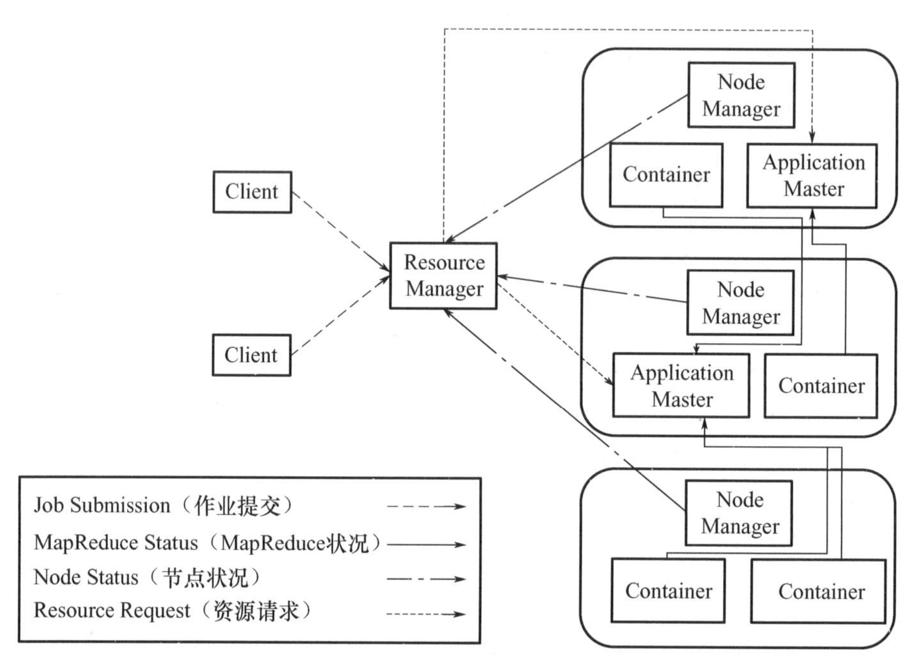

图 2.4　YARN 的执行路线图

Hadoop 上使用 YARN 的步骤如下。

(1)应用程序向 YARN 提出申请，YARN 请求 NameNode 上的 NodeManager 创建一个 ApplicationMaster 实例。

(2)新的 ApplicationMaster 在 YARN 上注册。

(3)ApplicationMaster 访问 NameNode，得到应用程序需要的文件、数据块的名字和具体位置，计算出运行整个应用程序需要的处理资源。

(4)ApplicaitonMaster 从 YARN 上申请所需的资源，YARN 接受资源申请并将其加入申请队列中。

(5)当 ApplicationMaster 申请的资源可以被使用时，YARN 批准 ApplicationMaster 实例在指定的 DataNode 上运行。

(6)ApplicaitonMaster 向 NameNode 发送一个 CLC(Container Launch Context，容器启动上下文)，CLC 中包含应用程序所需要的环境变量、安全认证、运行时需要的本地资源及命令行参数等。

(7)NameNode 接受申请并创建一个容器，当容器的进程开始运行时，应用程序就开始运行了。

(8)YARN 在应用程序的整个运行过程中要保证所有的资源都是可用的，而且如果优先级有变化，YARN 会随时中断应用程序的运行。

(9)当所有的任务都完成后，ApplicationMaster把结果发送给应用程序，并解除其在YARN上的注册。

2. Pig

SQL(结构化查询语言)是一种描述性的语言，对程序员来说功能是不够的，他们更希望可以在查询的同时还能进行数据处理工作，甚至改动一些数据，所以才产生了Pig这种类似SQL的描述性查询语言和过程性编程语言。Pig最突出的优势是它的结构能够经受住高度并行化的检验，这个特性让它能够处理大型的数据集。目前，Pig的底层由一个编译器组成，它在运行时会产生一些MapReduce程序序列。

Pig包含两个组成成分：Pig上的编程语言PigLatin和能够翻译PigLatin的编译器，可以把用PigLatin写成的代码转换成可执行的代码。

Pig与Hive都简化了MapReduce程序的开发，但它们的不同点在于以下几个方面。

(1)Hive作为数据分析引擎有一定限制，只能分析结构化数据，因为Hive的数据模型是表结构，没有数据存储引擎，需要用户在创建表时指定分隔符(默认以Tab键作为分隔符)；而Pig的数据模型是包结构，可以分析任意类型的数据。

(2)Hive使用的是SQL语句分析数据，SQL语句是一种声明式语言；Pig使用的是PigLatin语句分析数据，PigLatin语句是一种过程式语言/脚本语句。

(3)Hive中的内置函数无须大写；Pig中的内置函数必须要大写。

(4)Hive保存元信息，因此数据模型不用重建；而Pig不保存元信息，因此数据模型需要重建。

(5)PigLatin语句是脚本语言，因此Hive执行速度比Pig更快。

(6)Hive的数据模型是表结构，因此Hive是先创建表后加载数据；而Pig的数据模型是包结构，所以Pig在加载数据的同时创建包。

3. HBase

HBase即HadoopDatabase，是一个分布式的、面向列的开源数据库。HBase不同于一般的关系数据库，它是一个适合存储非结构化的数据库，而且它是基于列的模式而非基于行的模式。用户将数据存储在一个表里，一个数据行拥有一个可选择的键和任意数量的列。由于HBase表示疏松的数据，用户可以给行定义各种不同的列。HBase主要用于需要随机访问、实时读写的大数据。

在传统的数据库RDBMS中，数据是按照行存储的，没有索引的查询将使用大量的I/O，建立索引和视图需要花费大量的时间和资源，面对查询需求，数据库必须大量膨胀才能满足性能要求。而在HBase中，数据是按列存储的，查询时只访问所涉及的列，大量降低了系统I/O，数据类型一致，可以高效压缩存储。HBase对数据的存储方式和数据结构进行了修改和规整，让其更加善于处理大数据，但也因此导致HBase有其对应的局限性。HBase的设计目标并非要替代RDBMS(Relational Database Management System，关系数据库管理系统)，而是对RDBMS的一个重要补充。因此，在使用时应按照具体应用场景来判断使用哪种类型的数据库。

HBase主要由三部分构成，即客户端(Client)、主服务器(HMaster)和区域服务器(Region Server)，区域服务器可按照应用需求进行添加或删除。

(1)Client。

Client 包含访问 HBase 的接口，并维护高速缓存来加快对 HBase 的访问，如区域的位置信息等。

(2)HMaster。

HMaster 为 Region Server 分配区域，负责 Region Server 的负载均衡，发现失效的 Region Server 并重新分配区域，同时管理用户对表的增删改查操作。

(3)Region Server。

Region Server 维护区域，处理对这些区域的 I/O 请求，同时负责切分在运行过程中变得过大的区域。

还有一个起到重要辅助支持作用的组件 ZooKeeper。通过选举，保证在任何时候集群中只有一个 HMaster，HMaster 与 Region Server 启动时会向 ZooKeeper 注册，并存储所有 Region 的寻址入口，实时监控 Region Server 的上线和下线信息，并实时通知 HMaster，存储 HBase 的 schema 和 table 元数据。默认情况下，HBase 管理 ZooKeeper 实例，如启动或者停止 ZooKeeper。ZooKeeper 的引入解决了 HMaster 单点故障的问题。

4. Hive

Hive 最早是由 Facebook 设计的基于 Hadoop 的一个数据仓库工具，可以将结构化的数据文件映射为一张数据库表，并提供类 SQL 查询功能。Hive 没有专门的数据存储格式，也没有为数据建立索引，用户可以非常自由地组织其中的表，只需要在创建表时告知数据中的列分隔符和行分隔符，Hive 就可以解析数据。Hive 中的所有数据都存储在 HDFS 中，其本质是将 SQL 转换为 MapReduce 程序从而完成查询。Hive 与 Hadoop 的关系图如图 2.5 所示。

图 2.5 Hive 与 Hadoop 的关系图

使用 Hive 的命令行接口，在操作上与使用关系数据库类似，但是本质上有很大不同。例如，关系数据库是为实时查询业务而设计的，而 Hive 是为海量数据进行数据挖掘设计的，实时性很差；Hive 使用的计算模型是 MapReduce，而关系数据库使用的则是自己设计的计算模型。

Hive 与 HBase 的相同点都是架构在 Hadoop 上，其区别与联系(对比)见表 2-2。

表 2-2 HBase 与 Hive 对比

维 度	HBase	Hive
用途	弥补 Hadoop 的实时操作	减少并行计算编写工作的批处理系统
检索方式	适用于索引访问	适用于全表扫描
存储	物理表	纯逻辑表
功能	只负责组织文件	既要存储文件又需要计算框架
执行效率	执行效率高	执行效率较低

5. Avro

Avro由Doug Cutting牵头开发，是一个序列化系统，类似于其他序列化机制。Avro可以将数据结构或者对象转换成便于存储和传输的格式，其设计目标是适用于支持数据密集型应用，适合大规模数据的存储与交换。Avro提供了丰富的数据结构类型、快速可压缩的二进制数据格式、存储持久性数据的文件集和简单动态语言集成等功能。

Avro有以下几个特点。

(1)数据结构类型丰富。

(2)快速可压缩的二进制数据形式，对数据二进制序列化后可以节约数据存储空间和网络传输带宽。

(3)存储持久数据的文件容器。

(4)可以实现RPC。

(5)简单的动态语言结合功能。

Avro支持跨编程语言实现，但是相较于其他编程语言，Avro的显著特征包括：Avro依赖于模式，动态加载相关数据的模式，Avro数据的读写操作很频繁，而这些操作使用的都是模式，这样就减少了写入每个数据文件的开销，使得序列化快速而又轻巧。这种数据及其模式的自我描述方便了动态脚本语言的使用。当Avro数据存储到文件中时，它的模式也随之存储，因此任何程序都可以对文件进行处理。如果读取数据时使用的模式与写入数据时使用的模式不同，也很容易解决，因为读取和写入的模式都是已知的。

Avro支持两种序列化编码方式：二进制编码和JSON(JS对象简说)编码。使用二进制编码会高效序列化，并且序列化后得到的结果较小；而JSON一般用于调试系统或是基于Web的应用。对Avro数据序列化/反序列化时，都需要对模式以深度优先、从左到右的遍历顺序来执行。基本类型的序列化容易解决，混合类型的序列化会有很多不同规则。对于基本类型和混合类型的二进制编码，在文档中规定：按照模式的解析顺序依次排列字节。对于JSON编码，联合类型就与其他混合类型表现不一致。为了便于MapReduce处理，Avro定义了一种容器文件格式。在这样的文件中只能有一种模式，所有需要存入这个文件的对象都需要按照这种模式以二进制编码的形式写入。对象在文件中以块来组织，并且这些对象都是可以被压缩的。块和块之间存在同步标记符，以方便MapReduce切割文件。

6. ZooKeeper

ZooKeeper是一个分布式的、开放源码的分布式应用程序协调服务，是谷歌Chubby(分布式锁服务)的一个开源实现，是Hadoop和HBase的重要组件。它是一个为分布式应用提供一致性服务的软件，提供的功能包括：配置维护、域名服务、分布式同步、组服务等。

ZooKeeper的目标就是封装好复杂易出错的关键服务，将简单易用的接口和性能高效、功能稳定的系统提供给用户。

在分布式系统中，如何就某个问题达成一致是一个十分重要的基础问题。作为一个分布式的服务框架，ZooKeeper解决了分布式计算中的一致性问题。在此基础上，ZooKeeper可用于处理分布式应用中经常遇到的一些数据管理问题，如统一命名服务、状态同步服务、集群管理、分布式应用配置项的管理等。ZooKeeper 常作为其他 Hadoop 相关项目的主要组件发挥着越来越重要的作用。

2.3 Hadoop 的具体应用

2.1 节和 2.2 节已经对 Hadoop 的发展历史、架构和组件进行了讲解，本节整理了一些 Hadoop 的经典案例，有助于更好地理解 Hadoop 技术是如何促进这些领域大数据处理能力提升的。

2.3.1 Hadoop 在百度的应用

作为在中国网络搜索市场份额第一的公司，百度近年来以搜索为核心，拓展了与搜索相关的多个领域，包括以贴吧为主的社区搜索、行业垂直搜索、音乐搜索以及文库和百科等，其业务范围几乎覆盖了互联网用户在查找中文资料时所需的所有途径。随着中国互联网用户数量的快速增长和网络搜索依赖程度的提高，百度需要处理的数据规模越来越大，对搜索速度和搜索质量的要求也越来越高。因此，百度一直是大数据处理相关技术领域的活跃者。Hadoop 技术出现之初，百度就采用了多方面的技术探索并获得了不错的成果。

根据百度近期公布的资料，目前公司内部构建的基于 Hadoop 的大数据处理平台已部署超过 20000 个节点，最大集群超过 4000 个节点，日均处理的任务数超过 120000 个，每天处理的数据量超过 20TB，并且其规模和处理能力还在持续增长中。由于百度自身业务的多样性，其大数据处理平台并没有采用单一的 Hadoop 技术架构，而是综合运用了包括高性能计算、MapReduce 在内的各种技术以满足不同应用场景的需求。

在百度使用 Hadoop 技术的过程中，经过大量的时间发现了 Hadoop 框架中的一些基础组件的不足，结合自身的特点，百度对 Hadoop 相关技术进行了以下几个方面的改进。

1. HDFS2——分布式 NameNode

HDFS 是 Hadoop 中对文件资源进行管理的核心模块，因此其性能与稳定性对 Hadoop 整个系统的运行至关重要。百度在实践过程中发现，当集群规模扩大时，HDFS 模块中的 NameNode 将面临极大的请求压力，很容易成为单点故障和性能瓶颈。例如在百度系统中，当存储的数据达到 10 亿个文件、10 亿个数据块时，NameNode 需要 380GB 的内存，其中块管理需要 240GB，目录树需要 140GB，这将是 NameNode 面临的极大挑战。为了解决这一问题，百度在对相关技术进行调研后，提出并实现了自有的解决方案 HDFS2，其结构图如图 2.6 所示。

HDFS 在本质上是一种 NameNode 的分布式实现，其基本思路是通过轻量级命名空间和共享对象管理层降低 NameNode 的负载。HDFS2 的结构可以分为两层：上层为联合命名空间，相当于 HDFS 的 NameNode 部分；下层为对象管理层，相当于 HDFS 中的 DataNode 部分。与 HDFS 中的 NameNode 相比，联合命名空间不再负责文件属性和块管理，而是将这部分功能移到了对象管理层中。对象管理层将文件标识和数据块管理功能与负责数据块物理存储的 DataNode 整合在一起。客户端访问 HDFS2 的数据时，先通过

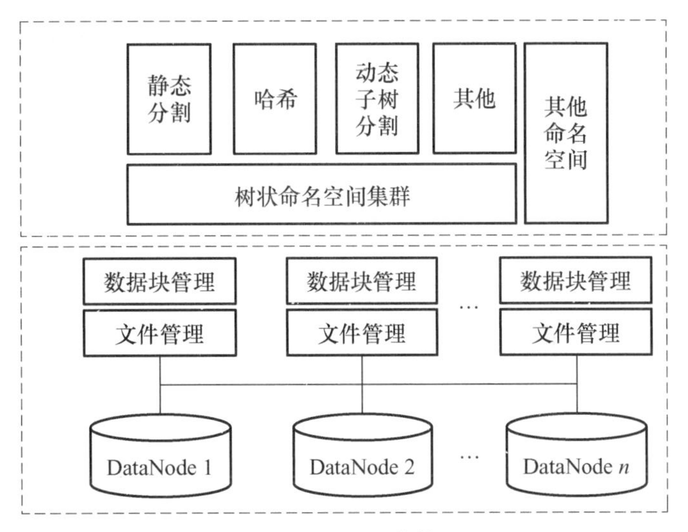

图 2.6　HDFS2 结构图

联合命名空间查找到对应的 DataNode 和文件标识，并根据这些信息访问对应的 DataNode 获取文件属性和数据块信息。

经过 HDFS2 这样的改进，很多数据不再存储在 NameNode 上，并减少了需要通过 NameNode 的请求数量，从而大幅度降低了 NameNode 的请求压力。同时对象管理层采用支持水平扩展的实现方式，可以极好地适应未来数据增长的需要。根据公司内部的预计，未来数据处理量达到 10 亿个文件时，NameNode 仅需要约 67GB 的内存即可支持，并减少了约 86%的原本需要通过 NameNode 的请求数量。

2. HDFS 的透明压缩存储

在 Hadoop 的部署过程中，HDFS 系统中文件存储占用的磁盘空间是系统整体成本中的一个主要部分，尤其是在类似百度这样业务数据体量庞大的环境下。为了降低存储成本，一种有效的手段就是采用压缩技术存储数据。但是将压缩技术引入 HDFS 中有一个需要解决的问题，就是压缩和解压缩是很消耗 CPU 资源的，不能让这样的操作影响 MapReduce 任务的执行效率，如果将压缩数据作为 MapReduce 任务的输入，将会对 Hadoop 应用的开发额外增加难度。因此百度采用了如图 2.7 所示的结构实现了一种对用户透明的且在节点 CPU 空闲时进行压缩的机制。

图 2.7 中的 Compressor Service(压缩机服务)模块是在每个 DataNode 节点上运行的一个单独进程。它定时向 DataNode 发送一个名为 getTask 的请求以获得压缩任务，并将任务分配给若干处理线程进行压缩。Scheduler(调度服务器)是封装在 DataNode 内部的一个类，负责将需要压缩的数据块形成压缩任务放入一个队列中，在收到 Compressor Service 的 getTask 请求时将若干压缩任务返回。Block Access Layer(块访问层)是一个逻辑概念，它有两个功能：在一个数据块被压缩后，向 NameNode 报告此数据块压缩前的长度；在 Client 请求被压缩的数据块时，对该数据块进行解压缩操作。Policy Controller(策略控制器)中存储了由 Compressor Service 设定的用于指示那些数据是否应该进行压缩的黑白名单。

基于这样的机制，百度实现了一个异步的、数据块级别的 HDFS 数据透明压缩，并

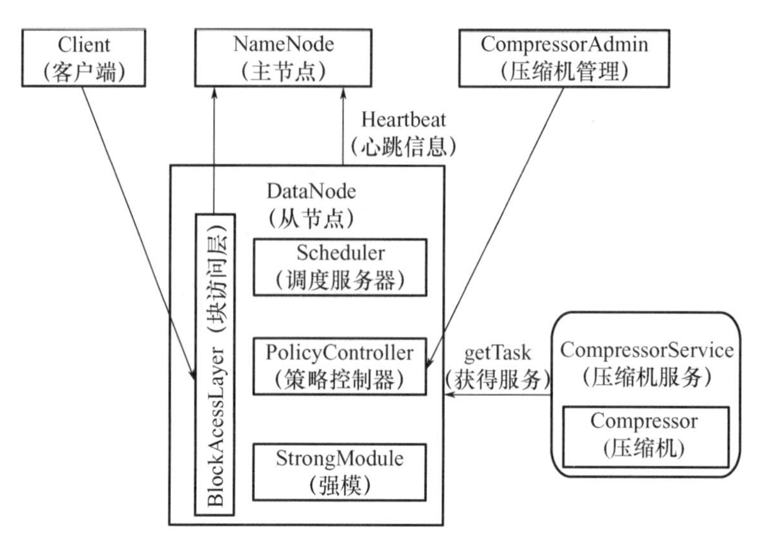

图 2.7 HDFS 透明压缩存储结构

支持文件数据的追加写入和随机读取，每 10TB 的数据量可以节省 42%的存储空间。

3. DISQL——大数据分析语言

在百度对大数据进行处理的工作中，有一项很重要的工作就是对网站访问日志进行分析处理，其主要内容是提取访问日志的各类字段和特征，例如访问的网页、网站和点击的广告等，根据业务需要生成各类报表，并进行深度的数据挖掘和机器学习。在这个过程中，包含大量的可以抽象的数据分析操作，如检索、过滤、分组、排序、联合等。为了支持这些工作的高效执行，百度开发了自由的分布式数据分析语言(Distributed SQL，DISQL)，并在此基础上实现了一个基于 Web 的日志分析平台(Log Statistical Platform，LSP)，百度 DISQL 的应用如图 2.8 所示。

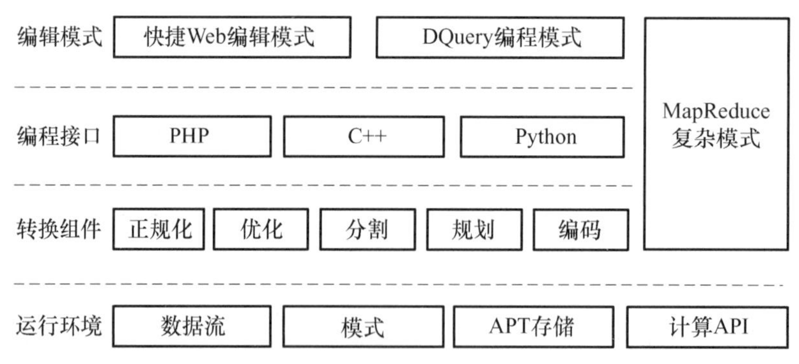

图 2.8 百度 DISQL 的应用

DISQL 实现了一个轻量级的类 SQL 数据分析语言框架，封装了 SQL 所有基本操作的 MapReduce 分布式实现，包括分组、聚合、行列过滤、集合操作、输入输出格式转换等。还可以将有向无环图的数据流翻译为一轮或多轮 MapReduce 操作进行执行。用户可以通过快捷 Web 编辑模式、基于 DQuery 的编程模式和 MapReduce 编程复杂模式构建数据分析请求，并支持包括 PHP、C＋＋、Python 语言在内的自定义函数。

2.3.2 Hadoop在华为的应用

【Hadoop在华为的应用】

作为传统的电信设备供应商，华为在近些年的发展过程中，已经从传统电信网模式向互联网模式转换。华为在保持传统运营商市场的同时，逐步扩展企业和终端用户市场，同时开展向云计算模型转型的工作，以寻找新的利润增长点。由于华为在互联网领域的积累相对较少，在Hadoop作为开源项目出现时，华为就将其视为实现运营商与企业商业计算服务领域突破的重要支撑技术，因此积极参与到Hadoop技术的应用与改进中。本节主要介绍华为在Hadoop技术领域做的3方面工作：扩展Hadoop技术，自主研发了高可用性Hadoop平台；在典型领域应用Hadoop技术，构建了基于Hadoop的信令监测平台；在上述过程中，对Hadoop核心项目和周边项目的改进作出了较大的贡献。

1. 高可用性Hadoop平台

在Hadoop进行应用的实践过程中，华为发现已有的Hadoop技术在高可用性方面存在较大不足，而在电信运营商的运行环境中，高可用性是一个基本要求。由于开源Hadoop系统中的NameNode、JobTracker、HiveServer等组件存在单点故障问题，且故障发生后需要人工干预才能恢复服务。另外，其他一些进程也存在发生故障后不能进行报警也不能自动回复的问题，这就让Hadoop系统在一些严格要求高可用性的应用环境中存在较大的隐患。为了解决这一问题，在Hadoop开源代码的基础上，华为构建了NameNode、JobTracker、HiveServe等组件的HA（高可用性）功能，确保这些关键组件在发生故障后系统能自动进行备用组件的切换，不再需要人工干预。华为高可用性Hadoop平台组件结构示意图如图2.9所示。

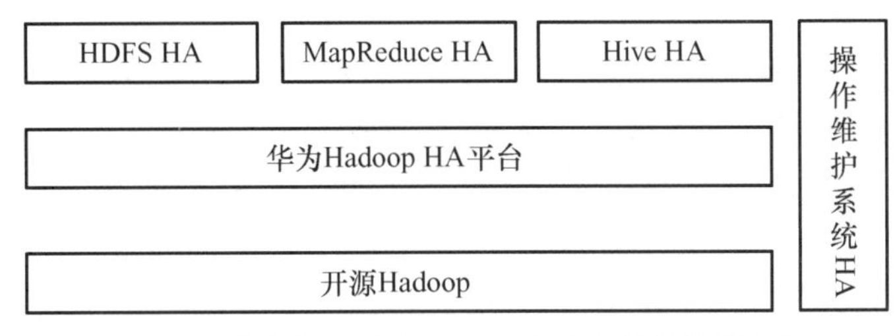

图2.9　华为高可用性Hadoop平台组件结构示意图

另外，华为高可用性Hadoop平台还支持进程故障的自动报警功能，并且可由运维系统自动进行回复，从而极大提高了Hadoop系统的可用性和故障容错性。

2. 基于Hadoop的信令监测平台

华为采用Hadoop技术推动SmartCare（此处指华为的解决方案）信令监测平台向云计算信令监测平台发展，以适应海量信令数据处理的需求。平台包括采集层、存储层、处理层和应用层，如图2.10所示。采集层负责各个链路中的各种接口和协议实时数据的采集。采集到的原始信令数据统一存放到存储层中的分布式云存储系统HDFS中。处理层使用采集的原始信令数据和MapReduce处理后的中间数据进行分析，并将结果传递到应用层进行展现。为了弥补Hadoop在实时处理方面的不足，华为还开发了一个CEP

(Complex Event Processing，复合事件处理)组件，将诸如恶意呼叫、恶意短信等需要复杂逻辑判断和实时性要求高的分析业务交由 CEP 进行处理。通过应用 Hadoop 技术构建的云计算信令监测平台，华为试图帮助电信运营商提高业务的精细化能力和快速响应能力，降低新业务的开发成本和研发周期，并为用户提供更精准的个性化服务。

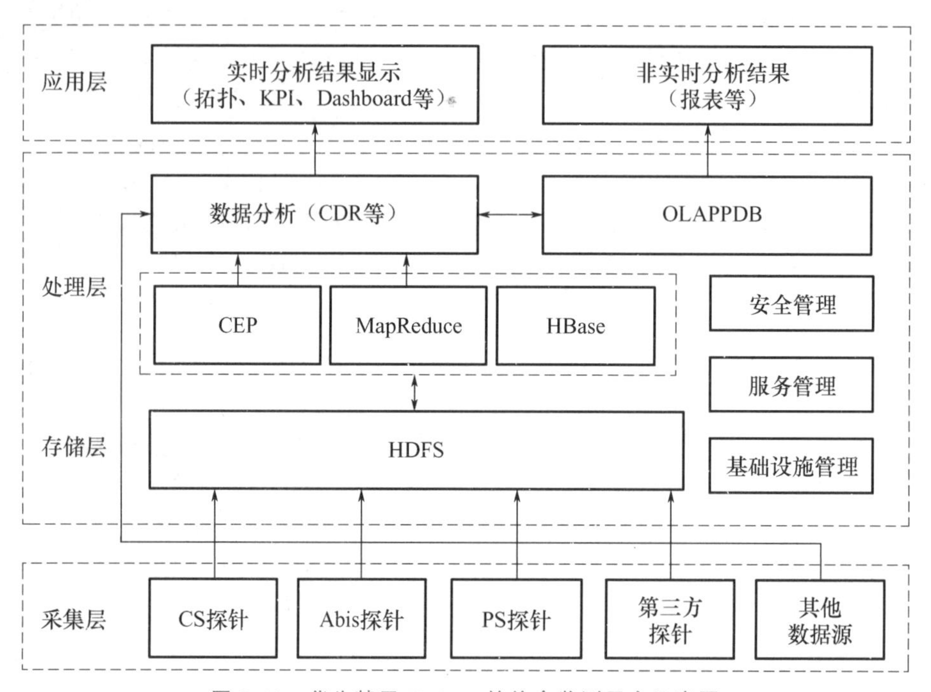

图 2.10　华为基于 Hadoop 的信令监测平台示意图

3. Hadoop 社区贡献

在对 Hadoop 技术的应用和研究过程中，华为将积极获得的成果贡献到 Hadoop 开源社区中。在 2011 年的统计中，华为共有 8 名工程师被 Hadoop 开源社区接纳为 Contributor（捐助者），1 名工程师成为 HBase 项目的全球 13 名 Committer（委托人）之一。根据业界的公开排名统计，华为 Hadoop 团队在 Hadoop 开源社区的贡献综合排名第七，是国内厂商中排名最靠前的。华为在 Hadoop 社区中贡献了超过 160 个补丁资源，且其中有近一半是对 Hadoop 核心组件的改进。

2.3.3　Hadoop 在中国移动的应用

【Hadoop 的其他企业级应用】

中国移动是全球最大的移动运营商，为超过 6 亿个用户提供通信服务，其业务覆盖 2G、3G 移动通信业务及无限宽带接入等多种类别。基于如此庞大的用户规模，中国移动在日常运营过程中产生了大量的数据，如呼叫数据记录、信令记录、运行日志等。其中仅呼叫数据记录每天生成的数据量就在 8TB 以上，还不包括其他诸如 2G、3G、GPRS 等业务的信令数据。近年来，随着通信市场竞争的加剧，中国移动越来越注重对这些运营数据的深度挖掘，以进行网络优化、市场营销和服务提升。

中国移动自2007年就开始确立了以Hadoop技术为基础的云平台战略计划。云平台的目标是建立中国移动云计算基础设施平台，满足中国移动IT支撑系统高性能、低成本、可扩展、高可靠性的数据存储和处理需求，并支持中国移动为用户提供互联网业务和服务。从2008年建立第一个256节点的Hadoop集群开始，中国移动目前已经建成了具有超过1000个节点、5000个处理器、PB级别的数据存储的大规模计算平台，用于支持中国移动的用户行为分析、客户流失预测、服务关联分析、网络服务质量分析、过滤垃圾短消息等各项日常运营工作。中国移动云平台整体架构图如图2.11所示。

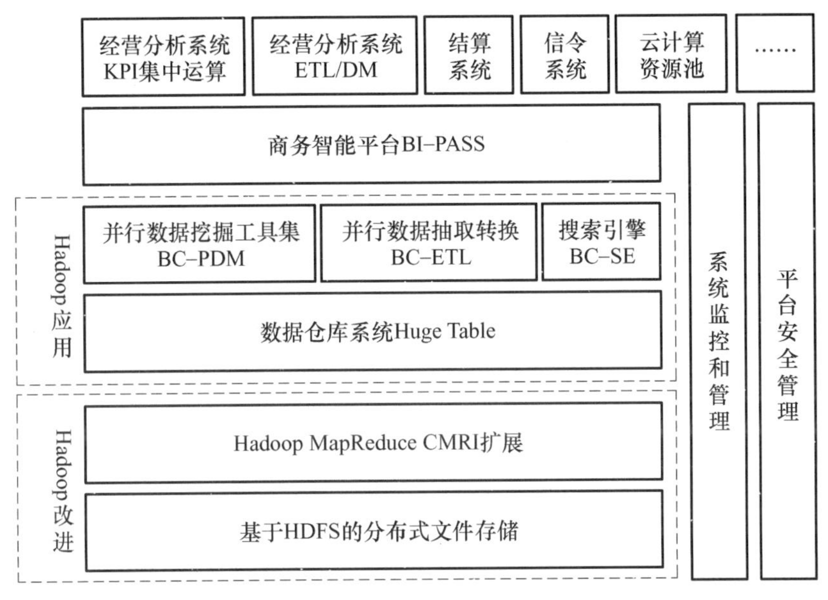

图2.11 中国移动云平台整体架构图

在云平台中，中国移动主要在以下两个方面对Hadoop进行了改进。

1. Hadoop组件改进

中国移动对Hadoop组件进行了3项主要改进，下面简单介绍。

(1)DataNode在线卷管理(DataNode On-line Volume Management)。在Hadoop开源实现中，如果DataNode的磁盘发生故障，则这个DataNode将不再工作。在中国移动的改进中，在存储空间足够的情况下，可以将故障磁盘上可读的数据迁移到此节点的其他可用磁盘上继续运行此DataNode。

(2)DataNode集群。与其他应用者类似，中国移动也认为，DataNode作为单点故障对整体系统运行影响很大，因此实现了一种DataNode集群机制以提高系统的可用性。

(3)实现了一种优先级管理的多队列调度器，以支持一些需要优先处理的关键任务的执行。

2. Hadoop工具开发

为了提高Hadoop部署过程中的工作效率，中国移动开发了一些用于对Hadoop系统运行状况进行测试的工具，包括HDFS压力测试工具、MapReduce任务执行性能分析工具和MapReduce任务提交的Web接口等。

在上述基础上，利用Hadoop提供的接口，中国移动开发了一系列经营分析中的关键应用，包括基于 MapReduce 的并行 ETL(抽取-转换-加载)和数据挖掘工具，基于 MapReduce 的搜索引擎，基于 MapReduce、Hive 和 Pig 的支持数据仓库的海量结构化数据存储表 HugeTable。

本章小结

本章介绍了 Hadoop 的发展历程，阐述了 Hadoop 具有可扩充的分布式架构、擅于处理非结构化数据、自动化的并行处理机制、可靠性高和容错性强、计算靠近存储、低成本计算和存储的特性。经过多年发展，Hadoop 项目已经变得非常成熟和完善，包括 Common、HDFS、MapReduce、Hive、HBase、Avro、ZooKeeper 等子项目，其中 HDFS、MapReduce 和 Common 是 Hadoop 的三大核心组件。Hadoop 目前在各个领域得到了广泛应用，如百度、华为、中国移动都建立了自己的集群。

关键术语

(1)Hadoop　　(2)并行处理机制　　(3)计算靠近存储
(4)NameNode　　(5)DataNode　　(6)YARN

习　　题

1. 选择题

(1)Hadoop 的应用模式为(　　)。

A. 单次写单次读　　B. 多次写一次读
C. 多次写多次读　　D. 一次写多次读

(2)Hadoop 的基础(也是核心组件)包括 HDFS、MapReduce 和(　　)。

A. YARN　　B. Common
C. Pig　　D. Avro

(3)YARN 的基本设计思想是将 MapReduce 中的 JobTracker 拆分为两个独立的服务，分别是(　　)两个部分。

A. ResourceManager 和 ApplicationMaster
B. ApplicationMaster 和 Container
C. ResourceManager 和 Container
D. NodeManager 和 ApplicationMaster

(4)Hadoop 2.0 将对整个集群进行资源管理的功能从 MapReduce 中分离出来，形成一个独立的功能组件(　　)，专门对集群中的 CPU、内存等资源进行管理。

A. YARN　　B. Common
C. Pig　　D. Avro

(5)分布式系统的 3 个复杂特性是分布式存储、分布式资源调度和(　　)。

A. 分布式内存　　B. 分布式编程

C. 分布式扩展　　　　　　　　D. 分布式计算

(6)对 Hadoop 系统进行设计时，对 DataNode 进行的假设包括(　　)。

A. DataNode 主要用来存储，对额外的开销并没有限制

B. 对于普通的硬盘来说，任何硬盘都可能会失败

C. 文件和数据块的其中几个副本都是完全一致的

D. 因为 DataNode 上一半采用的是普通硬盘，所以平均每月至少都需要更换一块硬盘

2. 判断题

(1)横向扩充是指通过增加计算节点的数量来实现的。　(　　)

(2)Hadoop 内部处理需人工分区或优化。　(　　)

(3)Flume 是基于 Hadoop 的大集群监控系统。　(　　)

(4)Hadoop 需要运行在昂贵的硬件设备集群上才能保证正常运行。　(　　)

(5)Hadoop 是基于一个低成本、灵活和高扩展的分布式文件系统，它能够使非结构数据处理从传统数据库笨拙的 ETL 工作中解放出来。　(　　)

(6)对 Hadoop 而言，扩充是很容易的工作，即简单增加机架，并告诉系统用新增加的硬件来重新均衡，但是 Hadoop 不能实现近线扩充。　(　　)

3. 简答题

(1)Hadoop 的优点有哪些？

(2)Hadoop 的基础组件有哪些？它们的功能是什么？

(3)Hadoop 的其他组件包括哪些？它们的功能是什么？

(4)Hadoop 上使用 YARN 的步骤有哪些？

(5)简述 Hive 与 HBase 的区别与联系。

(6)与 Hadoop 1.0 相比，Hadoop 2.0 进行了哪些优化？

第3章

基于 Hadoop 的分布式文件系统 HDFS

本章教学要点

知识要点	掌握程度	相关知识
HDFS 的相关概念	掌握	NameNode、DataNode、客户端的概念
HDFS 的设计目标	熟悉	设计目标及局限性
HDFS 的架构	掌握	Master/Slave(主/从)架构的运作流程
HDFS 的存储原理	熟悉	冗余数据的保存、数据存储策略和数据的错误和恢复
HDFS 的主要工作流程	掌握	HDFS 的 4 个主要工作流程
HDFS 的性能优化方法	了解	性能优化的 4 种常用方法

Hadoop 不仅仅是一个能够进行数据分析的平台，而且还能够对数据进行存储。目前流行的基于 Hadoop 实现的专用存储系统称为基于 Hadoop 的 HDFS。大多数情况下，Hadoop MapReduce 应用程序会访问 HDFS 上的数据，改善 HDFS 群集通常会直接改善 MapReduce 的性能。此外，其他外部框架也可以基于他们的任务负载来访问 HDFS 上的数据。因此，HDFS 为 Hadoop 生态系统提供了基本功能，是一个至关重要的组件。本章介绍 HDFS 的体系架构、工作流程和性能优化的相关知识。

3.1 HDFS 简介

Hadoop 的专用存储系统 HDFS 是一个典型的主/从架构模型系统，也是管理大型分布式数据密集型计算的可扩展的分布式文件系统。HDFS 使用廉价的商用硬件搭建系统并向大量用户提供可容错的高性能服务，同时能提供高吞吐量的数据访问。本节主要介绍分布式文件系统的基本概念及 HDFS 的相关概念、特点和设计目标。

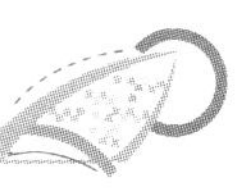

3.1.1 分布式文件系统的基本概念

相对于传统的本地文件系统而言，分布式文件系统(Distributed File System，DFS)是一种通过网络实现文件在多台主机上进行分布式存储的文件系统。分布式文件系统的设计一般采用“客户端/服务器(Client/Server)”模式，客户端以特定的通信协议通过网络与服务器建立连接，提出文件访问请求，客户端和服务器可以通过设置访问权来限制请求方对底层数据存储块的访问。目前，得到广泛应用的分布式文件系统有两种：一种是谷歌公司开发的分布式文件系统 GFS；另一种是 Hadoop 分布式文件系统 HDFS，是针对 GFS 的开源实现。

分布式文件系统把文件存储在多个计算机节点上，成千上万的计算机节点构成计算机集群，与之前使用多个处理器和专用高级硬件的并行化处理装置不同的是，目前的分布式文件系统所采用的计算机集群都是由普通硬件构成的，这就大大降低了硬件方面的开销。计算机集群的基本架构如图 3.1 所示，集群中的计算机节点存放在机架(Rack)上，每个机架可以存放 8～64 个节点，同一机架上的不同节点之间通过网络互连，多个不同机架之间采用另一级网络或交换机互连。

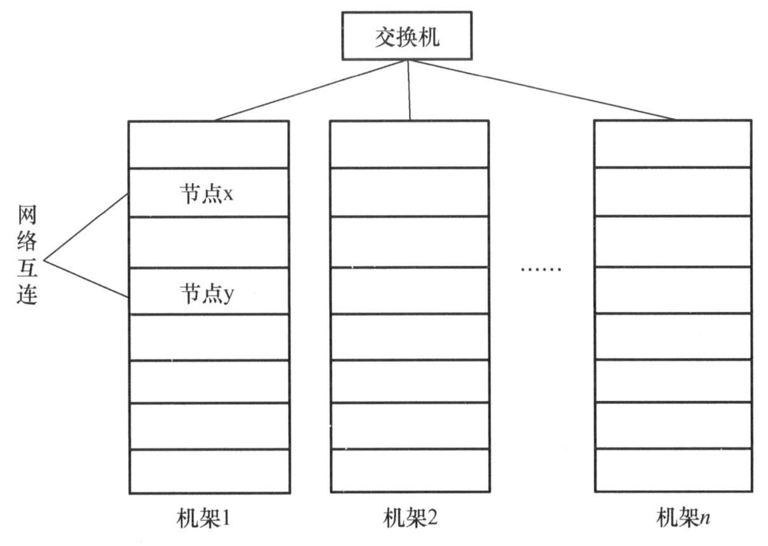

图 3.1 计算机集群的基本架构

与普通文件系统类似，分布式文件系统也采用了块的概念，文件被分成若干块进行存储，块是数据读写的基本单元，只不过分布式文件系统的块要比操作系统中的块大很多，例如，HDFS 默认的一个块的大小是 64MB。与普通文件不同的是，在分布式文件系统中，如果一个文件小于一个数据块的大小，它并不占用整个数据块的存储空间。分布式文件系统在物理结构上是由计算机集群中的多个节点构成的，这些节点分为两类，一类称为主节点或 NameNode，另一类称为从节点或 DataNode。NameNode 负责文件和目录的创建、删除和进行重命名等操作，同时管理 DataNode 和文件块的映射关系。因此，客户端只有访问 NameNode 才能找到请求的文件块所在的位置，进而到相应位置读取所需文件块。DataNode 负责数据的存储和读取，在存储时，由 NameNode 分配存储，然后由客户端把数据直接写入相应的 DataNode；在读取时，客户端从 NameNode 获得 DataNode和文件块的映射关系，然后就可以到相应位置访问文件块。DataNode 也要根据 NameNode 的命令创建、删除数据块和冗余复制。

计算机集群中的节点可能发生故障，因此，为了保证数据的完整性，分布式文件系统采用同城多副本存储。文件块会被复制为多个副本，存储在不同的节点上，而且，存储同一文件块的不同副本的各个节点，会分布在不同的机架上。这样，在单个节点出现故障时，就可以快速调用副本重启单个节点上的计算过程，而不用重启整个计算过程，整个机架出现故障时也不会丢失所有文件块。文件块的大小和副本个数通常可以由用户指定。

分布式文件系统是针对大规模数据存储而设计的，主要用于处理大规模文件，如 TB 级文件，处理过小的文件不仅无法充分发挥其优势，而且会严重影响到系统的扩展和性能。

3.1.2 HDFS 的基本概念

在学习 HDFS 之前，首先要了解一些相关的最基础的概念，包括 NameNode、DataNode、客户端、块及通信协议的概念。

1. NameNode

HDFS 系统包括一个 NameNode 组件，主要负责 HDFS 文件系统的管理工作，具体包括名称空间(Namespace)管理、文件块管理。NameNode 提供的是始终被动接受服务的服务，主要有以下三类协议接口。

(1)ClientProtocol 接口，提供给客户端，用于访问 NameNode。它包含文件的 HDFS 功能。和 GFS 一样，HDFS 不提供 POSIX(Portable Operating System Interface，可移植操作系统接口)形式的接口，而使用了一个私有接口。

(2)DataNodeProtocol 接口，用于 DataNode 向 NameNode 通信。

(3)NameNodeProtocol 接口，用于从 NameNode 到 NameNode 的通信。

在 HDFS 内部，一个文件被分成一个或多个块，这些块存储在 DataNode 集合里，NameNode 负责管理文件块的所有元数据信息，这些元数据信息主要为“文件名-数据块”映射和“数据块- DataNode 列表”映射。其中“文件名-数据块”映射保存在磁盘上进行持久化存储，需要注意的是 NameNode 上不保存“数据块- DataNode 列表”映射，该列表是通过 DataNode 上报给 NameNode 建立起来的。NameNode 执行文件系统的名称空间操作，例如打开、关闭、重命名文件和目录，同时决定文件数据块到具体 NameNode 的映射。

和 NameNode 相关的另一个概念是 Secondary NameNode(第二主节点)，它主要是定时对 NameNode 的数据简介进行备份，这样可以尽量降低 NameNode 崩溃后数据丢失的风险，它所做的工作就是从 NameNode 获得 fsimage(镜像文件)和 edits(日志文件)，再把两者重新合并后发给 NameNode，这样既可以减轻 NameNode 的负担又能安全地备份，一旦 HDFS 的 Master 架构失效，就可以借助 Secondary NameNode 进行数据恢复。NameNode 和 Secondary NameNode 之间的通信示意图如图 3.2 所示。

NameNode 和 Secondary NameNode 之间数据的通信使用的是 HTTP 协议，Secondary NameNode 定期合并 fsimage 和 edits 日志，并将 edits 日志文件大小控制在一个限度

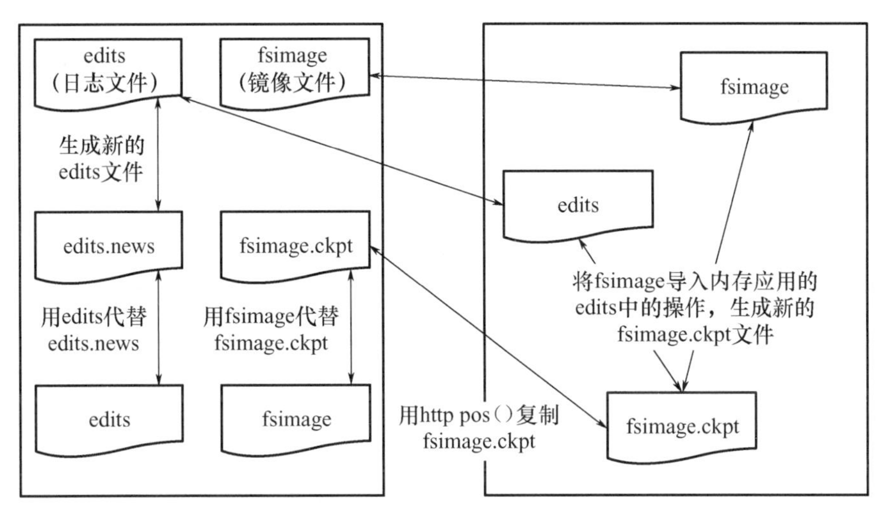

图 3.2 NameNode 和 Secondary NameNode 之间的通信示意图

下。因为内存需求和 NameNode 在一个数量级上，所以通常 Secondary NameNode 和 NameNode 运行在不同的机器上。Secondary NameNode 通过 bin/start- dfs. sh 脚本在 conf/masters 命令中指定的节点上启动。

NameNode 维护系统的名称空间，它将记录名称空间内的任何改动或者名称空间本身的属性改动。HDFS 复制文件块以便容错，应用程序可以在一个文件创建时指定该文件的副本数，这个数量可以在以后随时更改，这个份数称为复制因子。NameNode 负责所有文件块复制。

2. DataNode

NameNode 是 HDFS 的管理节点，用于存储并管理元数据，而 DataNode 就是负责存储数据的组件，一个数据块会在多个 DataNode 中进行冗余备份，而一个 DataNode 对于一个块最多只包含一个备份。所以，可以简单地认为 DataNode 上存储了数据块 ID 和数据块内容，以及它们的映射关系。一个 HDFS 集群可能包含上千个 DataNode，这些 DataNode 定时和 NameNode 进行通信，接收 NameNode 的指令。为了减轻 NameNode 的负担，NameNode 上并不永久保存 DataNode 上有哪些数据块的信息，而通过 DataNode 启动时的上报来更新 NameNode 上的映射表。DataNode 在和 NameNode 建立连接后，就会不间断地和 NameNode 保持联系，反馈信息中也包含 NameNode 对 DataNode 的一些命令，如删除数据库或者把数据库复制到另一个 DataNode。应该注意的是，NameNode 不会发起到 DataNode 的请求，在这个通信过程中，它们严格遵守客户端/服务器架构规则。

当然 DataNode 也作为服务器接受来自客户端的访问，处理数据块读/写请求。DataNode 之间还会相互通信，执行数据块复制任务。同时，在客户端执行写操作的时候，DataNode 之间需要相互配合，以保证写操作的一致性。

3. 客户端

访问 HDFS 的程序或 HDFS shell 命令都可以称为 HDFS 的客户端，在 HDFS 的客户端中至少需要指定 HDFS 的集群设置中的 NameNode 地址及端口号信息，或者通过配置 HDFS 的 core-site. xml 文件来指定。一般可以把客户端和 HDFS 节点服务器放在同一台机器上，但前提是机器资源允许，并且能够接受不可靠的应用程序所带来的稳定性降低的风险。

4. 块

块（Block）是文件系统中一个很重要的概念，在 Linux 系统中有一个数据块的概念。数据块是文件系统读写的最小数据单元。一般在文件系统中数据块的大小是 512Bytes，一个文件所占的大小就是数据块大小的整数倍，对于用户来讲对文件的访问/存取都是透明的，同样系统管理员可以利用系统本身的命令对数据块进行操作。对于文件系统来讲，HDFS 也有一个块的概念，不同之处在于 HDFS 为了满足大数据的效率和整个集群的吞吐量选择了更大的数值，默认为 64MB。和一般文件系统不同的是：虽然块设置得比较大，但是当一个文件的大小小于 HDFS 的块时，实际存储所占的大小并不占用一个块的大小。

客户端在读取 HDFS 上的一个文件时就以块为基本的数据单元。以一次简单读取来举例。首先，客户端将文件名和程序指定的字节偏移，根据固定的块大小，转换成文件的块索引。然后，客户端将文件名和块索引发送给 MasterNode，MasterNode 将相应的块标识和副本的位置信息返回给客户端，客户端用文件名和块索引作为 Key(码/键)缓存这些信息，之后客户端发送请求到其中一个副本，一般会选择最近的。请求信息包含块标识和字节范围。在对这个块的后续读取操作中，客户端不必再和 MasterNode 通信了，除非缓存的元数据信息过期或文件被重新打开。客户端通常会在一次请求中查询多个块信息。在实际应用中，这些额外信息在不付出任何代价的情况下，避免了客户端和 MasterNode 未来可能发生的几次通信。

5. 通信协议

HDFS 通信协议都是构建于 TCP/IP 之上的。HDFS 客户端连接到 NameNode 上打开的一个 TCP(Transmission Control Protocol，传输控制协议)端口，然后使用一个基于 RPC(Remote Procedure Call，远程过程调用)的专有协议与 NameNode 通信。DataNode 使用一个基于块的专有协议与 NameNode 通信。

DataNode 持续循环询问 NameNode 的指令，NameNode 不能直接连接到 DataNode，它只是从 DataNode 调用的函数返回值。每个 DataNode 都维护一个开放的服务器套接字，以便客户端或其他 DataNode 能够读/写数据。NameNode 知道这个服务器的主机或端口，将信息提供给有关客户端或其他 DataNode。

3.1.3 HDFS 的设计目标及局限性

HDFS 的设计目标主要包括透明性、并发控制、可伸缩性、容错以及安全需求等。但是，在具体实现中，不同产品实现的级别和方式都有所不同。HDFS 在设计需求指标方面的实现情况如表 3-1 所示。

表 3-1 HDFS 在设计需求指标方面的实现情况

设计需求指标	含　　义	HDFS
透明性	具备访问透明性、位置透明性、性能和伸缩透明性。访问透明性是指用户不需要专门区分哪些是本地文件及哪些是远程文件，用户能够通过相同的操作来访问本地文件和远程文件资源。位置透明性是指在不改变路径名的前提下，不管文件副本数量和实际存储位置发生何种变化，对用户而言都是透明的，用户不会感受到这种变化，只需要使用相同的路径名就可以始终访问同一个文件。性能和伸缩透明性是指系统中节点的增加或减少以及性能的变化对用户而言是透明的，用户感受不到什么时候一个节点加入或退出了	只能提供一定程度的访问透明性，完全支持位置透明性、性能和伸缩透明性
并发控制	客户端对于文件的读写不应该影响其他客户端对同一个文件的读写	机制非常简单，在任何时间都只允许有一个程序写入某个文件
文件复制	一个文件可以在不同位置拥有多个副本	采用多副本机制
硬件和操作系统的异构性	可以在不同的操作系统和计算机上实现同样的客户端和服务器端程序	采用 Java 语言开发，具有很好的跨平台能力
可伸缩性	支持节点的动态加入或退出	建立在大规模廉价机器上的分布式文件系统集群，具有很好的伸缩性
容错	保证文件服务在客户端或者服务器出现问题的时候能正常使用	具有多副本机制和故障自动检测、恢复机制
安全	保障系统的安全性	安全性较弱

HDFS 实现了 GFS 的基本思想，支持流数据读取和处理超大规模文件，并能够运行在由廉价的普通机器组成的集群上，这主要得益于它在设计之初就充分考虑了实际应用环境的特点，即硬件出错在普通服务器集群中是一种常态，而不是异常。因此，HDFS 在设计上采取了多种机制保证在硬件出错的环境中实现数据的完整性。总而言之，HDFS 应实现表 3-2 所列的 5 个目标。

表 3-2 HDFS 的 5 个目标

目　　标	说　　明
兼容廉价的硬件设备	在成百上千台廉价服务器中存储数据，常会出现节点失效的情况，因此 HDFS 设计了快速检测硬件故障和进行自动回复的机制，可以实现持续监视、错误检查、容错处理和自动恢复功能，从而使得在硬件出错的情况下也能实现数据的完整性
流数据读写	普通文件系统主要用于随机读写以及与用户进行交互，而 HDFS 则是为了满足批量数据处理的要求而设计的。因此，为了提高数据吞吐率，HDFS 放松了一些 POSIX 的要求，从而能以流式方式来访问文件系统数据

续表

目　　标	说　　明
大数据集	HDFS中的文件通常可以达到GB甚至TB级别，一个数百台机器组成的集群里面可以支持千万级别类似的文件
简单的文件模型	HDFS采用了“一次写入、多次读取”的简单文件模型，文件一旦完成写入，关闭后就无法再次写入，只能被读取
强大的跨平台兼容性	HDFS是采用Java语言实现的，具有很好的跨平台兼容性，支持JVM(Java Virtual Machine，Java虚拟机)的机器都可以运行HDFS

HDFS的特殊设计目标，在实现上述优良特性的同时，也使得自身具有一些应用局限性，主要表现在以下3个方面。

(1)不适合低延迟数据访问。HDFS主要是面向大规模数据批量处理而设计的，采用流式数据读取，具有很高的数据吞吐率，但是这也意味着较高的数据延迟。因此，HDFS不适合用在需要较低延迟(如数十毫秒)的应用场合。对于低延时要求的应用程序而言，HBase是一个更好的选择。

【HDFS中海量小文件合并与预取优化方法的研究】

(2)无法高效存储大量小文件。小文件是指文件的大小小于一个块的文件，过多小文件会给系统扩展性和性能带来诸多问题。首先，HDFS采用NameNode来管理文件系统的元数据，这些元数据被保存在内存中，从而使客户端可以快速获取文件的实际存储位置。通常，每个文件、目录或块大约占150字节，如果有1000万个文件，每个文件对应一个块，那么，NameNode至少要消耗3GB内存来保存这些元数据信息。很显然，这时的元数据检索的效率就比较低了，需要花费较多的时间来找到一个文件的实际存储位置。而且，如果继续扩展到数十亿个文件时，NameNode保存元数据所需要的内存空间就会大大增加，以现有的硬件水平，是无法在内存中保存如此大量的元数据的。其次，用MapReduce处理大量小文件时，会产生过多的Map任务，线程管理开销也会大大增加，因此，处理大量小文件的速度远远低于处理同等大小的大文件的速度。最后，访问大量小文件的速度远远低于访问几个大文件的速度，访问大量小文件，需要不断从一个DataNode跳到另一个DataNode，严重影响性能。

(3)不支持多用户写入及任意修改文件。HDFS只允许一个文件有一个写入者，不允许多个用户对同一个文件执行写操作，而且只允许对文件执行追加操作，不能执行随机写操作。

3.1.4 HDFS的可靠性措施

HDFS设计的主要目标之一就是在故障情况下也能保证数据存储的可靠性。HDFS具备了完善的冗余备份和恢复机制，可以实现在集群中可靠地存储海量文件。

1. 机柜意识

通常，大型HDFS集群跨多个安装点(机柜)排列。一个安装点的不同节点之间的网络流量通常比跨安装点的网络流量更高效。一个NameNode尽量将一个块的多个副本放置到多个安装点上以提高容错能力。HDFS允许管理员决定一个节点属于哪个安装点。

因此，每个节点都知道它的机柜ID，也就是说，它具有机柜意识。

HDFS使用一个智能副本放置模型来提高可靠性和性能。优化副本放置使得HDFS不同于其他大多数分布式文件系统，而一个高效使用网络带宽的、具有机柜意识的副本放置策略将进一步促进这种优化。

大型HDFS环境通常跨多个计算机安装点运行。不同安装点中的两个DataNode之间的通信通常比同一个安装点中的DataNode之间的通信缓慢。因此，NameNode试图优化DataNode之间的通信。NameNode通过DataNode的机柜ID识别它们的位置。

2. 冗余备份

HDFS被设计成在一个大集群里跨机器、可靠存储的非常大的文件系统。每个文件都存储为一系列的数据块，默认块大小为64MB。同一文件中除最后一块以外的所有块大小都是相同的。文件的块都通过复制来保证容错。每个文件的块的大小和复制因子都是可以配置的。程序可以指定文件复制的复制因子，可以在文件创建时指定，也可以在以后指定。HDFS的文件都是一次性写入的，并且严格限制在任何时候都只有一个写用户。DataNode使用本地文件系统来存储HDFS的数据，但是它对HDFS的文件一无所知，只是用一个个文件存储HDFS的每个数据块。当DataNode启动的时候，它会遍历本地文件系统，产生一份HDFS数据块和本地文件对应关系的列表，并把这个报告发给NameNode，这就是块报告(BlockReport)，块报告包括DataNode上所有块的列表。

3. 副本存放

HDFS集群一般运行在多个机架上，不同机架上机器的通信需要通过交换机。通常情况下，副本的存放策略很关键，机架内节点之间的带宽比跨机架节点之间的带宽要大，它能影响HDFS的可靠性和性能。HDFS采用机架感知(Rack-aware)策略来改进数据的可靠性、可用性和网络带宽的利用率。通过机架感知，NameNode可以确定每个DataNode所属的机架ID。一般情况下，当复制因子是3的时候，HDFS的部署策略是将一个副本放在同一机架上的节点，另一个副本存放在本地机架上的节点，最后一个副本放在不同机架上的节点。机架的错误远比节点的错误少，这个策略可以防止整个机架失效时数据丢失，不会影响到数据的可靠性和可用性，同时又能保证性能。目前，副本存放策略还正在开发中。

4. HDFS心跳

有几种情况可能会导致NameNode和DataNode之间的连通性丧失。因此，每个DataNode都向它的NameNode定期发送心跳消息(Heartbeat Message)，如果NameNode不能接收心跳消息，就表明连通性丧失。NameNode将不能响应心跳消息的DataNode标记为“死节点”，并不再向它们发送请求。存储在一个死节点上的数据不再对那个节点的HDFS客户端可用，该节点将从系统有效地移除。如果一个节点的死导致数据块的复制因子降至最小值之下，NameNode将启动附加复制，将复制因子带回正常状态。

5. 安全模式

HDFS启动的时候，NameNode进入一个特殊的状态，称为安全模式，此时不会出现数据块的复制。NameNode会收到DataNode的心跳和数据块报告。数据块报告包括一个

DataNode 所拥有的数据块列表，每个数据块里都有指定数目的复制品。当某个 NameNode 登记数据复制品达到最小数目后，数据块就被认为是安全复制了。在一定百分比(可配置)的数据块被 NameNode 监测确定是安全登记之后，NameNode 在登记后(加上附加的 30 秒)退出安全模式。当监测到副本数不足的数据块时，该块会被复制到其他 DataNode，以达到最小副本数。

6. 数据完成性检测

从 DataNode 获取的数据块有可能是损坏的，为了解决此类问题的发生，HDFS 客户端软件实现了对 HDFS 文件内容的校验和检查，在创建 HDFS 文件时，会计算每个数据块的检验和，并将检验和作为一个单独的隐藏文件保存在命名空间下。当客户端获取文件后，会检查各个 DataNode 取出的数据和相应的校验和是否匹配。如果不匹配，那么客户就会选择从其他有复制品的 DataNode 取一份数据。

7. 空间回收

文件被用户或应用程序删除时，并不是立即就从 HDFS 中移走，而是先把它移动到 Trash(垃圾)目录里。只要还在这个目录里，文件就可以被迅速恢复。文件在这个目录里的时间是可以配置的，超出了这个时间，系统就会把它从命名空间中删除。文件的删除操作会引起相应数据块的存储空间释放，但是从用户执行删除操作到从系统中看到剩余空间的增加可能会有时间延迟。只要文件还在 Trash 目录里，用户就可以取消删除操作。当用户想取消时，可以浏览这个目录并取回文件，这个目录只保存被删除文件的最后副本。这个目录还有一个特性，就是 HDFS 会使用特殊政策自动删除文件。当前默认的策略是：文件超过 6 小时后会自动删除。在未来版本里，这个策略可以通过定义良好的接口来配置。

8. 元数据磁盘失效

映像文件和事务日志是 HDFS 的核心数据结构。如果这些文件损坏，将会导致 HDFS 不可用。NameNode 可以配置为支持维护映像文件和事务日志的多个副本，任何映像文件或事务日志的修改都将同步到它们的副本上。这样会降低 NameNode 处理命名空间事务的速度，然而这个代价是可以接受的，因为 HDFS 是数据密集而非元数据密集的。当 NameNode 重新启动时，总是选择最新的一致性映像文件和事务日志。在 HDFS 集群中 NameNode 是单点存在的，如果它出现故障，必须手动干预。目前，HDFS 还不支持自动重启或切换到另外的 NameNode。

9. 快照

快照支持存储某一点时间的数据复制。这个特性的一个应用就是把损坏的 HDFS 回滚到以前某个正常的时间点。

3.2 HDFS 的架构、存储原理及主要工作流程

HDFS 采用了 Master/Slave 结构模型。从组织结构上来说，HDFS 最重要的两个组件是作为 Master 的 NameNode 和作为 Slave 的 DataNode。本节主要介绍 HDFS 的架构、

存储原理及主要工作流程。

【搭建单机HDFS】

3.2.1 HDFS的架构

相比基于P2P模型的分布式文件系统架构，HDFS采用的是基于Master/Slave架构模型的分布式文件系统，一个HDFS集群包含一个单独的MasterNode和多个SlaveNode服务器。这里的一个单独的MasterNode的含义是HDFS系统中只存在一个逻辑上的Master组件。一个逻辑的MasterNode可以包括两台物理主机，即两台Master服务器、多台Slave服务器。一台Master服务器组成单NameNode集群，两台Master服务器组成双NameNode集群并且同时被多个客户端访问，所有的这些机器通常都是普通的Linux机器，运行着用户级别的服务进程。HDFS的架构示意图如图3.3所示。

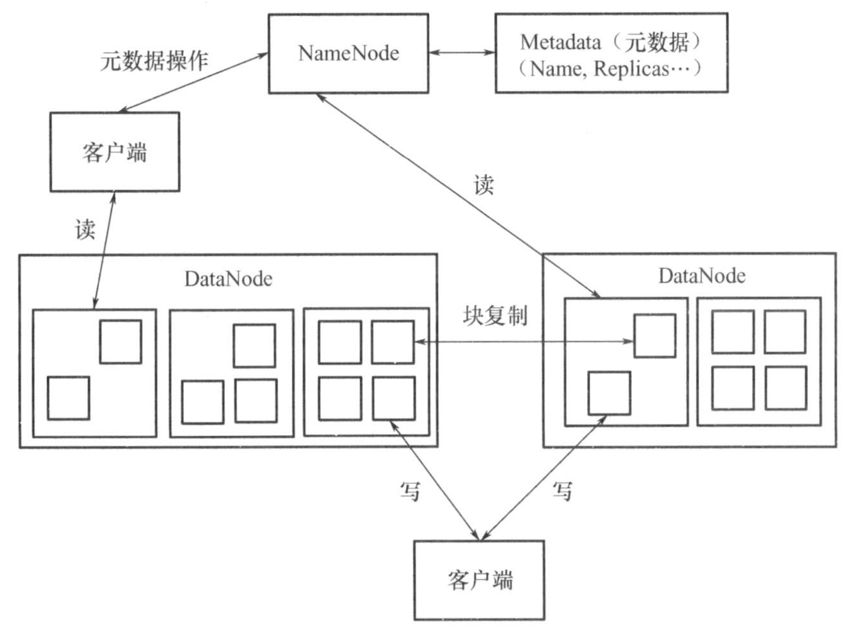

图3.3　HDFS的架构示意图

图3.3展示了HDFS的NameNode、DataNode以及客户端之间的存取访问关系，单一节点的NameNode大大简化了系统的架构。NameNode负责保存和管理所有的HDFS元数据，用户数据本就不需要通过NameNode，也就是说，文件数据的读写是直接在DataNode上进行的。HDFS存储的文件都被分割成固定大小的块，在创建块时，NameNode服务器会给每个块分配一个唯一不变的块表示。DataNode服务器把块以Linux文件的形式保存在本地硬盘上，并且根据指定的块表示和字节范围来读写块数据。处于可靠性的考虑，每个块都会复制到多个DataNode服务器上。在默认情况下，HDFS使用3个冗余备份，当然用户可以为不同的文件命名空间设定不同的复制因子数。NameNode使信息周期性地鼓励块的回收，以及块在DataNode服务器之间的迁移。NameNode使信息周期性地和每个DataNode服务器通信，发送指令到各个DataNode服务器并接受DataNode中的块状态信息。

【上机实践：HDFS的搭建】

HDFS客户端代码以库的形式被链接到客户程序中。在客户端代码中需要实现HDFS

文件系统的 API 接口函数，应用程序与 NameNode 和 DataNode 服务器通信，以及对数据进行读写操作。客户端和 NameNode 的通信只获取元数据，所有的数据操作都是由客户端直接和 DataNode 进行交互的。HDFS 不提供 POSIX(可移植操作系统接口)的 API，因此，HDFS API 调用不需要深入到 Linux VNode(虚拟节点)级别。无论是客户端还是 DataNode 服务器，都不需要缓存文件数据。客户端缓存数据几乎没有什么用处，因为大部分程序要么以流的方式读取一个巨大的文件，要么工作集太大根本无法被缓存。所以，无须考虑与缓存相关的问题，同时也简化了客户端以及整个系统的实现。

在当前的 HDFS 体系结构中，在整个 HDFS 集群中只有一个命名空间，并且只有唯一一个 NameNode，这样做虽然大大简化了系统设计，但也带来了以下一些明显的局限性。

(1)命名空间的限制。NameNode 是保存在内存中的，因此 NameNode 能够容纳的对象(文件、块)的个数会受到内存空间大小的限制。

(2)性能的瓶颈。整个分布式文件系统的吞吐量，受限于单个 NameNode 的吞吐量。

(3)隔离问题。由于集群中只有一个 NameNode，只有一个命名空间，因此无法对不同应用程序进行隔离。

(4)集群的可用性。一旦这个唯一的 NameNode 发生故障，会导致整个集群变得不可用。

3.2.2 HDFS 的存储原理

关于 HDFS 的存储原理包括 3 个部分：冗余数据的保存、数据存储策略以及数据的错误和恢复。

1. 冗余数据的保存

作为一个分布式文件系统，为了保证系统的容错性和可用性，HDFS 采用了多副本方式对数据进行冗余存储，通常一个数据块的多个副本会被分布到不同的 DataNode 上。这种多副本方式具有以下几个优点。

(1)加快数据传输速度。当多个客户端需同时访问同一个文件时，可以让各个客户端分别从不同的数据块副本中读取数据，这就大大加快了数据传输速度。

(2)容易检查数据错误。HDFS 的数据通过网络进行数据传输，采用多个副本可以很容易判断数据传输是否出错。

(3)保证数据的可靠性。即使某个 DataNode 出现故障时，也不会造成数据丢失。

2. 数据存储策略

数据存储策略包括数据存放、数据读取和数据复制等方面，它在很大程度上会影响到整个分布式文件系统的读写性能，是分布式文件系统的核心内容。

(1)数据存放。

为了提高数据的可靠性与系统的可用性以及充分利用网络带宽，HDFS 采用了以机架为基础的数据存放策略。一个 HDFS 集群通常包括多个机架，不同之间的数据通信需要经过交换机或者路由器，同一个机架中不同机器之间的通信则不需要经过交换机和路由器，这意味着同一个机架中不同机器之间的通信要比不同机架之间机器的通信带宽大。

HDFS 默认每个 DataNode 都在不同的机架上，这种方法存在一个缺点，那就是写入数据时不能充分利用同一机架内部机器之间的带宽。但是，这种方法也带来了更多显著

的优点：首先，可以获得很高的数据可靠性，即使一个机架发生故障，位于其他机架上的数据副本仍然是可用的；其次，在读取数据时，可以在多个机架并行读取数据，大大提高了数据读取速度；最后，可以更容易实现系统内部负载均衡和错误处理。

HDFS 默认的冗余复制因子是 3，也就是每一个文件块会被同时保存到 3 个地方。其中，有两份副本放在同一个机架的不同机器上面，第三个副本放在不同机架的机器上面，这样既可以保证机架发生异常时的数据恢复，也可以提高数据读写性能。

(2)数据读取。

HDFS 提供了一个 API 可以确定一个 DataNode 所属的机架 ID，客户端也可以调用 API 获取自己所属的机架 ID。当客户端读取数据时，从 NameNode 获得数据块不同副本的存放位置列表，列表中包含副本所在的 DataNode，可以调用 API 来确定客户端和这些 DataNode 所属的机架 ID。一旦发现某个数据块副本对应的机架 ID 和客户端对应的机架 ID 相同时，就优先选择该副本读取数据；如果没有发现，就随机选择一个副本读取数据。

(3)数据复制。

HDFS 的数据复制策略采用了流水线复制的策略，大大提高了数据复制的效率。当客户端要往 HDFS 中写入文件时，这个文件会首先被写入本地，并被切分为若干个块，每个块的大小是由 HDFS 的设定值来决定的。每个块都向 HDFS 集群中的 NameNode 发起写请求，NameNode 会根据系统中各个 DataNode 的使用情况，选择一个 DataNode 列表返回给客户端，然后，客户端就把数据首先写入列表中的第一个 DataNode，同时把列表传给第一个 DataNode；当第一个 DataNode 接收到 4KB 数据的时候，写入本地，并且向列表中的第二个 DataNode 发起连接请求，把自己已经接收到的 4KB 数据和列表传给第二个 DataNode；当第二个 DataNode 接收到 4KB 数据的时候，写入本地，并且向列表中的第三个 DataNode 发起连接请求。以此类推，列表中的多个 DataNode 形成一条数据复制的流水线。最后，当文件写完的时候，数据复制也同时完成。

3. 数据的错误和恢复

HDFS 具有较高的容错性，可以兼容廉价的硬件，它把硬件出错看成是一种常态，而不是异常，并设计了相应的机制监测数据错误和进行自动恢复，主要包括以下 3 种情形。

(1)NameNode 出错。

NameNode 保存了所有的元数据信息。其中，最核心的两大数据结构是 Fsimage(镜像文件)和 Editlog(编辑日志)，如果这两个文件发生损坏，那么整个 HDFS 实例将失效。因此，HDFS 设置了备份机制，将这些核心文件同步复制到备份服务器 Secondary NameNode 上，备份服务器本身不会处理任何请求，只扮演备份机的角色，虽然这样会增加 NameNode 服务器的负担，但是，它可以有效保证数据的可靠性和系统可用性。当 NameNode 出错时，就可以根据备份服务器 Secondary NameNode 上的 Fsimage 和 Editlog 进行数据恢复。

(2)DataNode 出错。

每个 DataNode 会定期向 NameNode 发送心跳消息，向 NameNode 报告自己的状态。当 DataNode 发生故障或者网络发生断网时，NameNode 就无法收到来自一些 DataNode

的心跳消息，这时，这些 DataNode 就会被标记为“死节点”，节点上面的所有数据都会被标记为“不可读”，NameNode 不会再给它们发送任何 I/O 请求。这时，有可能出现一种情形，即由于一些 DataNode 的不可用，会导致一些数据块的副本数量小于冗余因子。NameNode 会定期检查这种情况，一旦发现某个数据块的副本数量小于冗余因子，就会启动数据冗余复制，为它生成新的副本。HDFS 和其他分布式文件系统的最大区别就是可以调整冗余数据的位置。

(3)数据出错。

网络数据和磁盘错误等因素，都可能造成数据错误。客户端在读取到数据后，会对数据块进行校验，以确保读取到正确的数据。在文件被创建时，客户端就会对每一个文件块进行信息摘录，并把这些信息写入到同一个路径的隐藏文件里面。当客户端读取文件时，会先读取该信息文件，然后，利用该信息文件对每个读取的数据块进行校验，如果校验出错，客户端就会请求到另外一个 DataNode 读取该文件块，并且向 NameNode 报告这个文件块有错误，NameNode 会定期检查并且重新复制这个文件块。

3.2.3 HDFS 的主要工作流程

【HDFS 中常用的 Shell 命令】

本节介绍 4 个主要的工作流程：客户端到 NameNode 的元数据操作、客户端读文件、客户端写文件以及 DataNode 到 NameNode 的注册和心跳，充分体现了 HDFS 实体间各接口的配合。

1. 客户端到 NameNode 的元数据操作

客户端有到 NameNode 的大量元数据操作，如更改文件名、在指定目录下创建一个子目录等，这些操作一般只涉及客户端和 NameNode 的交互，通过远程接口 ClientProtocol 进行。

以客户端 Delete(删除)HDFS 文件为例，操作在 NameNode 上执行完毕后，DataNode 上存放文件内容的数据块也必须删除。但是，NameNode 在执行 delete( )方法时，它只标记操作涉及的需要被删除的数据块，而不会主动联系保存这些数据块的 DataNode，立即删除数据。当保存着这些数据块的 DataNode 向 NameNode 发送心跳消息时，客户端到 NameNode 的删除文件操作如图 3.4 所示。

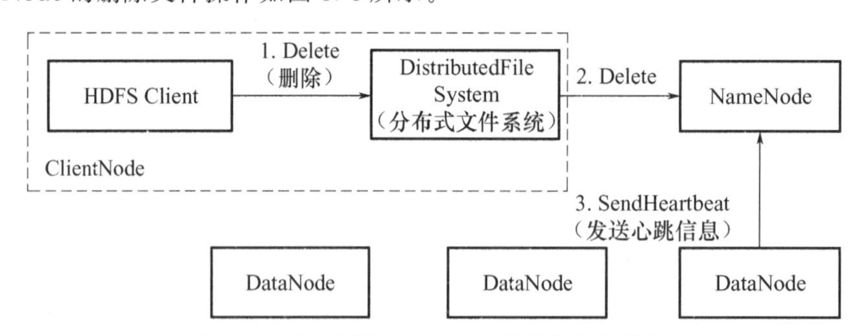

图 3.4 客户端到 NameNode 的删除文件操作

在对心跳的应答里，NameNode 会通过 DataNodeCommand 命令 DataNode 删除数据。在这个过程中需要注意的是：被删除的数据，也就是该文件对应的数据块，在删除操作完成后

的一段时间以后，才会被真正删除；NameNode 和 DataNode 间永远维持着简单的主/从关系，NameNode 不会向 DataNode 发起任何调用，DataNode 需要配合 NameNode 执行的操作，都是通过 DataNode 心跳应答中携带的 DataNodeCommand 返回。

2. 客户端读文件

在客户端读文件过程中，客户端、NameNode 和 DataNode 之间需要密切配合，如图 3.5 所示。

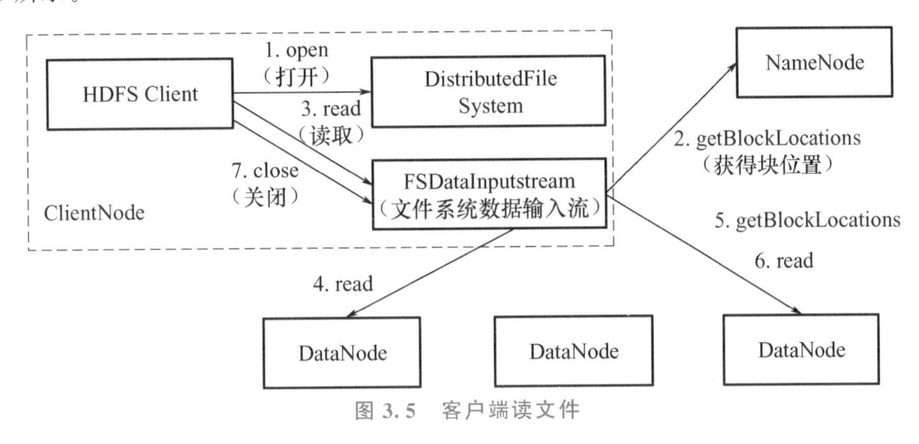

图 3.5 客户端读文件

客户端通过 FileSystem. open( )打开文件，对应 HDFS 具体文件系统，Distributed-FileSystem 创建输出流 FSDataInputStream，返回给客户端，客户端使用这个输入流读取数据。

对 HDFS 来说，具体的输入流是 DFSInputStream，在该输入流的构造函数中，输出流实例通过 ClientProcotol. getBlockLocations( )远程接口调用 NameNode，以确定文件开始部分数据块的保存位置，即图 3.5 中的步骤 2。对于文件中的每个块，NameNode 返回保存着该副本的 DataNodeID。注意，这些 DataNode 根据它们与客户端的距离进行了简单排序。

客户端调用 FSDataInputStream. Read( )方法读取文件数据时，DFSInputStream 对象会通过 DataNode 的“读数据”流接口，与最近的 DataNode 建立联系。客户端反复调用 read( )方法，数据会通过 DataNode 和客户端连接上的数据包返回客户端。当到达块的末端时，DFSInputStream 会关闭和 DataNode 间的连接，并通过 getBlockLocations( )远程方法获取保存下一个数据块的 DataNode 信息，即图 3.5 中的步骤 5，然后继续寻找最佳 DataNode，再次通过 DataNode 的数据接口获得数据，即图 3.5 中的步骤 6。

由客户端直接联系 NameNode，检索数据存放位置，并由 NameNode 安排 DataNode 读取顺序，这样的设计还有一个好处，就是能够读取文件引起的数据传输，分散到集群的各个 DataNode，HDFS 可以支持大量的并发客户端。同时，NameNode 只处理数据块定位请求，不提供数据，否则随着客户端数量的增长，NameNode 会迅速成为系统的瓶颈。

3. 客户端写文件

即使不考虑 DataNode 出错后的故障处理，文件写入也是 HDFS 中最复杂的流程。本节以创建一个新文件并向其中写入数据然后关闭文件为例，分析客户端写文件时系统各节点的配合。客户端写文件如图 3.6 所示。

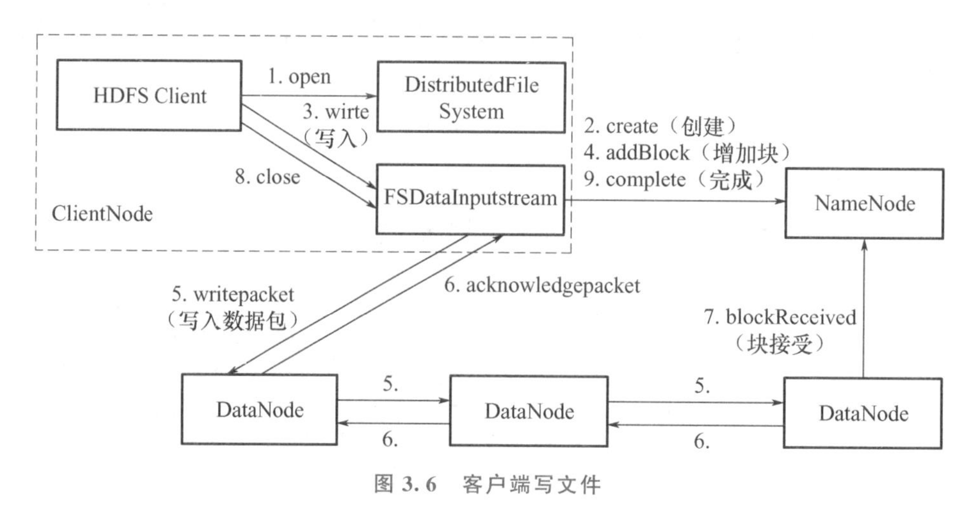

图 3.6　客户端写文件

客户端调用 DistributedFileSystem 的 create( )方法创建文件(图 3.6 中的步骤 1)，这时，DistributedFileSystem 创建 DFSOutputStream，并远程调用，让 NameNode 执行同名方法，在文件系统的命名空间创建一个新文件。NameNode 创建新文件时，需要执行各种各样的检查，如 NameNode 处于正常工作状态，被创建的文件不存在，客户端有在父目录中创建文件的权限等。这些检查都通过以后，NameNode 会构造一个新文件，并将创建操作记录到编辑日志中。远程方法调用结束后，DistributedFileSystem 将该 DFSOutputStream 对象包裹在 FSDataOutputStream 实例中，返回给客户端。

图 3.6 中的步骤 3 客户端写入数据时，因为 create( )调用创建了一个空文件，所以 DFSOutputStream 实例首先需要向 NameNode 申请数据块，addBlock( )方法成功执行后，返回一个 LocateBlock 对象。该对象包含新数据块的数据块标识和版本号，同时，它的成员变量 LocateBlock. Locs 提供了数据流管道的信息，通过上述信息，DFSOutputStream 可以和 DataNode 联系，通过写数据接口建立数据流管道。客户端写入 FSDataOutputStream 流中的数据，被分成一个一个的文件包，放入 DFSOutputStream 对象的内部队列。该队列中的文件包最后打包成数据包，发往数据流管道，并按照前面讨论的方式，流经管道一次发往客户端。当客户端收到应答时，它将对应的包从内部队列移除。

DFSOutputStream 在写完一个数据块后，数据流管道上的节点，会通过和 NameNode 的 DatanodeProtocol 远程接口的 blockReceived( )方法，向 NameNode 提交数据块。如果数据队列中还有等待输出的数据，则 DFSOutputStream 对象需要再次调用 addBlock( )方法，为文件添加新的数据块。

客户端完成数据的写入后，调用 close( )方法关闭流，见图 3.6 中的步骤 8。关闭意味着客户端不会再往流中写入数据。所以，当 DFSOutputStream 数据队列中的文件包收到应答后，就可以使用 ClientProtocol. complete( )方法通知 NameNode 关闭文件，完成一次正常的写文件流程。

4. DataNode 到 NameNode 的注册和心跳

本节讨论 DataNode 和 NameNode 之间的交互，如图 3.7 所示。其中包括 DataNode 从启动到进入正常工作状态的注册、数据块上报以及正常工作过程中的心跳等与 Name-

Node 相关的远程调用。DataNode 与 NameNode 之间通过协议 DatanodeProrocol 通信。

正常启动 DataNode 或者为升级而启动 DataNode，都会向 NameNode 发送远程调用 versionRequest( )，进行必要的版本检查。这里的版本检查，只涉及构建版本号，保证它们间的 HDFS 版本是一致的。正常启动的 DataNode，当版本检查结束后，在图 3.7 中的步骤 2 会接着发送远程调用 register( )，向 NameNode 注册。DatanodeProtocol. register( )的主要工作也是检查，通过检查确认该数据及该管理集群的成员，也就是说，用户不能将某一个集群的 DataNode 直接注册到另一个集群的 NameNode，这保证了整个系统的数据一致性。注册成功后，DataNode 会将它管理的所有数据块信息，通过 blockReport( )方法上报到 NameNode，帮助 NameNode 建立 HDFS 文件数据块到 DataNode 的映射关系。这一步操作完成后，DataNode 才正式提供服务。

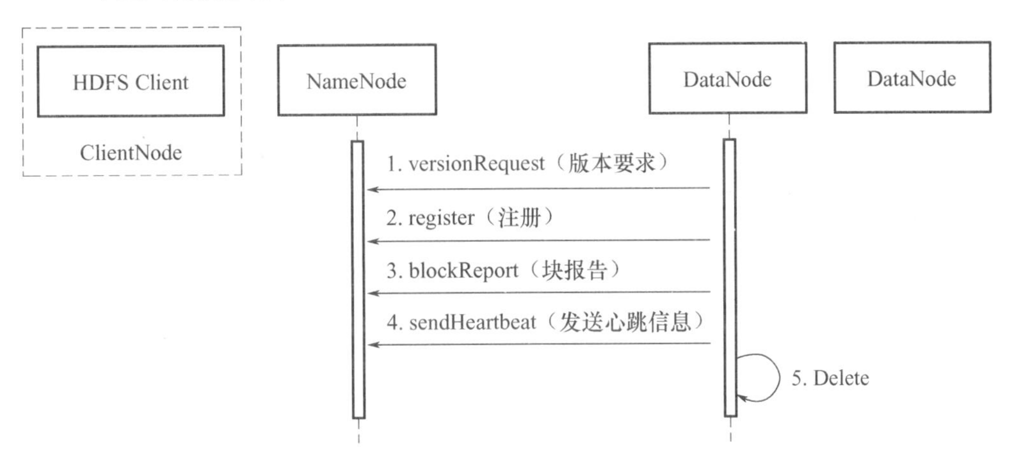

图 3.7　DataNode 和 NameNode 之间的交互

所谓心跳机制是指发送方按照一定规则(周期性发送、空闲发送等)向接收方发送固定格式的消息，接收方收到消息后回复一个固定格式的消息。如果长时间没有收到(如心跳周期的 3 倍)，则认为当前连接失效，将其断开。由于 NameNode 和 DataNode 存在主/从关系，DataNode 需要每隔一段时间发送心跳到 NameNode，NameNode 如果有一些需要 DataNode 配合的动作，则会通过方法 sendHeartbeat( )返回。该返回值是一个 DatanodeCommand 数组，它带回来一系列 NameNode 指令。如果 NameNode 长时间接收不到 DataNode 的心跳，它会认为该 DataNode 已经失效。DataNode 执行指令，删除数据块，释放存储空间。

应该说，DataNode 和 NameNode 间的交互非常简单，大部分都是 DataNode 到 NameNode 的心跳。但考虑到一个规模的 HDFS 集群，一个 NameNode 会管理上千个 DataNode。

3.3　HDFS 的性能优化

前面的章节已经介绍了 HDFS 的架构和工作流程，但对于 HDFS 使用者来说，还需要掌握 HDFS 的性能优化方法，因为在 Hadoop 集群的运行过程中，文件读写效率是影响整个作业性能的重要因素。本节整理了主要的 HDFS 性能优化方法，由于目前 HDFS

【HDFS的可用性配置】

性能优化还与操作者的经验及集群状况密切相关，所以需要根据实际情况择优使用。

3.3.1 调整数据块尺寸

HDFS 中的一个文件是以固定大小的数据块的形式存储于若干 DataNode 中的，使用数据块存储文件的好处有两方面：一方面文件分块后，可以采用分布式方式将一个文件的多个数据块存储于集群中的多个 DataNode 上，支持以并行方式实现高效读写；另一方面，固定大小数据块的组织形式，大大简化了文件管理操作，可以有效地提高存储管理效率。

HDFS 中默认的数据块大小为 64MB，远远大于物理磁盘的块大小(通常为 512Byte)。这样的设计主要是因为 HDFS 的主要目标是存储较大尺寸的文件。在对 HDFS 文件数据进行访问时，访问时间主要由两部分组成：一部分是寻址时间(*seek_time*)；另一部分是传输时间(*trans_time*)。可以用下列公式计算文件传输效率(*effect*)。

$$effect=\frac{trans\_time}{trans\_time+seek\_time}=1-\frac{seek\_time}{block\_size/speed+seek\_time}$$

从公式中可以看出，文件传输效率的最大值为 1，即不耗费任何时间在寻址上。单在一个给定的系统中，文件系统的寻址时间和网络传输速率(*speed*)通常是确定的值，因此要提高文件传输效率，就应加大数据块大小(*block_size*)。所以，将默认的数据块大小由 64MB 调整到 128MB 甚至更大，通常是可以提高 HDFS 性能的。但这个值并不是越大越好，因为当数据块过大时，HDFS 存储节点间的存储均衡效果将降低，并且会增加 MapReduce 作业中数据聚合时的 I/O 时间，所以要根据集群的具体情况进行设置。

3.3.2 规划网络与节点

【HDFS网络拓扑概念】

在数据的读取过程中，NameNode 会根据 DataNode 与客户端之间的距离对多个DataNode进行排序后返回给客户端，以便于从最快的节点读取数据。在这里，距离是一个关键的数值。Hadoop 将网络视为树状结构，树中每棵子树的根节点通常是连接计算机的交换节点，例如机架上的内置交换机、机架间的交换机等。在这样的设定下，两个节点间的距离即一个节点到达另一个节点所要经过的最短距离。以图 3.8 中所示两个数据中心构成的 Hadoop 集群为例，可以计算出这些节点之间的距离。数据中心 Data Center 表示为 *D*1、*D*2，机架 Rack 表示为 *R*1、*R*2、*R*3，还有服务器节点 Node 表示为 *n*1、*n*2、*n*3、*n*4。

Distance(*D*1/*R*1/*n*1，*D*1/*R*1/*n*1)=0 (节点与自己的距离为 0)

Distance(*D*1/*R*1/*n*1，*D*1/*R*1/*n*2)=2 (同机架内节点的距离为 2)

Distance(*D*1/*R*1/*n*1，*D*1/*R*2/*n*3)=4 (相邻机架间节点的距离为 4)

Distance(*D*1/*R*1/*n*1，*D*2/*R*3/*n*4)=6 (不同数据中心节点的距离为 6)

Hadoop 默认配置认为所有节点是在一个机架中，这就需要集群管理者将正确的网络拓扑传递给 Hadoop 运行环境，才能帮助 Hadoop 调度器选择合适的 DataNode 进行数据写入和读取。Hadoop 内部实现了一系列可描述树状网络拓扑结构，包括描述叶子节点(服务器)的 NodeBase 类，描述内部节点(交换机或路由器)的 InnerNode，描述网络拓扑

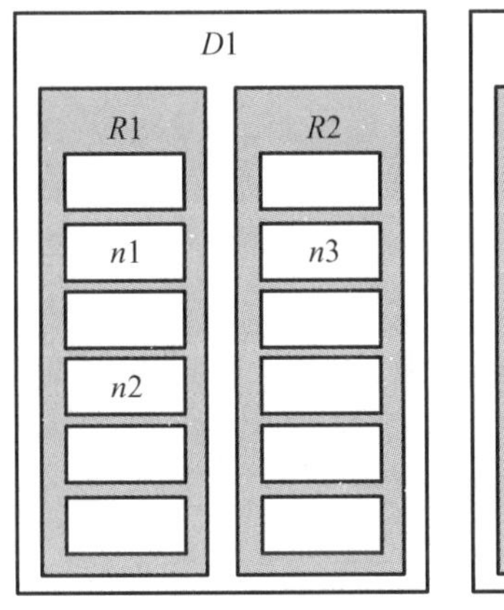

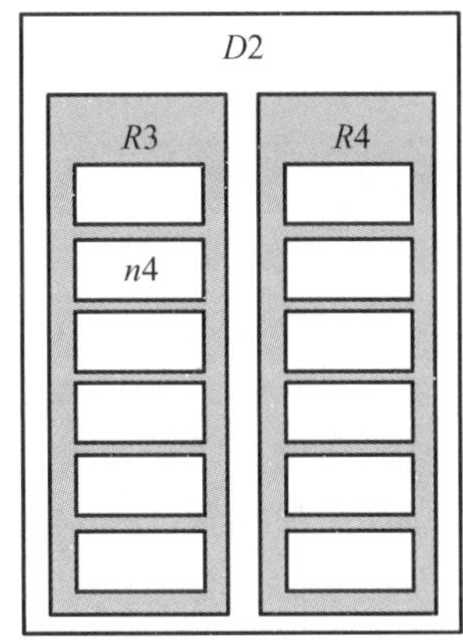

图 3.8 集群示例

的 NetworkTopology 类。NetworkTopology 的 add 方法和 remove 方法可以定义网络结构，getDistance 方法可以获取距离。Hadoop 支持开发者以自定义脚本或实现 DNSToSwitchMapping 类的方式输出某个服务器的位置信息，脚本的输入参数为服务器的域名或 IP 地址，输出为经过解析后的网络路径列表。在配置了脚本后，NameNode 和 JobTracker 将可以通过调用脚本获得节点的网络位置，以进行网络拓扑的节点选择。

3.3.3 调整服务队列数量

在 HDFS 结构中，存在多个需要接收并发请求的节点，在这些位置上都采用了支持并发常用的多服务队列机制，因此合理配置这些服务队列的数量，将会有效提高整个系统的服务效率。

1. NameNode 服务队列

所有的 HDFS 文件操作都需要先从 NameNode 获得文件的元数据，因此在客户端较多时，NameNode 会启动通过 dfs. namenode. handler. count 参数控制的线程数量来服务这些客户端的请求。默认的线程数量为 10，可以适当增大这一数值。但需要注意的是，随着线程数的增加，元数据读写操作的并发数也会随之增加，这会导致内存占用增加和读写磁盘的 I/O 性能下降。因此也不能无限制地增加线程数。

2. DataNode 服务队列

数据块的读写操作发生在 DataNode 节点，DataNode 会启动 dfs. namenode. handler. count 参数控制的线程数量接收数据块读写操作请求，默认数量为 3。与 NameNode 的线程数量调整类似，增大线程数可以提升 DataNode 的服务能力，但同时也会带来运行线程的额外开销和网络与磁盘 I/O 资源竞争。因此这一参数的增加也需要考虑集群中的 DataNode 数量。

3. 请求等待队列

从前面看到，不管是 NameNode 还是 DataNode，都采用了服务队列机制处理并发请求。当并发请求超过服务者(线程)时，请求将会在一个队列中等待，Hadoop 的 ipc. server. listen. queue. size 参数就是控制队列长度的。默认的队列长度是 128，但在线程数较小或是并发数很大的情况下，这一默认值可能需要增大，尤其是在日志中频繁出现连接被拒绝的错误时。

3.3.4 调整磁盘配置或空间

【HDFS空间不足的管理优化】

在集群规模不大时，一种常见的部署方式是将DataNode和MapReduce的TaskTracker运行在同一台计算机上。在这种情况下，由于HDFS存储的大量文件和TaskTracker产生的本地临时文件会竞争有限的磁盘空间，因此往往会在这样的节点上出现TaskTracker运行失败或HDFS存储失败的情况，导致集群性能下降。尤其是在Map或Reduce任务因为磁盘空间不足而导致失败时，虽然会通过心跳消息通知JobTracker，但是仍然有可能在后面的过程中继续被分配任务，并再次因为磁盘空间不足而失败，直至达到最大失败次数，这种情况会极大地影响集群性能，可以通过调整Hadoop的3个参数为两者分配合适的预留磁盘空间，或者根据节点功能优化磁盘配置。

1. 预留磁盘空间

预留磁盘空间可以通过mapred.local.dir.minspacestart参数调整可接受MapReduce任务的最小磁盘空间，mapred.local.dir.minspacekill参数来触发任务终止的最小磁盘空间和dfs.datanode.du.reserved参数调整MapReduce任务预留磁盘空间这3种方式实现。

(1)可接受MapReduce任务的最小磁盘空间。

mapred.local.dir.minspacestart参数定义了一个最小磁盘空间，当剩余磁盘空间小于此参数的值时，TaskTracker将不再接受新的任务。这个参数的默认值为0，即不进行预留，此时当HDFS占用空间较多导致TaskTracker产生的临时文件超过磁盘剩余空间时，会出现任务失败的情况。因此，应根据预估的Map或Reduce任务可能产生的临时文件大小，乘以可能运行的任务数量，来设置这个参数。

(2)触发任务终止的最小磁盘空间。

mapred.local.dir.minspacekill参数定义了一个最小磁盘空间值，当Map或Reduce任务执行时，若剩余磁盘空间值小于这个值，则该TaskTracker节点将不再接受新的任务分配，直到正在运行的任务全部完成。并且，为了保证正在运行的任务能够正常完成，还要将正在运行的任务之一终止以释放它占用的磁盘空间。选择被终止的任务的策略是优先选择Reduce任务，然后依次按照完成百分比排序，完成百分比越小的越先被终止。

(3)MapReduce任务预留磁盘空间。

dfs.datanode.du.reserved参数定义了不被HDFS文件存储占用的磁盘空间值。也就是说，一个DataNode节点可用于存储HDFS文件的最大磁盘空间，为总磁盘空间减去这个参数定义的值，这些预留的磁盘空间，可用于存储执行MapReduce任务时产生的临时文件。这个参数的默认值为0，可以根据情况增大。

2. 根据节点功能优化磁盘配置

HDFS中对性能影响较大的主要是NameNode和DataNode节点，而这两类节点由于功能不同，其磁盘读写操作也具有不同的模式，因此可以根据它们的差异进行有针对性的磁盘配置。

(1)NameNode。

NameNode磁盘上的文件系统镜像存储了HDFS文件系统中的所有元数据，包括文件路径、数据块分布和索引信息等。这些元数据会被全部加载到内存中以支持高速访问。参数dfs.name.dir指定了文件系统镜像存放的路径，并且可以采用逗号分隔的方式使用多个路径，文件系统镜像会复制多份到这些路径下。文件系统镜像只会在启动时读取一次加载到内存中。

在文件系统元数据发生改变时(如创建文件、写文件操作)，这些修改以日志的形式记录到NameNode的磁盘中，修改操作要以同步的形式等到日志记录完成后才能正确返回，因此日志的写入速度对性能的影响较大。参数dfs.name.dir指定了存放日志的目录，同样支持以逗号分隔的形式使用多个目录。在有条件的情况下，如果将NameNode日志文件的存放指定到独立的物理磁盘上，以减少系统其他操作引起的I/O等待，可以有效地提高性能。

NameNode是HDFS中最关键的节点，文件系统镜像或日志数据的丢失，会导致HDFS文件的丢失，并且日志的写入速度会影响整体性能，因此NameNode磁盘存储的传输效率和可靠性是非常重要的。通常会采用RAID(Redundant Arrays of Independent Disks，独立磁盘冗余阵列)技术提高传输效率和可靠性，建议采用RAID2或RAID10构建NameNode的磁盘阵列，可以兼顾速度和可靠性。

(2)DataNode。

DataNode负责数据块的读写和删除等操作，提高数据传输效率是提升DataNode性能的关键。下面介绍几个可以提高DataNode性能的参数。

dfs.data.dir参数指定了存放数据块的目录，支持以逗号分隔的形式指定多个存放目录。Hadoop采用类似Round-Robin（轮转调度）的机制在多个目录间选择某次存放数据块操作的目录，因此如果将这些目录指定在不同的独立磁盘上，将有助于在多个访问终端并发的情况下提高性能。

dfs.replication参数指定了每个数据块存放在不同DataNode上的副本数量，默认值为3。在发生节点故障时，只要有一个数据块副本保持正常，就不用担心数据丢失。在中小规模的集群环境下，默认值3通常就够用了。如果集群规模较大，可以设置这个值为预计每天最大故障节点数量加2即可。控制副本数量将有助于减少网络带宽和存储空间的过大消耗。

由于DataNode已经采用了副本机制保障数据完整性，在构建DataNode磁盘时，可以利用Linux操作系统再加载磁盘时的Noatime和Nodiratime选项，通过减少读取记录访问时间的操作来提高文件访问性能。

同样，由于HDFS已经提供了健全的数据容错机制，在要求不是很苛刻的情况下对DataNode采用无RAID的配置，可以起到低成本高容量的效果。

本章小结

分布式文件系统是大数据时代解决大规模数据存储问题的有效方案，HDFS开源实现了GFS，可以利用廉价硬件构成的计算机集群实现海量数据的分布式存储。HDFS具有兼容廉价的硬件设备、流数据读写、大数据集、简单的文件模型、强大的跨平台兼容性等特点。但是，也要注意到HDFS有其自身的局限性，例如不适合低延迟数据访问、无法高效存储大量小文件和不支持多用户写入及任意修改文件等。HDFS采用了主/从结构模型，一个HDFS集群包括一个NameNode和若干个DataNode。NameNode负责管理分布式文件系统的命名空间；DataNode是分布式文件系统HDFS的工作节点，负责数据的存储和读取。在Hadoop集群的运行过程中，文件读写效率是影响整个作业性能的重要因素，可通过调整数据块尺寸、规划网络与节点、调整服务队列数量和磁盘空间等来进行配置。

关键术语

(1)分布式文件系统　　(2)块　　(3)NameNode

(4)DataNode　　(5)客户端　　(6)主/从结构模型

习　题

1. 选择题

(1)以下(　　)不是NameNode提供的协议接口。

A. ClientProtocol接口

B. DataNodeProtocol接口

C. NameNodeProtocol接口

D. Secondary NameNodeProtocol接口

(2)HDFS的管理节点是(　　)，用于存储并管理元数据。

A. NameNode　　B. DataNode

C. Client　　D. Secondary NameNode

(3)分布式文件系统的设计目标主要包括透明性、(　　)、可伸缩性、容错以及安全需求。

A. 可靠性　　B. 开放性

C. 即时性　　D. 并发控制

(4)以下(　　)不属于设计目标中透明性的定义。

A. 访问透明性　　B. 伸缩透明性

C. 位置透明性　　D. 存储透明性

(5)以下(　　)不属于HDFS的存储原理。

A. 数据分区合理化　　B. 数据的错误和恢复

C. 冗余数据的保存　　D. 数据的可视化存储

(6)使用数据块存储文件的好处不包括(　　)。

A. 支持以并行方式实现高效读写

B. 简化了文件管理操作

C. 有效提高存储管理效率

D. 有效保障数据的安全性

2. 判断题

(1)得到广泛应用的分布式文件系统有 GFS 和 HDFS。 ( )

(2)HDFS 中客户端无须访问 NameNode 即可找到请求的文件块所在的位置，进而到相应位置读取所需文件块。 ( )

(3)处理过小的文件不仅无法充分发挥 HDFS 优势，而且会严重影响到系统的扩展和性能。 ( )

(4)用户不得修改文件块的大小和副本个数。 ( )

(5)一个 HDFS 集群包含一个单独的 Master 和一个节点服务器。 ( )

(6)HDFS 默认每个 DataNode 都是在同一个机架上。 ( )

3. 简答题

(1)HDFS 的主要设计目标是什么？

(2)简述 HDFS 的局限性。

(3)简述 HDFS 中的数据复制过程。

(4)简述 HDFS 中 NameNode、DataNode 以及客户端之间的关系。

(5)HDFS 的存储原理有哪些？

(6)HDFS 主要的性能优化方法有哪些？

第4章 并行计算框架 MapReduce

知识要点	掌握程度	相关知识
分布式并行编程	了解	分布式并行编程的背景和优势
Map 和 Reduce	掌握	Map 和 Reduce 函数
MapReduce 编程模型常用组件	熟悉	MapReduce 编程模型常用组件说明和用法
MapReduce 工作流程	熟悉	MapReduce 的各个执行阶段
Shuffle 过程	掌握	Shuffle 过程详解
MapReduce 的具体应用	熟悉	MapReduce 在关系代数运算中的应用，在矩阵乘法中的应用，在矩阵-向量乘法中的应用

MapReduce 是一种可用于大数据处理的编程框架，也是一种并行可扩展的计算模型，并且有较好的容错性，主要用于解决海量离线数据的批处理问题。MapReduce 采用“分而治之”的思想，把对大规模数据集的操作分发给一个主节点管理下的各个分节点共同完成，通过整合各个节点的中间结果，从而得到最终结果。简言之，MapReduce 是“任务的分解与结果的汇总”。

4.1 MapReduce 简介

MapReduce 是一种编程模型，用于大规模数据集(大于 1TB)的并行运算。概念“Map(映射)”和“Reduce(归约)”是它的主要思想。MapReduce 极大地方便了编程人员，使他们在不会分布式并行编程的情况下，也能将自己的程序运行在分布式系统上。当前的软件实现是指定一个 Map 函数，用来把一组键值对映射成一组新的键值对，指定并发的 Reduce 函数，用来保证所有映射的键值对中的每一个均共享相同的键组。

4.1.1 分布式并行编程

在摩尔定律的作用下，程序员无须考虑计算机性能难以匹配软件发展的问题，因为每隔约 18 个月，集成电路芯片上所集成的电路数目就翻一倍，CPU（中央处理器）的性能就会提高一倍，软件不用做任何改变，就可享受免费的性能提升。然而，由于晶体管电路已经逐渐接近其物理上的性能极限，单个 CPU 的速度每隔 18 个月难以再翻一倍去提供越来越快的计算性能。因此，Intel、AMD 和 IBM 等芯片厂商开始从多核角度挖掘 CPU 的性能潜力。多核时代以及互联网时代的到来，使软件编程方式发生了重大变革，基于多核的多线程并发编程以及基于大规模计算机集群的分布式并行编程是当下及未来软件性能提升的主要途径。

【摩尔定律】

许多人认为这种编程方式的重大变化将会带来一次软件的并发危机，因为传统的软件方式基本上是单指令单数据流的顺序执行，这种顺序执行十分符合人类的思考习惯，却与并发并行编程格格不入。基于集群的分布式并行编程能够让软件与数据同时运行在同一网络的多台计算机上，这里的每一台均可以是普通的计算机。这样的分布式并行环境的最大优点是可以很容易地通过增加计算机来扩充新的计算结点，并由此获得海量的计算能力，同时又具有相当强的容错能力，一批计算结点失效也不会影响计算的正常进行及结果的正确性。谷歌公司使用 MapReduce 的并行编程模型进行分布式并行编程，运行在 GFS 的分布式文件系统上，为全球亿万个用户提供搜索服务。

【GFS】

Hadoop 实现了谷歌公司的 MapReduce 编程模型，提供了简单易用的编程接口，也提供了它自己的分布式文件系统 HDFS。与谷歌公司不同，Hadoop 是开源的，任何人都可以使用这个框架来进行并行编程。如果说分布式并行编程的难度足以让普通程序员望而生畏的话，那么开源 Hadoop 的出现极大降低了它的门槛。

4.1.2 Map 和 Reduce

Hadoop 完全支持 MapReduce 模型，MapReduce 模型是谷歌为了在廉价的计算机集群上处理以 P 数量级计算的大数据集而发明的一个解决方案。对适合用 MapReduce 来处理的数据集或任务有一个基本要求：待处理的数据集可以分解成许多小的数据集，而且每一个小数据集都可以完全并行地进行处理。MapReduce 模型把解决问题分成以下两个截然不同的步骤。

【数量级】

(1)Map：读入和转换初始化数据，并行处理独立的输入记录。

(2)Reduce：组合和抽样处理数据，关联的数据必须通过一个模块进行集中处理。

Hadoop 中 MapReduce 的核心概念是把输入的数据分成不同的逻辑块，Map 作业首先对每一块进行独立而并行的处理，这些独立处理块的结果会被重新组合成不同排序的集合，这些集合最后由 Reduce 作业进行处理。在分布式计算中，MapReduce 框架负责处理并行编程中的分布式存储、工作调度、负载均衡、容错均衡、容错处理和网络通信等复杂问题，把处理过程高度抽象为两个函数——Map 和 Reduce：Map 负责把任务分解成多个任务；Reduce 负责把分解后多任务处理的结果汇总起来。

在典型的 MapReduce 应用执行场景中，数以百计的普通计算机通过以太网联结成一个巨大的 Hadoop 集群，并在每台计算机上部署 MapReduce 计算架构。在集群上，有一台计算机被委任以 JobTracker 的重任，主要对集群中 MapReduce 作业的执行进行监督和管理，其他的计算机被称为 TaskTracker，负责 MapRcducc 作业中 Map 任务和 Reduce 任务的具体实现。

MapReduce 计算模型的核心是 Map 和 Reduce，这两个函数(见表 4-1)由用户负责实现，功能是按一定的映射规则将输入的 Key/Value 对转换成另一个或一批 Key/Value 对输出。

表 4-1　Map 和 Reduce 函数

函　　数	输　　入	输　　出	说　　明
Map	＜k1,v1＞	List(＜k2,v2＞)	1. 将小数据集进一步解析成一批＜Key,Value＞对，输入 Map 函数中进行处理 2. 每一个输入的＜k1,v1＞会输出一批＜k2,v2＞。＜k2,v2＞是计算的中间结果
Reduce	＜k2,List(v2)＞	＜k3,v3＞	输入的中间结果＜k2,List(v2)＞中的 List(v2)表示的是一批属于同一个 k2 的 Value

以一个计算文本文件中每个单词出现次数的程序为例，＜k1,v1＞可以是＜行在文件中的偏移位置，文件中的一行＞，经 Map 函数映射之后，形成一批中间结果＜单词，出现次数＞，即对应＜k2,v2＞，而 Reduce 函数则可以对中间结果进行处理，将相同单词的出现次数进行累加，得到每个单词总的出现次数。

基于 MapReduce 计算模型编写分布式并行程序非常简单，程序员的主要编码工作就是实现 Map 和 Reduce 函数，其他并行编程中的种种复杂问题，如分布式存储、工作调度、负载平衡、容错处理和网络通信等，均由 MapReduce 框架负责处理。

4.1.3　MapReduce 编程模型常用组件

MapReduce 应用广泛的原因之一就是其易用性，它提供了一个高度抽象化后变得非常简单的编程模型，它是在总结大量应用共同特点的基础上抽象出来的分布式计算框架，在其编程模型中，任务可以被分解成相互独立的子问题。MapReduce 编程模型给出了分布式编程方法的 5 个步骤：

(1)迭代，遍历输入数据，将其解析成 Key/Value 对；

(2)将输入 Key/Value 对映射成另外一些 Key/Value 对；

(3)根据 Key 对中间结果进行分组(Grouping)；

(4)以组为单位对数据进行归约；

(5)迭代，将最终产生的 Key/Value 对保存到输出文件中。

下面介绍编程模型中用到的主要组件及其作用。

1. InputFormat

主要用于描述输入数据的格式，提供数据切分功能，按照某种方式将输入数据切分成若干个 Split(分片)，确定 MapTask 的个数，以及为 Mapper 提供输入数据，给定某个 Split，让其解析成一个个 Key/Value 对。

InputFormat 中的 getSplits 方法主要完成数据切分的功能，会尝试着将输入数据切分成 numSplits 个进行存储。InputSplit(输入分片)中只记录了分片的元数据信息，如起始位置、长度和所在的节点列表。

在 Hadoop 中对象的序列化主要用在进程间通信以及数据的永久存储。客户端会调用 Job－InputFormat 中的 getSplits 函数，当作业提交到 JobTracker 端对作业初始化时，可以直接读取该文件，解析出所有 InputSplit，并创建对应的 MapTask。而重要的方法就是 getRecordReader( )，它返回一个 RecordReader，将输入的 InputSplit 解析成若干个 Key/Value 对。MapReduce 框架在 MapTask 执行过程中，不断地调用 RecordReader 对象中的方法，获取 Key/Value 对交给 Map 函数处理，伪代码如下：

```
K1 Key = input.createKey( );
V1 Value = input.createValue( );
while(input.next(Key, Value)) {
    //invoke Map( )
}
input.close( );
```

对于 FileInputFormat，这是一个采用统一的方法对各种输入文件进行切分的 InputFormat，也是 TextInputFormat、KeyValueInputFormat 等类的基类。其中最重要的是 getSplits 函数，最核心的两个算法就是 Split 切分算法和 host 选择算法。

Split 切分算法主要用于确定 InputSplit 的个数和每个 InputSplit 对应的数据段。在 InputSplit 切分方案完成后，就需要确定每个 InputSplit 的元数据信息：＜file,start,length,host＞，表示 InputSplit 所在文件、起始位置、长度和所在的 host 节点列表，其中 host 节点列表是最难确定的。host 列表选择策略直接影响到运行过程中的任务本地性。Hadoop 中 HDFS 文件是以块为单位存储的，一个大文件对应的块可能会遍布整个集群，InputSplit 的划分算法可能会导致一个 InputSplit 对应的多个块位于不同的节点上。

Hadoop 将数据本地性分成三个等级：主机本地性(Node Locality)、机柜本地性(Rack Locality)和数据中心本地性(Data Center Locality)。在进行任务调度时，会依次考虑这三个节点的本地性等级，即优先让空闲资源处理本节点上的数据。如果本节点上没有任何可处理的数据，则处理同一个机柜上的数据，最后的情况是处理其他机柜上的数据，但是必须位于同一个数据中心。

虽然 InputSplit 对应的文件块可能位于多个节点上，但考虑到任务调度的效率，通常不会将所有节点放到 InputSplit 的主机(host)列表中，而是选择数据总量最大的前几个节点，作为任务调度时判断任务是否具有本地性的主要凭据。关于 FileInputFormat，设计了一个简单有效的启发式算法：按照机柜包含的数据量对机柜进行排序，在机柜内部按照每个节点包含的数据量对所有节点进行排序，取前 N 个节点的 host 作为 InputSplit 的主机列表(N 为文件块的副本数，默认为 3)。

当 InputSplit 的尺寸大于 Block(块)的尺寸时，MapTask 不能实现完全的数据本地性，总有一部分数据需要从远程节点中获取，因此当使用基于 FileInputFormat 实现 InputFormat 时，为了提高 MapTask 的数据本地性，应该尽量使 InputSplit 与 Block 大小相同。虽然理论上如此，但是实际中这会导致过多的 MapTask，使得任务初始时占用的资源很大。

2. OutputFormat

OutputFormat 主要用于描述输出数据的格式，能够将用户提供的 Key/Value 对写入特定格式的文件中。其中与 InputFormat 类似，OutputFormat 接口中有一个重要的方法就是 getRecordWriter，返回的 RecordWriter 接收一个 Key/Value 对，并将之写入文件。Task 执行过程中，MapReduce 框架会将 Map 或 Reduce 函数产生的结果传入 write 方法：

```
public void Map(Text Key, Text Value, OutputCollector< Text,Text> output, Report-
er reporter) throws IOException {
     output.collect(newKey, newValue);
}
```

Hadoop 中所有基于文件的 OutputFormat 都是从 FileOutputFormat 中派生的，事实上这也是最常用的 OutputFormat。总结发现，FileOutputFormat 实现的主要功能有两点：

(1)为防止用户配置的输出目录数据被意外覆盖，实现 checkOutputSpecs 接口，在输出目录存在时抛出异常；

(2)处理 side-effect file。Hadoop 可能会在一个作业执行过程中加入一些推测式任务。因此，Hadoop 中 Reduce 端执行的任务并不会真正写入到输出目录，而是会为每一个 Task 的数据建立一个 side-effect file，将产生的数据临时写入该文件，待 Task 完成后，再移动到最终输出目录。

默认情况下，当作业成功完成后，会在最终结果目录下生成空文件_SUCCESS，该文件主要为高层应用提供完成作业运行的标识。

3. Mapper 和 Reducer

Mapper 的过程主要包括初始化、Map 操作执行和清理三个部分。Reducer 过程与 Mapper 过程基本类似。

(1)初始化，Mapper 中的 configure 方法允许通过 JobConf 参数对 Mapper 进行初始化工作；

(2)Map 操作执行，通过前面介绍的 InputFormat 中的 RecordReader 从 InputSplit 获取一个 Key/Value 对，交给实际的 Map 函数进行处理；

(3)通过继承 Closable 接口，获得 close 方法，实现对 Mapper 的清理。

对于一个 MapReduce 应用，不一定存在 Mapper，MapReduce 框架提供了比 Mapper 更加通用的接口：org. apache. Hadoop. Mapred. MapRunnable，可以直接实现该接口定制自己的 Key/Value 处理逻辑。

4. Partitioner

Partitoner 的作用是对 Mapper 产生的中间结果进行分片，将同一分组的数据交给一个 Reducer 来处理，会直接影响 Reducer 阶段的负载均衡。其中最重要的方法就是 getPartition，包含三个参数：Key、Value 及 Reducer 的个数 numPartions。

MapReduce 提供两个 Partitioner 实现：HashPartitoner 和 TotalOrderPartitioner。HashPartitioner 是默认实现，基于哈希值进行分片；TotalOrderPartitoner 提供了一种基

于区间分片的方法，通常用在数据的全排序中。例如归并排序，如果 MapTask 进行局部排序后 Reducer 端进行全局排序，则 Reducer 端只能设置成一个，这会成为性能瓶颈。为了提高全局排序的性能和扩展性，并保证一个区间中的所有数据都大于前一个区间的数据，就会用到 TotalOrderPartitioner。

4.2 MapReduce 的工作流程

一个作业执行过程中有一个 Jobtracker 和多个 Tasktracker，分别对应于 HDFS 中的 NameNode 和 DataNode。Jobclient 在用户端把已配置参数打包成 jar 文件存储在 HDFS，并把存储路径提交给 Jobtracker，然后 Jobtracker 创建每一个 Task，并且分发到 Tasktracker 服务中去执行。

【Jobtracker 与 Tasktracker 的关系】

4.2.1 MapReduce 工作流程概述

MapReduce 其实是分治算法的一种体现，所谓分治算法就是“分而治之”，将大的问题分解为相同类型的子问题，最好具有相同的规模，然后对子问题进行求解，再合并成大问题的解。MapReduce 就是分治法的一种，将输入进行分片，然后交给不同的 Task 进行处理，然后合并成最终的解。整个 MapReduce 过程可以概括如下：输入→Map→Shuffle→Reduce→输出。

输入文件会被切分成多个块，每一块都有一个 MapTask。Map 阶段的输出结果会先写到内存缓冲区，然后由缓冲区写到磁盘上。默认的缓冲区大小是 100MB，溢出的百分比是 80%，也就是说，当缓冲区达到 80MB 时就会写到磁盘上。如果 Map 计算完成后的中间结果没有达到 80MB，最终也是要写到磁盘上的，因为它最终还是要形成文件。那么，在往磁盘上写的时候会进行分区和排序。一个 Map 的输出可能有多个这样的文件，这些文件最终会合并成一个，这就是此 Map 的输出文件。

MapReduce 工作流程的详细说明如下。

(1)输入文件分片，每一片都由一个 MapTask 来处理。

(2)Map 输出的中间结果会先放在内存缓冲区中，这个缓冲区的大小默认是 100MB，当缓冲区中的内容达到 80%时(80MB)，内容将被写到磁盘上。一个 Map 会输出一个或者多个这样的文件，若一个 Map 输出的全部内容没有超过限制，则最终也会发生这个写磁盘的操作。

(3)从缓冲区写到磁盘时，会进行分区并排序，分区指的是某个 Key 应该进入到哪个分区，同一分区中的 Key 会进行排序，如果定义了 Combiner 的话，也会进行 Combine 操作。

(4)如果一个 Map 产生的中间结果存放到多个文件，则这些文件最终会合并成一个文件。这个合并过程不会改变分区数量，只会减少文件数量。假设分了 3 个区、4 个文件，则最终会合并成 3 个区、1 个文件。

(5)以上只是一个 Map 的输出，接下来进入 Reduce 阶段。

(6)每个 Reducer 对应一个 ReduceTask，在真正开始 Reduce 之前，先要从分区中抓取数据。

(7)相同分区的数据会进入同一个 Reduce。这一步，会从所有 Map 输出中抓取某一

分区的数据，在抓取的过程中伴随着排序、合并。

(8)Reduce 输出。

4.2.2 MapReduce 的各个执行阶段

一个 MapReduce 作业(Job)的执行流程是：作业提交→作业初始化→任务分配→任务执行→更新任务执行进度和状态→作业完成。MapReduce 作业流程如图 4.1 所示。

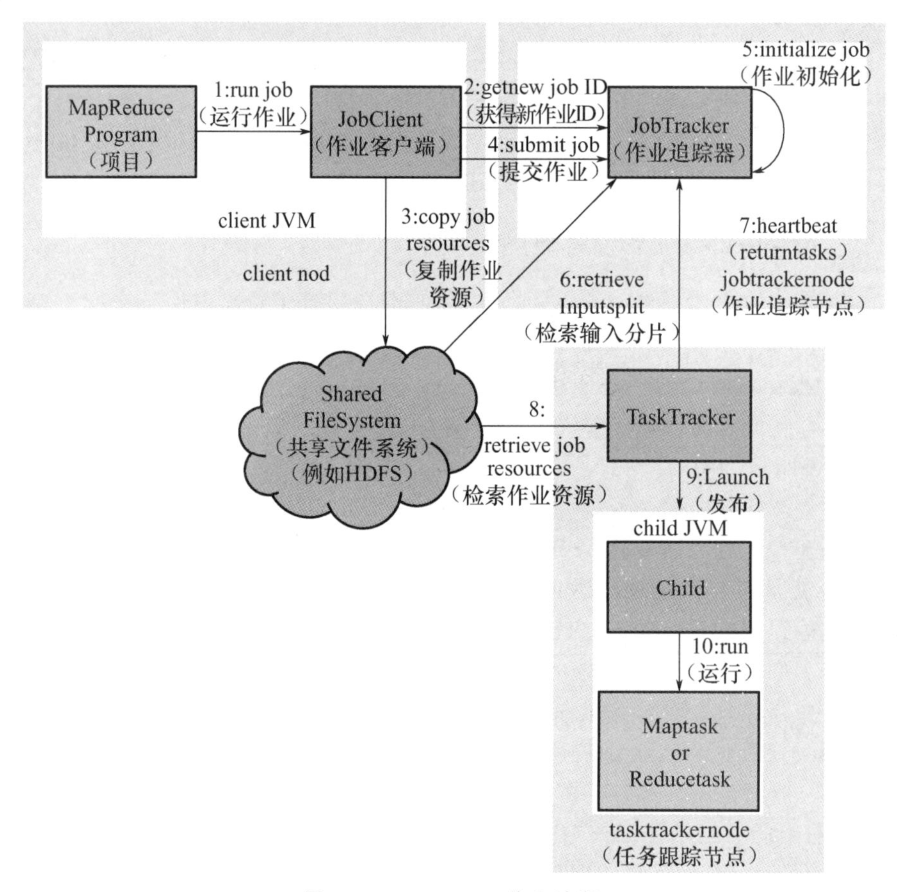

图 4.1 MapReduce 作业流程

一个完整的 MapReduce 作业流程包括 4 个独立的实体，见表 4-2。

表 4-2 独立的 4 个实体

实　体	功　能
Client	编写 MapReduce 程序，配置作业，提交作业
JobTracker	协调此作业的运行，分配作业，初始化作业，与 TaskTracker 进行通信
TaskTracker	负责运行作业，保持与 JobTracker 进行通信
HDFS	分布式文件系统，保存作业的数据和结果

MapReduce 各个执行阶段的详细说明如下。

(1)作业提交。

JobClient 使用 runjob( )方法创建一个 JobClient 实例，然后调用 submitJob( )方法进行作业的提交，提交作业的具体过程如下。

① 通过调用 JobTracker 对象的 getNewJobId( )方法从 JobTracker 处获得一个作业 ID。

② 检查作业的相关路径。如果输出路径存在，作业将不会被提交(保护上一个作业运行结果)。

③ 计算作业的输入分片，如果无法计算，例如输入路径不存在，作业将不会被提交，错误返回给 MapReduce 程序。

④ 将运行作业所需资源(作业 jar 文件、配置文件和计算得到的分片)复制到 HDFS 上。

⑤ 告知 JobTracker 作业准备执行(使用 JobTracker 对象的 submitJob( )方法来真正提交作业)。

(2)作业初始化。

当 JobTracker 收到作业提交的请求后，将作业保存在一个内部队列，并让 Job Scheduler(作业调度器)处理并初始化。初始化涉及创建一个封装了其 Tasks 的作业对象，并保持对 Task 的状态和进度的跟踪。当创建要运行的一系列 Task 对象后，Job Scheduler 首先开始从文件系统中获取由 JobClient 计算的 input splits，然后再为每个 split 创建 MapTask。

(3)任务的分配。

【心跳包】

TaskTracker 和 JobTracker 之间的通信和任务分配是通过心跳消息完成的。所谓心跳消息是指发送方按照一定规则(周期性发送、空闲发送等)向接收方发送固定格式的消息，接收方收到消息后回复一个固定格式的消息。如果长时间(例如心跳周期的 3 倍)没有收到，则认为当前连接失效，将其断开。其中，发送方可以是客户端或者服务端，根据实际情况而定，常见的是客户端作为发送方。TaskTracker 作为一个单独的 JVM，它执行一个简单的循环，主要实现每隔一段时间向 JobTracker 发送心跳消息，告诉 JobTracker 此 TaskTracker 是否存活，是否准备执行新的任务。如果有待分配的任务，JobTracker 会为 TaskTracker 分配一个任务。

(4)任务的执行。

TaskTracker 申请到新的任务之后，就要在本地运行了。首先，是将任务本地化(包括运行任务所需的数据、配置信息和代码等)，即从 HDFS 复制到本地，再调用 localizeJob( )完成的。对于使用 Streaming 和 Pipes 创建 Map 或者 Reduce 程序的任务，Java 会把 Key/Value 传递给外部进程，然后通过用户自定义的 Map 或者 Reduce 进行处理，再把 Key/Value 传回到 Java 中。就好像是 TaskTracker 的子进程在处理 Map 和 Reduce 代码一样。

(5)更新任务执行进度和状态。

进度和状态是通过心跳消息来更新和维护的。对于 MapTask，进度就是已处理数据和所有输入数据的比例。对于 ReduceTask，情况相对复杂，包括三部分：复制中间结果文件、排序和 Reduce 调用，每部分占 1/3。

(6)作业完成。

当作业完成后，JobTracker会收到一个Job Complete的通知，并将当前的作业状态更新为successful，同时JobClient也会按顺序轮流获知提交的作业已经完成，将信息显示给用户。最后，JobTracker会清理和回收该作业的相关资源，并通知TaskTracker进行相同的操作(如删除中间结果文件)。

MapReduce运行的时候，会通过Mapper运行的任务读取HDFS中的数据文件，然后调用自己的方法处理数据，最后输出。Reducer任务会接收Mapper任务输出的数据作为自己的输入数据，调用自己的方法，最后输出到HDFS的文件中。

Mapper任务的运行过程可分为以下六个阶段。

(1)第一阶段是把输入文件按照一定的标准分片，每个InputSplit的大小是固定的。默认情况下，InputSplit的大小与数据块的大小是相同的。如果数据块的大小是默认值64MB，输入文件有两个，一个是32MB，另一个是72MB，那么小的文件是一个InputSplit，大文件会分为两个数据块，对应两个InputSplit，一共产生三个InputSplit。每一个InputSplit由一个Mapper进程处理，那么这里的三个InputSplit会有三个Mapper进程处理。

(2)第二阶段是对InputSplit中的记录按照一定的规则解析成Key/Value对，默认规则是把每一行文本内容解析成Key/Value对。“Key”是每一行的起始位置(单位是字节)，“Value”是本行的文本内容。

(3)第三阶段是调用Mapper类中的Map方法。第二阶段中解析出来的每一个Key/Value对，调用一次Map方法。如果有1000个Key/Value对，就会调用1000次Map方法。每一次调用Map方法会输出零个或者多个Key/Value对。

(4)第四阶段是按照一定的规则对第三阶段输出的Key/Value对进行分区。比较是基于Key进行的。例如Key表示省份(如江苏、广东、山东等)，那么就可以按照不同省份进行分区，同一个省份的Key/Value对划分到一个区中，默认只有一个区。分区的数量就是Reducer任务运行的数量，默认只有一个Reducer任务。

(5)第五阶段是对每个分区中的Key/Value对进行排序。首先，按照Key进行排序，对于Key相同的Key/Value对，按照Value进行排序。例如三个Key/Value对＜2，2＞、＜1，3＞、＜2，1＞，Key和Value分别是整数。那么排序后的结果是＜1，3＞、＜2，1＞、＜2，2＞。如果有第六阶段，那么进入第六阶段；如果没有，则直接输出到本地的Linux文件中。

(6)第六阶段是对数据进行归约处理，也就是Reduce处理。Key相等的Key/Value对会调用一次Reduce方法。经过这一阶段，数据量会减少。归约后的数据输出到本地的Linux文件中。本阶段默认是没有的，需要用户自己增加这一阶段的代码。

每个Reducer任务是一个Java进程。Reducer任务接收Mapper任务的输出，归约处理后写入到HDFS中，可以分为以下三个阶段。

(1)第一阶段是Reducer任务会主动从Mapper任务复制其输出的Key/Value对。Mapper任务可能会有很多，因此Reducer会复制多个Mapper的输出。

(2)第二阶段是把复制到Reducer本地数据全部进行合并，即把分散的数据合并成一个大的数据，再对合并后的数据排序。

(3)第三阶段是对排序后的 Key/Value 对调用 Reduce 方法。Key 相等的 Key/Value 对调用一次 Reduce 方法，每次调用会产生零个或者多个 Key/Value 对，最后把这些输出的 Key/Value 对写入 HDFS 文件中。

4.2.3 Shuffle 过程详解

Hadoop 的集群环境，大部分的 MapTask 和 ReduceTask 执行在不同的节点上。当集群中运行多个作业时，Task 的正常执行会大量消耗集群内部的网络资源。这种消耗是正常且不可避免的，但是可以采取措施尽可能减少不必要的网络资源消耗。另外，每个节点的内部，相比于内存，磁盘 I/O 对作业完成时间的影响更大。基于此，Shuffle 过程要求如下。

【Shuffle 流程图】

(1)完整地从 MapTask 端拉取数据到 ReduceTask 端。

(2)在拉取数据的过程中，尽可能地减少网络资源的消耗。

(3)尽可能地减少磁盘 I/O 对 Task 执行效率的影响。

Shuffle 的设计目的需要满足以下条件。

(1)保证拉取数据的完整性。

(2)尽可能地减少拉取数据的数据量。

(3)尽可能地使用节点的内存而非磁盘。

Shuffle 过程，也称 Copy 阶段。ReduceTask 从各个 MapTask 上远程复制一片数据，并针对某一片数据，如果其大小超过一定的阈值，则写到磁盘上；否则直接放到内存中。Shuffle 过程是贯穿于 Map 和 Reduce 两个过程的。以下分别从 Map 端和 Reduce 端进行介绍。

1. Map 端

Map 节点执行 MapTask 任务生成 Map 的输出结果。Shuffle 的工作内容：从运算效率的出发点来看，Map 输出结果优先存储在 Map 节点的内存中。每个 MapTask 都有一个内存缓冲区，存储着 Map 的输出结果，当缓冲区块达到某个阈值时，需要将缓冲区中的数据以一个临时文件的方式存到磁盘，当整个 MapTask 结束后再对磁盘中这个 MapTask 所产生的所有临时文件进行合并，生成最终的输出文件。最后，等待 ReduceTask 来拉取数据。如果 MapTask 的结果不大，能够完全存储到内存缓冲区，且未达到内存缓冲区的阈值，那么就不会有写临时文件到磁盘的操作，也不会有后面的合并。

详细过程：MapTask 任务执行，输入数据的来源是 HDFS 的块。在 MapReduce 概念中，MapTask 读取的是分片。块与分片的对应关系为一对一。

(1)块(Block 物理划分)：文件上传到 HDFS，就要划分数据成块，这里的划分属于物理的划分，块的大小可配置(默认第一代为 64MB，第二代为 128MB)，可通过 dfs.block.size 配置。为保证数据的安全，块采用冗余机制：默认为 3 份，可通过 dfs.replication 配置。当更改块大小的配置后，新上传文件的块的大小为新配置的值，以前上传文件的块的大小为以前的配置值。

(2)分片(Split 逻辑划分):Hadoop 中分片划分属于逻辑上的划分,目的只是让 MapTask 更好地获取数据,分片是通过 Hadoop - InputFormat 接口中的 getSplit( )方法得到的。

2. Reduce 端

当 MapReduce 任务提交后,ReduceTask 就不断通过 RPC(Remote Procedure Call Protocol,远程过程调用协议),RPC 是一种通过网络从远程计算机程序上请求服务,而不需要了解底层网络技术的协议。从 JobTracker 那里获取 MapTask 是否完成的信息,如果获知某台 TaskTracker 上的 MapTask 执行完成,Shuffle 的后半段过程就开始启动。ReduceTask在执行之前的工作就是不断地拉取当前作业里每个 MapTask 的最终结果,并对不同地方拉取过来的数据不断地做 Merge,也最终形成一个文件作为 ReduceTask 的输入文件。

(1)Copy 过程,简单地拉取数据。Reduce 进程启动一些数据 Copy 线程,通过 HTTP 方式请求 MapTask 所在的 TaskTracker,获取 MapTask 的输出文件。因为 MapTask 早已结束,这些文件就归 TaskTracker 在本地磁盘管理。

(2)Merge 过程。这里的 Merge 同 Map 端的 Merge 动作,只是数组中存放的为不同 Map 端 Copy 过来的数值。Copy 过来的数据会先放入内存缓冲区中,这里缓冲区的大小要比 Map 端更为灵活,它是基于 JVM 的 Heap Size 设置,因为 Shuffler 阶段 Reducer 不运行,所以应该把绝大部分的内存都给 Shuffle 使用。

Merge 的三种形式:内存到内存、内存到磁盘、磁盘到磁盘。默认情况下,第一种形式不启用。当内存中的数据量达到一定的阈值,就启动内存到磁盘的 Merge。与 Map 端类似,这也是溢写过程,如果这里设置了 Combiner,也会启动,然后在磁盘中生成众多的溢写文件。第二种 Merge 方式一直在运行,直到没有 Map 端的数据时才结束,然后启动第三种磁盘到磁盘的 Merge 方式生成最终的文件。

(3)Reducer 的输入文件。不断地 Merge 后,最后会生成一个“最终文件”。这个“最终文件”直接作为 Reducer 的输入,可能在磁盘中也可能在内存中。默认情况下,这个文件存放于磁盘中。当 Reducer 的输入文件已定,整个 Shuffle 才最终结束。然后就是 Reducer 执行,把结果存放到 HDFS 上。

4.3 MapReduce 的具体应用

MapReduce 是一个并行计算与运行软件框架。它提供了一个庞大又设计精良的并行计算软件框架,能自动完成计算任务的并行化处理,自动划分计算数据和计算任务,在集群节点上自动分配和执行任务以及收集计算结果,将数据分布存储、数据通信、容错处理等并行计算涉及的很多系统底层的复杂细节交由系统负责处理,从而减少了软件开发人员的负担。MapReduce 可以很好地应用于各种计算问题,这里以关系代数运算、分组与聚合运算、矩阵-向量乘法、矩阵乘法为例,介绍如何采用 MapReduce 计算模型来实现各种运算。

4.3.1 MapReduce在关系代数运算中的应用

1. 选择运算

Map函数：对关系R中的每个元组t，检查它是否满足条件C。如果满足就产生Key/Value对(t，t)。

Reduce函数：Reduce函数作用类似于恒等式，仅仅将每个Key/Value对传递到输出部分。

2. 投影运算

Map函数：对关系R中的每个元组t，通过剔除t中属性不在S中的字段得到元组t'，输出Key/Value对(t'，t')。

Reduce函数：对任意Map任务产生的每个Key t'，将存在一个或多个Key/Value对(t'，t')，Reduce函数将(t'，[t'，…，t'])转换成(t'，t')，以保证对该Key t'只产生一个(t'，t')对。

3. 并、交、差运算

(1)并运算。

Map函数：将每个输入元组t转换为Key/Value对(t，t)。

Reduce函数：和每个Key t关联的可能有一个或两个Value，两种情况下都输出(t，t)。

(2)交运算。

Map函数：将每个输入元组t转换为Key/Value对(t，t)。

Reduce函数：如果Key t的值表为[t，t]，则输出(t，t)；否则输出(t，$NULL$)。

(3)差(关系$R-S$的差)运算。

Map函数：对于R中的元组t，产生Key/Value对(t，R)；对于S中的元组t，产生Key/Value对(t，S)。

Reduce函数：对每个Key进行如下处理：

① 如果关联的Value表是[R]，输出(t，t)；

② 如果相关联的Value表属于其他情况，包括[R，S]、[S，S]或[S]，则输出(t，$NULL$)。

4. 自然链接运算(将$R(A, B)$和$S(B, c)$进行自然链接运算)

Map函数：对R中的每个元组(a，b)生成Key/Value对(b，(R，a))，对S中的每个元组(b，c)生成Key/Value对(b，(S，c))。

Reduce函数：每个Key/Value对b会与一系列对相关联，这些对要么来自(R，a)，要么来自(S，c)，基于(R，a)和(S，c)构建的所有对。Key b对应的输出结果是(b，[(a_1，b，c_1)，(a_2，b，c_2)，…])，即与b相关联的元组列表由来自R和S中的具有共同bValue的元组组合而成。

5. 分组和聚合运算

分组运算是指按照属性集合(分组属性)G中的值对元祖进行分割，然后对每个组的值按照某些其他属性进行聚合运算，即将一个聚合运算函数应用到各个分组，并产生一个新值。最后，所有这些函数的执行结果会被合并到最终的结果对象中。通常的聚合运算包括：SUM(求和)、COUNT(计数)、AVG(求平均值)、MIN(求最小值)和 MAX(求最大值)，每个运算的意义都非常明显。

聚合运算中的 MIN 和 MAX，要求聚合的属性类型必须具有可比性，如数字或者字符串类型，而 SUM 和 AVG 则要求属性的类型能够进行算数运算。关系 R 上的分组－聚合运算记为 $\gamma_X(R)$，其中 X 为一个元素表，每个元素可以是：

(1)一个分组属性；

(2)表达式 $\theta(A)$，其中 θ 是上述五种聚合运算之一，而 A 是一个非分组属性。

例如，对关系 $R(A, B, C)$施加运算 $\gamma_{\{A,\ \theta(B)\}}(R)$，那么

Map 函数：对每个元组(a, b, c)，生成 Key/Value 对(a, b)。

Reduce 函数：每个 Key a 代表一个分组，即对与 Key a 关联的字段 b 的 Value 表$[b_1, b_2, \cdots b_n]$ 施加 θ 操作，输出结果是(a, x)对。

MapReduce 的具体应用将在下面两小节中进行介绍。

4.3.2 MapReduce 在矩阵乘法中的应用

矩阵乘法要求左矩阵的列数与右矩阵的行数相等，$m\times n$ 的矩阵 $\boldsymbol{A}$ 与 $n\times p$ 的矩阵 $\boldsymbol{B}$ 相乘，结果为 $m\times p$ 的矩阵 $\boldsymbol{C}$，如下式

$$(\boldsymbol{AB})_{ij} = \sum_{r=1}^{n} a_{ir}b_{rj} = a_{i1}b_{1j} + a_{i2}b_{2j} + \cdots + a_{in}b_{nj}$$

为了方便描述，先进行假设：

(1)矩阵 $\boldsymbol{A}$ 的行数为 m，列数为 n，a_{ij} 为矩阵 $\boldsymbol{A}$ 第 i 行 j 列的元素；

(2)矩阵 $\boldsymbol{B}$ 的行数为 n，列数为 p，b_{ij} 为矩阵 $\boldsymbol{B}$ 第 i 行 j 列的元素。

因为分布式计算的特点，需要找到相互独立的计算过程，以便能够在不同的节点上进行计算而不会彼此影响。根据矩阵乘法的公式，$\boldsymbol{C}$ 中各个元素的计算都是相互独立的，即各个 c_{ij} 在计算过程中互不影响。因此在 Map 阶段可以把计算所需要的元素都集中到同一个 Key 中，然后在 Reduce 阶段就可以从中解析出各个元素从而计算 c_{ij}。另外，以 a_{11} 为例，它将会在 c_{11}、$c_{12}\cdots c_{1p}$的计算中使用。即在 Map 阶段，当从 HDFS 取出一行记录时，如果该记录是 $\boldsymbol{A}$ 的元素，则需要存储成 p 个<Key,Value>对，并且这 p 个 Key 互不相同；如果该记录是 $\boldsymbol{B}$ 的元素，则需要存储成 m 个<Key,Value>对，同样的，m 个 Key 也应互不相同；但同时，用于存放计算 c_{ij} 的 a_{i1}、$a_{i2}\cdots a_{in}$ 和 b_{1j}、$b_{2j}\cdots b_{nj}$ 的<Key,Value>对的 Key 都是相同的，从而保证被传递到同一个 Reduce 中。

1. Map 阶段

在 Map 阶段，需要进行数据准备。把来自矩阵 $\boldsymbol{A}$ 的元素 a_{ij} 标识成 p 条<Key,Value>的形式，Key＝“i，k”，(其中 k=1，2，…，p)，Value＝“a：j，a_{ij}”；把来自矩阵 $\boldsymbol{B}$ 的元素 b_{ij} 标识成 m 条<Key,Value>形式，Key＝“k，j”(其中 k=1，2，…，m)，Value＝“b：i，b_{ij}”。

经过处理，用于计算 c_{ij} 需要的 a、b 就转变为有相同 Key(“i，j”)的数据对，通过 Value 中“a：”和“b：”能区分元素是来自矩阵 $\boldsymbol{A}$ 还是矩阵 $\boldsymbol{B}$，以及具体的位置(在矩阵 $\boldsymbol{A}$ 的第几列，在矩阵 $\boldsymbol{B}$ 的第几行)。

2. shuffle 阶段

这个阶段是 Hadoop 自动完成的阶段，具有相同 Key 的 Value 被分到同一个接口 Iterable 中，形成<Key,Iterable(Value)>对，再传递给 Reduce。

3. Reduce 阶段

通过 Map 数据预处理和 Shuffle 数据分组两个阶段，Reduce 阶段需要明确以下两点。

(1)<Key,Iterable(Value)>对经过计算得到的是矩阵 **C** 的哪个元素？因为 Map 阶段对数据的处理，Key(i，j)中的数据对就是其在矩阵 **C** 中的位置，第 i 行第 j 列。

(2)Iterable 中的每个 Value 来自矩阵 **A** 和矩阵 **B** 的哪个位置？这个也在 Map 阶段进行了标记，对于 Value(x：y，z)，只需要找到与 y 相同的来自不同矩阵(即 x 分别为 a 和 b)的两个元素，取 z 相乘，然后加和即可。

4.3.3　MapReduce 在矩阵-向量乘法中的应用

假定有一个 $n\times n$ 的矩阵 **M**，其第 i 行第 j 列的元素记为 m_{ij}。假定有一个 n 维向量 $\boldsymbol{v}$，其第 j 个元素记为 v_j。于是，矩阵 **M** 和向量 $\boldsymbol{v}$ 的乘积结果是一个 n 维向量 $\boldsymbol{x}$，其第 i 个元素为 x_i

$$x_i = \sum_{j=0}^{n-1} m_{ij} v_j$$

矩阵 **M** 和向量 $\boldsymbol{v}$ 会各自在分布式文件系统中存成一个文件。每个 Map 任务将整个向量 $\boldsymbol{v}$ 和矩阵 **M** 的一个文件块作为输入。对每个矩阵元素，Map 任务会产生<Key，Value>对 $<i,m_{ij}>$，Reduce 任务将所有与给定 Key i 关联的 Value 相加即可得到 $<i,x_i>$。

例如：

$$\begin{pmatrix} 11 & 22 & 33 \\ 33 & 44 & 55 \\ 66 & 77 & 88 \end{pmatrix} \times (2 \quad 3 \quad 4)$$

按照矩阵乘法相关规则可得

$$x_0 = 11\times2+22\times3+33\times4=220$$
$$x_1 = 33\times2+44\times3+55\times4=418$$
$$x_2 = 66\times2+77\times3+88\times4=715$$

因此

$$\begin{pmatrix} 11 & 22 & 33 \\ 33 & 44 & 55 \\ 66 & 77 & 88 \end{pmatrix} \times (2 \quad 3 \quad 4) = (220 \quad 418 \quad 715)$$

注意：

(1)Map 函数。对矩阵元素 m_{ij}，Map 任务会产生<Key，Value>对(i，$m_{ij}v_j$)。因此，计算 x_i 的所有 n 个求和项 $m_{ij}v_j$ 的<Key，Value>都相同。

(2)Reduce 函数。Reduce 任务将所有与给定 Key i 关联的 Value 相加即可得到(i，x_i)，其算法逻辑图如图 4.2 所示。

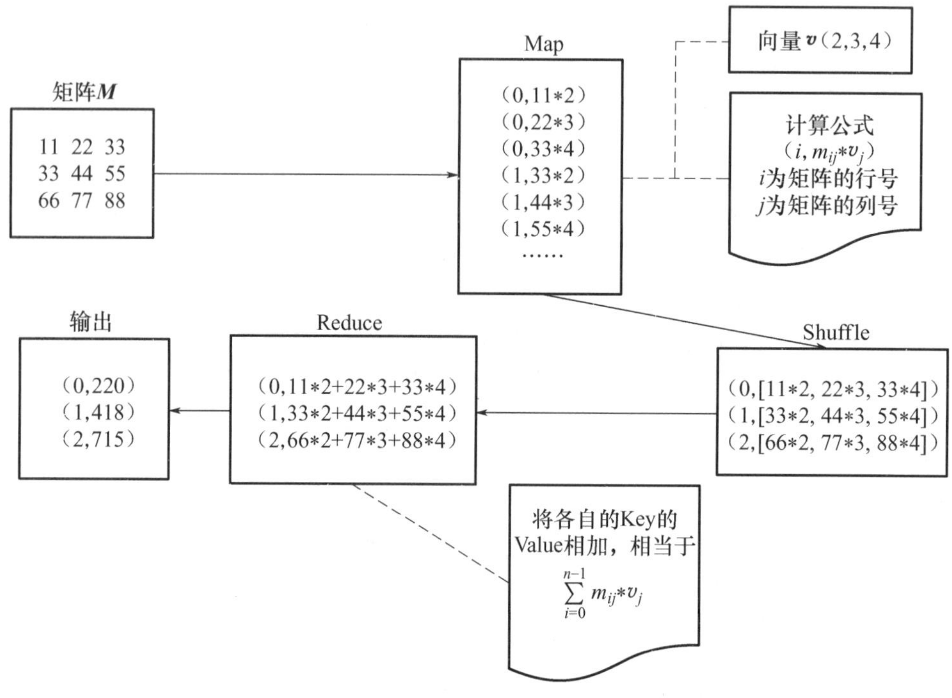

图 4.2　Reduce 函数算法逻辑图

图 4.2 中，如果 n 的 Value 过大，使得向量 $\boldsymbol{v}$ 无法完全放入内存中，就会导致大量的磁盘访问。一种替代方案是，将矩阵分割成多个宽度相等的垂直条，同时将向量分割成同样数目的水平条，每个水平条的高度等于矩阵垂直条的宽度。矩阵第 i 个垂直条只和第 i 个水平条相乘，因此可以将矩阵的每个条存成一个文件。同样，将向量的每个条存成一个文件。矩阵某个条的一个文件块及对应的完整向量条输送到每个 Map 任务。然后，Map 任务和 Reduce 任务可以按照前述过程进行处理。

拓展阅读 4-1

聚类算法的 MapReduce 并行化分析

聚类算法的 MapReduce 并行化分析见表 4-3。

表 4-3　聚类算法的 MapReduce 并行化分析

聚类算法	基本原理	效率分析	MapReduce 并行化分析
K-Means（一种迭代求解的聚类分析算法）	首先随机选择 k 个对象，每个对象代表一个簇的初始均值和中心。对剩余的每个对象，根据它与各个簇的均值的距离，将其指派到最相似的簇。然后计算每个簇的新均值。过程不断重复直到准则函数收敛	时间复杂度 O（$n$ki）、空间复杂度 O(k)	从逻辑上分为三部分：聚类中心初始化、迭代更新聚类中心、聚类标注，均可并行化处理

续表

聚类算法	基本原理	效率分析	MapReduce 并行化分析
CLARANS(基于随机选择的聚类算法)	与 K-Means 相似，CLARANS 也是以聚类中心划分聚类的，一旦 k 个聚类中心确定了，聚类马上就能完成。不同的是 K-Means算法以类簇的样本均值代表聚类中心，而 CLARANS 采用每个簇中选择一个世纪的对象代表该簇。其余的将每个对象聚类到其最相似的代表性对象所在的簇中	时间复杂度 O(n^2)、空间复杂度 O(ks)	从逻辑上分为三部分：聚类中心和邻域样本初始化、迭代更新聚类中心、聚类标注，均可并行化处理
DBSCAN(具有噪声的基于密度的聚类算法)	DBSCAN 是一种基于密度的聚类算法，与划分和层次聚类算法不同，它将簇定义为密度相连的点的最大集合，能够将足够高的密度区域划分为簇，并可以在有噪声的空间数据中发现任意形状的聚类	时间复杂度 O(n^2)、空间复杂度 O(n)	从逻辑上分为三部分：样本抽样、对抽样样本进行聚类、聚类标注，均可并行化处理
BIRTH(利用层次方法的平衡迭代规约和聚类)	BIRTH 算法利用层次方法的平衡迭代规约和聚类，是一个综合的层次聚类方法，它用聚类特征和聚类特征树概括聚类特征，该算法可以通过聚类特征方便地进行中心、半径、直径以及类内、类间距离的计算	时间和空间的复杂度均为 O(N)	不适合对分隔的数据进行处理，而且是增量计算的
Chameleon(变色龙算法)	Chameleon 是在一个层次聚类中采用动态模型进行聚类的方法。在它的聚类过程中，如果两个簇间的互联性和近似度与簇内部对象间的互联性和近似度高度相关，则合并这两个簇。基于动态模型的合并过程有利于自然的聚类发现，而且只要定义了相似度函数就可以应用于所有类型的数据	时间复杂度 O(n^2)、空间复杂度 O(n)	不适合对分隔的数据进行处理
STING(统计信息网格)	STING 是一种基于网格的多分辨率聚类技术，它将空间区域划分为矩形单元，针对不同级别的分辨率，通常存在多个级别的矩形单元，这些单元形成了一个层次结构。高层的每个单元划分为多个第一层的单元	时间复杂度 O(n)、空间复杂度 O(1)	算法的数据分隔不是简单的块分隔，不适合并行化处理

注：n 为样本的个数，k 为类簇的个数，i 为算法的迭代次数，s 为每次抽样的个数，d 为样本的属性个数。

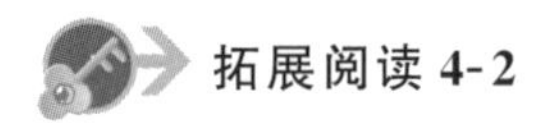

拓展阅读 4-2

基于 MapReduce 的 K-Means 的并行化实现

1. 传统 K-Means 的算法原理

输入：k。

输出：k 个簇。

过程：首先人为指定 k 个对象作为簇中心，然后计算每个对象到所有簇中心的距离。每个对象中，距离最小的簇中心为该对象的簇中心，并把该对象划分到该簇中。对分好的所有簇进行重新计算，得到新的簇中心，然后重复上述过程，直到所有簇中心不变。

分析：上述算法中，有些必须串行化实现，有些可以并行化。串行化的部分必须通过轮与轮之间的迭代实现，并行化的部分可以通过 MR 的每一轮实现。迭代与迭代之间属于串行的；每一轮迭代中，都会计算所有对象与中心点之间的距离，而这些是不相关的，所以计算每个对象和中心之间的距离可以并行化实现。

2. 基于 MR 的 K-Means 算法的并行化设计

Map 任务：对每个对象进行相同的计算，即计算该对象与所有中心的距离。选择距离最小者，并把该中心作为该对象所在簇的中心。

输入：所有的簇中心，Key-偏移，Value-对象值。

输出：Key-该对象的簇中心，Value-该对象的其他一些信息。

Combine 作用：计算有相同簇中心的所有对象的距离之和，以及这些对象的数目。

输入：上一轮 Map 的输出<Key,Value>做过 Shuffle 处理后的值<Key,V>，V 是相同簇中心的对象列表。

输出：<Key,Value>，Key 还是簇中心的 Index，Value 是对象距离之和以及对象数目的组合。

过程：初始化数组且存放所有对象。初始化 int 型变量为 0，用来存放对象数目。通过循环，求和及数目。

Reduce 作用：计算新的簇中心，并且更新。

输入：<Key,Value>，Key 是簇中心 Index，Value 是上述 Combine 输出的那些来自相同主机的 Value 组成的列表。

输出：<Key,Value>，Key 是所有簇中心的 Index，Value 是更新后的簇中心的距离。

多次迭代，设置收敛条件即可。

https://blog.csdn.net/zhanghaodx082/article/details/21336437

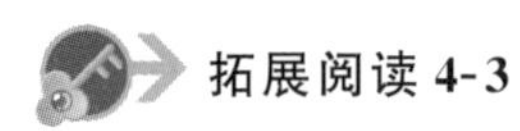

拓展阅读 4-3

MapReduce 如何解决数据倾斜问题？

简单来说，数据倾斜就是数据的 Key 的分化严重不均，造成一部分数据很多，一部分数据很少的局面。举个词汇统计(Word Count)的入门例子，它的 Map 阶段就是形成("aaa"，1)的形式，然后在 Reduce 阶段进行 Value 相加，得出"aaa"出现的次数。若进行词汇统计的文本有 100GB，其中 80GB 全部是"aaa"，剩下 20GB 是其余单词，那么就会形成 80GB 的数据量交给一个 Reduce 进行相加，其余 20GB 根据不同的 Key 分散到不同 Reduce 进行相加的情况。如此就造成了数据倾斜，现实情况就是 Reduce 运行到 99%，然后一直在原地等着 80GB 的 Reduce 运行完。数据经过 Map 后，由于不同 Key 的数据量分布不均，在 Shuffle 阶段中通过 Partition 将相同的 Key 的数据打上发往同一个 Reducer 的标记，然后开始 Spill(溢写)写入磁盘，最后 Merge 成最终 Map 阶段输出文件。

从另外的角度来看数据倾斜，其本质还是单台节点在执行那部分数据 Reduce 任务的时候，由于数据量大运行不动，造成任务卡住。若是这台节点机器内存够大，CPU、网络等资源充足，运行 80GB 左右的数据量和运行 10MB 数据量所耗时间相差不是很大，那么也就不存在问题。所以机器配置和数据量存在一个合理的比例，一旦数据量远超机器的极限，那么不管每个 Key 的数据如何分布，总会有一个 Key 的数据量超出机器的能力，造成 Reduce 缓慢甚至卡顿。

业务逻辑造成的数据倾斜会多很多，日常使用过程中，容易造成数据倾斜的原因可以归纳为以下几点。

(1)分组：Group by 优于 Distinct Group。

(2)情形：Group by 维度过小，某值的数量过多。

(3)后果：处理某值的 Reduce 非常耗时去重 Distinct Count(Distinct xx)。

(4)情形：某特殊值过多后果是处理此特殊值的 Reduce 耗时连接 Join。

(5)情形 1：其中一个表较小，但是 Key 集中。

(6)后果 1：分发到某一个或几个 Reduce 上的数据远高于平均值。

(7)情形 2：大表与大表，但是分桶的判断字段 0 值或空值过多。

(8)后果 2：这些空值都由一个 Reduce 处理，非常慢。

解决数据倾斜的常用方法有以下几种。

(1)调优参数　set hive. map. aggr=true;　set hive. groupby. skewindata=true;

很多同学多次使用过这两个参数，但是他们不了解这两个参数是怎么解决数据倾斜问题的，是从哪个角度着手的。hive. map. aggr=true 在 Map 中会做部分聚集操作，效率更高但需要更多的内存。hive. groupby. skewindata=true 数据倾斜时负载均衡，当选项设定为 true 时，生成的查询计划会有两个 MRJob。第一个 MRJob 中，Map 的输出结果集合会随机分布到 Reduce 中，每个 Reduce 做部分聚合操作并输出结果，这样处理的结果是相同的 Group by Key 有可能被分发到不同的 Reduce 中，从而达到负载均衡的目的；第二个 MRJob 再根据预处理的数据结果按照 Group by Key 分布到 Reduce 中(这个过程可以保证相同的 Group by Key 被分布到同一个 Reduce 中)，从而完成最终的聚合操作。

由上面可以看出，起到至关重要作用的其实是第二个参数的设置，它使计算变成了两个 MapReduce，先在第一个 MapReduce 中的 Shuffle 过程 Partition 时随机给 Key 打标记，使每个 Key 随机均匀分布到各个 Reduce 上计算。但这样只能完成部分计算，因为相同的 Key 没有分配到相同的 Reduce 上，所以需要第二次 MapReduce。这次就回归正常 Shuffle，但是数据分布不均匀的问题在第一次 MapReduce 时已经有了很大的改善，因此基本解决数据倾斜问题。

(2)在 Map 阶段将造成倾斜的 Key 先分成若干组，如 aaa 这个 Key。Map 时随机在 aaa 后面加上 1、2、3、4 这四个数字之一，把 Key 先分成四组，先进行一次运算，之后再恢复 Key 进行最终运算。

(3)能先进行 Group 操作时先进行 Group 操作，把 Key 先进行一次 Reduce，之后再进行 Count 或者 Distinct Count 操作。

(4)Join 操作中，使用 Map Join 在 Map 端就先进行 Join，以免到 Reduce 时卡住。

以上 4 种方式，都是根据数据倾斜形成的原因进行的一些变化：要么将 Reduce 端的隐患在 Map 端就解决，要么就是对 Key 的操作，以减缓 Reduce 的压力。总之，了解了原因再去寻找解决之道就相对容易多了。当然方法可能不止这 4 种。

https：//www.zhihu.com/question/27593027/answer/248861446

本章小结

MapReduce 编程模型适用于处理那些具有大规模的输入数据集并且计算过程可以分布到多个计算节点上的应用。MapReduce 设计上向“外”横向扩展，而非向“上”纵向扩展，失效被认为是常态，把处理向数据迁移，顺序处理数据以避免随机访问数据，为应用开发者隐藏系统层细节，具备平滑无缝的可扩展性。本章对并行计算框架 MapReduce 的相关知识进行了阐述，介绍了分布式并行编程，介绍了 MapReduce 的工作流程，详解了 MapReduce 的各个执行阶段，还对 MapReduce 的具体应用给出了相应的示范实例。

关键术语

(1)分布式并行编程　(2)Map　(3)Reduce　(4)Shuffle
(5)Partitioner　(6)Jobtracker　(7)Tasktracker

习　　题

1. 选择题

(1)MapReduce 是一种可用于数据处理的编程框架，是一种并行可扩展的计算模型，并且有较好的容错性，主要用于解决(　　)数据的批处理。

A. 海量离线　B. 海量在线　C. 少量离线　D. 少量在线

(2)一个完整的 MapReduce 作业流程，包括(　　)个独立的实体。

A. 3　B. 4　C. 5　D. 6

(3)Merge 的三种形式不包括下列(　　)。

A. 内存到内存　B. 内存到磁盘
C. 磁盘到磁盘　D. 磁盘到内存

(4)为保证数据的安全，Block 采用冗余机制，默认为(　　)份。

A. 2　　B. 3　　C. 4　　D. 5

(5)下面主要用于描述输入数据的格式，提供数据切分功能的是(　　)。

A. InputFormat　　B. OutputFormat

C. Mapper　　D. Partitioner

(6)Reducer 任务接收 Mapper 任务的输出，归约处理后写入到(　　)中。

A. NTFS　　B. HDFS　　C. NFS　　D. 磁盘

2. 判断题

(1)Google 使用 MapReduce 的并行编程模型进行分布式并行编程，运行在 GFS 的分布式文件系统上，为全球亿万用户提供搜索服务。(　　)

(2)Hadoop 不完全支持 MapReduce 模型。(　　)

(3)Map 初始化数据的读入和转换，独立的输入记录是被顺序处理的。(　　)

(4)Reduce 处理数据的组合和抽样，关联的数据必须通过一个模块进行集中处理。(　　)

(5)一个作业执行过程中有一个 Jobtracker 和多个 Tasktracker，分别对应于 HDFS 中的 NameNode 和 DataNode。(　　)

(6)Map 输出的中间结果会先放在内存缓冲区中。(　　)

3. 简答题

(1)MapReduce 中排序发生在哪几个阶段？这些排序是否可以避免？为什么？

(2)什么是 Combiner？什么情况下使用 Combiner？什么情况下不使用？

(3)编写 MapReduce 作业时，如何做到在 Reduce 阶段先对 Key 排序再对 Value 排序？

(4)简述分布式编程方法的 5 个步骤。

(5)简述 Reducer 过程。

(6)Shuffle 的设计目的需要满足哪些条件？

第5章

分布式数据仓库 Hive

知识要点	掌握程度	相关知识
Hive 的基本架构	掌握	Hive 架构图
Hive 的工作原理	熟悉	Hive 和 Hadoop 之间的工作流程和交互方式
Hive 的数据组织	了解	Hive 的存储结构
Hive 的数据类型和文件格式	掌握	Hive 的基本数据类型、复杂数据类型及文件格式
Hive 动态分区	熟悉	动态分区与传统关系型数据库分区的异同及动态分区的步骤
Hive 索引	熟悉	Hive 索引定义及建立过程
Hive 查询语言 HiveQL	了解	Hive 创建表定义的三种方式，使用 HiveQL 进行数据导入和导出的方法，HiveQL 查询

Hive 是基于 Hadoop 的一个数据仓库工具，它可以将结构化的数据文件映射为一张数据库表，并提供简单的 SQL 查询功能，也可以将 SQL 语句转换为 MapReduce 任务运行。Hive 是建立在 Hadoop 上的数据仓库基础构架，它提供了一系列工具，可用来进行数据的抽取、转化和加载，是一种可以存储、查询和分析存储在 Hadoop 中的机制。

5.1 Hive 简介

Hive 架构建立在 Hadoop 之上，最初由 Facebook 开发，后来由 Apache 软件基金会开发。

5.1.1 Hive 的基本架构

【结构化数据和非结构化数据】

Hive 是一种以 SQL 风格进行数据分析的工具，其特点是采取类似关系数据库的 SQL 命令。Hive 通过 SQL 处理 Hadoop 的大数据，数据规模可以扩展到 100PB+，数据形式可以是结构化数据或非结构化数据。

Hive 与传统关系型数据库相比有以下几个特点：

(1)侧重于分析，而非实时在线交易；

(2)没有事务机制；

(3)不像关系型数据库那样可以随机进行插入或更新；

(4)通过 Hadoop 的 MapReduce 进行分布式处理，传统关系型数据库则没有；

(5)传统关系型数据库只能扩展最多 20 个服务器，而 Hive 可以扩展到上百个服务器。

从逻辑上来看，Hive 包含三大部分，分别是 Hive Clients(Hive 客户端)、Hive Services(Hive 服务器)和 Hive Storage and Computing(Hive 存储和计算)。Hive 架构如图 5.1 所示。

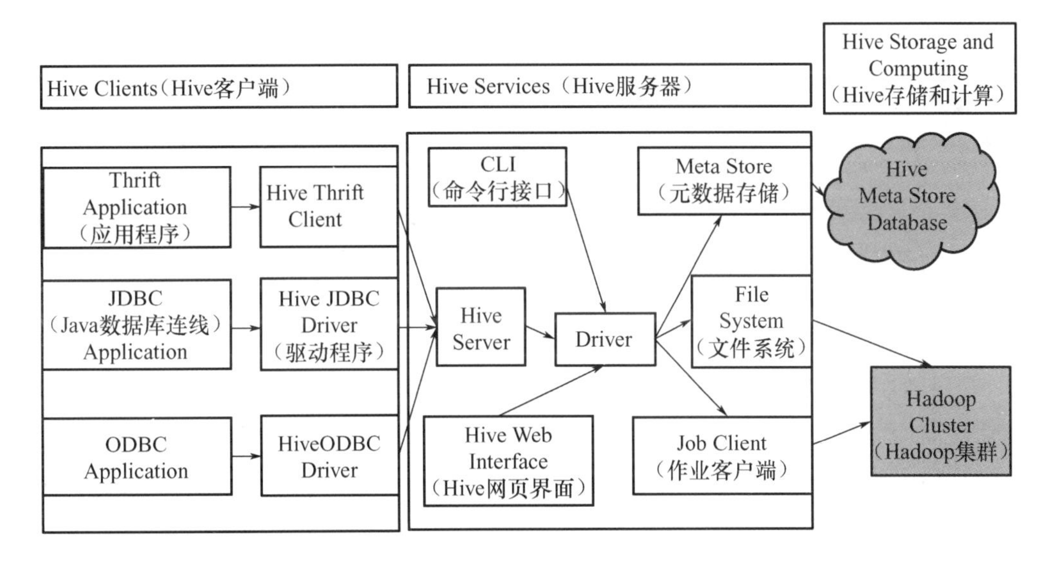

图 5.1 Hive 架构

用户操作 Hive 的接口主要有三个：CLI(Command-Line Interface，命令行界面)、客户端(Client)和 WUI(Web User Interface，Web 用户界面)。CLI 是在图形用户界面得到普及之前使用最为广泛的用户界面，它通常不支持鼠标设备，用户通过键盘输入指令，计算机接收到指令后予以执行，也有人称之为字符用户界面。CLI 启动时，会同时启动一个 Hive 副本。Client 是 Hive 的客户端，用户连接至 Hive Server。在启动 Client 模式时，需要指出 Hive Server 所在节点，并且在该节点启动 Hive Server。Client 可以分为三种：Thrift Client、JDBC Client、ODBC Client。WUI 是指网页风格用户界面，日常所见到的电子商务网站、新闻网站、社区网站和企业、个人网站等都属于 WUI，WUI 通过浏览器访问 Hive。

MetaStore 代表元数据存储，其中元数据包括：表名、表所属的数据库(默认设置是 Default)、表的拥有者、列、分区字段、表的类型(是否是外部表)、表的数据所在目录等，默认存储在自带的 Derby 数据库中。

Driver 包含：解析器、编译器、优化器、执行器，下面分别介绍。

(1)解析器：将 SQL 字符串转换成抽象语法树(Abstract Syntax Tree，AST)，一般使用第三方工具库完成，如 Antlr；对 AST 进行语法分析，如表是否存在、字段是否存在、SQL 语义是否有误。

(2)编译器：将 AST 编译生成逻辑执行计划。

(3)优化器：对逻辑执行计划进行优化。

(4)执行器：把逻辑执行计划转换成可以运行的物理计划。对于 Hive 来说，即 MapReduce/TEZ/Spark。

解释器、编译器、优化器完成 HQL 查询语句词法分析、语法分析、编译、优化以及查询计划的生成。生成的查询计划存储在 HDFS 中，并在随后由 MapReduce 调用执行。图 5.1 中的 Driver 会处理从应用到 Meta Store 再到 File System 的所有请求，以便进行后续操作。

5.1.2 Hive 的工作原理

图 5.2 描述了 Hive 和 Hadoop 之间的工作流程，Hive 的工作原理由此可见。

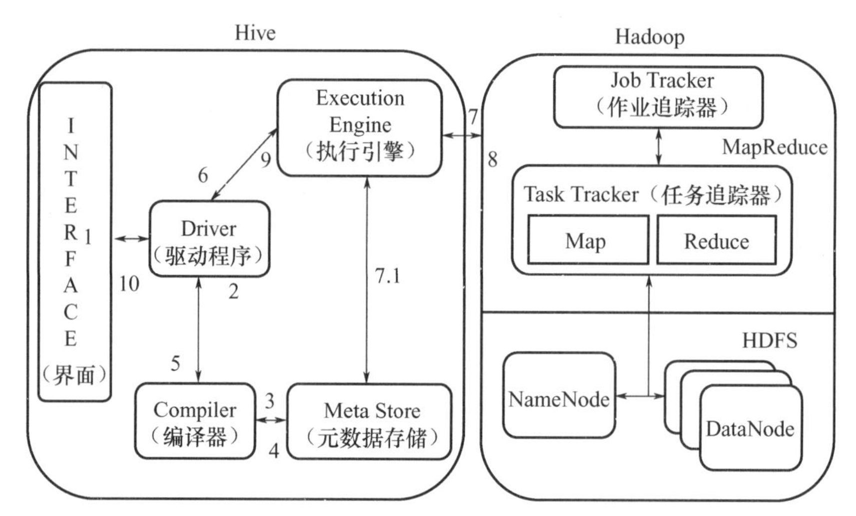

图 5.2 Hive 和 Hadoop 之间的工作流程

Hive 和 Hadoop 之间的工作流程可以分为以下十个步骤。

(1)执行查询操作(Execute Query)。

命令行或 Web UI 之类的 Hive 接口将查询发送给 Driver(驱动程序)，如 JDBC(Java DataBase Connectivity，Java 数据库连接)、ODBC(Open DataBase Connectivity，开放式数据库连接)等，再通过它们执行。

(2)获取计划任务(Get Plan)。

在驱动程序帮助下查询编译器，分析查询检查语法和查询计划或查询要求。

(3)获取元数据信息(Get Metadata)。

编译器将元数据请求发送到元存储(Metastore)。

(4)发送元数据(Send Metadata)。

元存储发送元数据，作为对编译器的响应。

(5)发送计划任务(Send Plan)。

编译器检查需求并将计划重新发送给驱动程序。到目前为止，查询的解析和编译已经完成。

(6)执行计划任务(Execute Plan)。

驱动程序将执行计划发送到执行引擎。

(7)执行作业任务(Execute Job)。

在内部，执行作业任务的是 MapReduce Job。执行引擎将作业发送到 ResourceManager，ResourceManager 位于 Name 节点中，并将作业分配给 DataNode 中的 NodeManager。在这里，查询执行 MapReduce 任务。

元数据操作(Metadata Ops)在执行的同时，执行引擎可以使用元存储执行元数据操作。

(8)拉取结果集(Fetch Result)。

执行引擎将从 DataNode 上获取结果集。

(9)发送结果集(Send Results(a))给驱动程序。

执行引擎将结果集发送给驱动程序。

(10)发送结果集(Send Results(b))给接口。

驱动程序将结果发送至接口，即驱动程序将结果发送给 Hive 接口。

5.1.3 Hive 的数据组织

Hive 的数据组织形式多种多样，包含库、表和视图等，其中表又包含内部表、外部表、分区表和分桶表。数据库、表、分区等均对应 HDFS 上的一个目录，表数据对应 HDFS 对应目录下的文件。Hive 中所有的数据都存储在 HDFS 中，没有专门的数据存储格式，因为 Hive 是读模式(Schema-OnRead)，可支持 TEXTFILE、SEQUENCEFILE、RCFILE 或者自定义格式等。只需要在创建表时定义 Hive 数据中的列分隔符和行分隔符，Hive 就可以解析数据。

【Hash 散列】

Hive 的默认列分隔符：控制符 Ctrl+A，\x01。Hive 的默认行分隔符：换行符\n。

Hive 中包含的数据模型见表 5-1。

表 5-1 Hive 中包含的数据模型

数据模型	说明
DataBase	在 HDFS 中表现为${Hive.metastore.warehouse.dir} 目录下的一个文件夹
Table	在 HDFS 中表现为 DataBase 目录下的一个文件夹
External Table	与 Table 类似，但其数据存放位置可指定任意 HDFS 目录路径
Partition	在 HDFS 中表现为 Table 目录下的子目录
Bucket	在 HDFS 中表现为同一个表目录或者分区目录下根据某个字段的值进行 Hash 散列之后的多个文件
View	与传统数据库类似，只读，基于基本表创建

Hive 的元数据存储在 RDBMS 中，除元数据外的其他所有数据都基于 HDFS 存储。默认情况下，Hive 元数据保存在内嵌的 Derby 数据库中，只能允许一个会话连接，只适

合简单的测试，在实际生产环境中并不适用。为了支持多用户会话，则需要一个独立的元数据库。Hive使用MySQL作为元数据库，其内部对MySQL提供了很好的支持。

Hive中的表分为内部表、外部表、分区表和分桶表。内部表和外部表的区别：删除内部表，等同于删除表元数据和数据；删除外部表，只删除表元数据，不删除数据。大多数情况下，内部表和外部表的使用选择区别不明显，如果数据的所有处理都在Hive中进行，那么倾向于选择内部表；但是如果Hive和其他工具要针对相同的数据集进行处理，则外部表更合适。使用外部表的场景是针对一个数据集有多个不同的Schema，使用外部表访问存储在HDFS上的初始数据，然后通过Hive转换数据并存到内部表中。通过外部表和内部表的区别和使用选择的对比可以看出，Hive仅仅只对存储在HDFS上的数据提供了一种新的抽象，而不是管理存储在HDFS上的数据，因此不管创建内部表还是外部表，都可以对Hive表的数据存储目录中的数据进行增删操作。

分区表和分桶表的区别：Hive数据表可以根据某些字段进行分区操作，细化数据管理，可以令部分查询更快。同时表和分区也可以进一步被划分为桶，分桶表的原理和MapReduce编程中散列分隔符的原理类似。分区表和分桶表都是细化数据管理，但分区表是手动添加区分，由于Hive是读模式，因此对添加进分区的数据不做模式校验，分桶表中的数据是按照某些分桶字段进行散列形成的多个文件，所以数据的准确性会高很多。

5.2 Hive数据模型

5.2.1 Hive的数据类型和文件存储格式

Hive的数据类型包含基本数据类型和复杂数据类型，基本数据类型又称原始数据类型，是常见的、较简单的数据类型，复杂数据类型则通常是由一些基础数据类型所组成的。

1. Hive的基本数据类型

Hive的基本数据类型包括以下几种。

(1)整型。

TINYINT：微整型，只占用一个字节，只能存储0～255的整数。

SMALLINT：小整型，占用两个字节，存储范围－32768～32767。

INT：整型，占用四个字节，存储范围－2147483648～2147483647。

BIGINT：长整型，占用八个字节，存储范围－2^63～2^63－1。

(2)布尔型。

BOOLEAN：TRUE/FALSE。

(3)浮点型。

FLOAT：单精度浮点数。

DOUBLE：双精度浮点数。

(4)字符串型。

STRING：不设定长度。

2. Hive的复杂数据类型

Hive的复杂数据类型包括以下几种。

(1)ARRAY：ARRAY类型由一系列相同数据类型的元素组成，这些元素可以通过下标来访问。例如，有一个ARRAY类型的变量fruits，它由['apple','orange','mango']组成，则可以通过fruits[1]来访问元素orange，因为ARRAY类型的下标是从0开始的。

(2)MAP：MAP包含Key→Value键值对，可以通过Key来访问元素。例如"userlist"是一个MAP类型，其中Username是Key，Password是Value，则可以通过userlist['username']来得到这个用户对应的Password。

(3)STRUCT：STRUCT可以包含不同数据类型的元素。这些元素可以通过"点语法"的方式来得到所需要的元素，例如user是一个STRUCT类型，那么可以通过user.address得到这个用户的地址。

(4)UNION：UNIONTYPE，是从Hive 0.7.0开始支持的。

复杂数据类型的声明必须使用尖括号指明其中数据字段的类型。定义三列，每列对应一种复杂的数据类型，如下所示。

```
CREATE TABLE complex(
col1 ARRAY< INT> ,
col2 MAP< STRING, INT> ,
col3 STRUCT< a: STRING, b: INT, c: DOUBLE>
)
```

Hive文件存储格式包括以下五类。

(1)TEXTFILE：默认格式，数据不做压缩，磁盘开销大，数据解析开销大。可结合Gzip、Bzip2(系统自动检查，执行查询时自动解压)使用，但使用这种方式Hive不会对数据进行切分，从而无法对数据进行并行操作。

(2)SEQUENCEFILE：二进制序列文件。SEQUENCEFILE是Hadoop API提供的一种二进制文件支持，其具有使用方便、可分割和可压缩的特点。SEQUENCEFILE支持三种压缩选择：NONE、RECORD、BLOCK。RECORD压缩率低，一般使用BLOCK压缩。

(3)RCFILE：RCFILE是一种行列存储相结合的存储方式。首先，它将数据按行分块，保证同一个记录在一个块上，避免读一个记录需要读取多个块。其次，块数据列式存储有利于数据压缩和快速的列存取。Hive0.6以后的版本开始支持。相比TEXTFILE和SEQUENCEFILE，RCFILE由于是列式存储方式，数据加载时性能消耗较大，但是具有较好的压缩比和查询响应。数据仓库的特点是一次写入、多次读取。因此，整体来看，RCFILE相比其余两种格式具有较明显的优势。

(4)ORCFILE：列式存储格式文件，比RCFILE有更高的压缩比和读写效率，Hive0.11以后的版本开始支持。

(5)PARQUET：列式存储格式文件，Hive0.13以后的版本开始支持。

需要注意的是，上述提到的文件存储格式中TEXTFILE为默认格式，建表时不指定则默认为该格式，导入数据时会直接把数据文件复制到HDFS上不进行处理。SEQUENCEFILE、RCFILE、ORCFILE格式的表不能直接从本地文件导入数据，数据要先导入到TEXTFILE格式的表中，然后再从表中用插入命令导入SEQUENCEFILE、RCFILE、ORCFILE表中。

5.2.2 Hive动态分区

Hive分区的概念与传统关系型数据库分区不同。传统数据库的分区方式：就Oracle而言，分区独立存在于字段里，存储真实的数据，在数据进行插入时自动分配分区。Hive的分区方式：由于Hive实际是存储在HDFS上的抽象，Hive的一个分区名对应一个目录名，子分区名就是子目录名，并不是一个实际字段。

Hive分区是在创建表时用Partitioned by关键字定义的，Partitioned by子句中定义的列是表中正式的列，因为它们是目录名，所以Hive下的数据文件中并不包含这些列。

Hive中支持两种类型的分区：静态分区(Static Partition，SP)和动态分区(Dynamic Partition，DP)。静态分区与动态分区的主要区别在于静态分区是手动指定，而动态分区是通过数据来进行判断。详细来说，静态分区的列是在编译时期通过用户传递来决定的，动态分区只有在SQL执行时才能决定。

Hive中使用动态分区的步骤如下。

(1)创建一张分区表，包含两个分区dt和ht，分别表示日期和小时。

```
CREATE TABLE partition_table001
(
name STRING,
ip STRING
)
PARTITIONED BY (dt STRING, ht STRING)
ROW FORMAT DELIMITED FIELDS TERMINATED BY "\t";
```

(2)启用Hive动态分区，只需在Hive会话中设置两个参数。

```
set Hive.exec.dynamic.partition= true;
set Hive.exec.dynamic.partition.mode= nonstrict;
```

【DML】

动态分区不允许主分区采用动态列而副分区采用静态列，因为这样将导致所有的主分区都要创建副分区静态列所定义的分区。Hive.exec.dynamic.partition.mode的默认值是strick，即不允许分区列全部是动态的，这是为了防止用户有可能原意是只在子分区内进行动态建分区，但是由于疏忽忘记为主分区列指定值，导致一个dml语句在短时间内创建大量新的分区，对应大量新的文件夹，给系统性能带来影响。

(3)把partition_table001表某个日期分区下的数据加载到目标表partition_table002。

使用静态分区时，必须指定分区的值，如：

```
create table if not exists partition_table002 like partition_table001;
insert overwrite table partition_table002 partition (dt= '20190120', ht= '00') select name, ip from partition_table001 where dt= '20190120' and ht= '00';
```

如果希望使用静态分区插入每天24小时的数据，则需要执行24次上面的语句。而动态分区会根据查询出的结果自动判断数据该加载到哪个分区中去。

(4)使用动态分区。

```
insert overwrite table partition_table002 partition (dt, ht) select *  from parti-
tion_table001 where dt= '20190120';
```

Hive 先获取 select 的最后两个位置的 dt 和 ht 参数值，然后将这两个值填写到 insert 语句 Partition 中的 dt 和 ht 这两个变量中，即动态分区是通过位置来对应分区值的。原始表 select 出来的值和输出 Partition 的值的关系仅仅是通过位置来确定的，和名字无关，例如，这里 dt 和 st 的名称完全没有关系，只需要一句 SQL 即可把 20190120 下的 24 个 ht 分区插到新表中。

5.2.3 Hive 索引

索引是 Hive0.7 之后的版本才有的功能，创建索引需要评估其合理性，因为创建索引需要一定的磁盘空间，维护起来需要代价。Hive 支持索引，但是 Hive 的索引与关系型数据库中的索引并不相同，例如，Hive 不支持主键或外键。Hive 索引可以建立在表中的某些列上，以提升一些操作的效率，例如，减少 MapReduce 任务中需要读取的数据块的数量。在可以预见到分区数据非常庞大的情况下，索引常常是优于分区的。

【Mysql 的几种索引类型】

Hive 是一种批处理工具，通常用在多任务节点的场景下，快速扫描大规模数据。关系型数据库则适用于典型的单机运行、I/O 密集型的场景。Hive 通过并行化来实现性能，因此 Hive 更适用于全表扫描这样的操作，而不是像使用关系型数据库一样操作。

Hive 的索引目的是提高 Hive 表指定列的查询速度。没有索引时，类似 WHERE tab1.col1 = 10' 的查询，Hive 会加载整张表或分区，然后处理所有的列，但是如果字段 col1 上存在索引，那么只会加载和处理文件的一部分。与其他传统数据库一样，增加索引在提升查询速度时，会消耗额外资源去创建索引，并且需要更多的磁盘空间存储索引。在指定列上建立索引，会产生一张索引表(Hive 的一张物理表)，里面的字段包括：索引列的值、该值对应的 HDFS 文件路径和该值在文件中的偏移量。在执行索引字段查询时，首先额外生成一个 MRJob，根据对索引列的过滤条件，从索引表中过滤出索引列的值所对应的 HDFS 文件路径及偏移量，输出到 HDFS 上的一个文件中，然后根据这些文件中的 HDFS 路径和偏移量筛选原始 input 文件，生成新的 split 作为整个作业的 split，这样就达到避免全表扫描的目的。

下面介绍 Hive 索引建立过程。

(1)创建索引，原始表见表 5-2(a)。

```
create index lxw1234_index on table lxw1234(Key)
as 'org.apache.hadoop.Hive.ql.index.compact.CompactIndexHandler'
with deferred rebuild;
```

完成创建之后，在 Hive 中会形成一张索引表，该表也是物理表，见表 5-2(b)。

表 5-2(a) 原始表

Table lxw1234	
Key	String
Value	String

表 5-2(b) 索引表

Index table default_lxw1234_lxw1234_index	
Key	String
_bucketname	String
_offsets	Array<bigint>

索引表中 Key 字段就是原表中 Key 字段的值。_bucketname 字段，代表数据文件对应的 HDFS 文件路径。_offsets 代表该 Key 字段的值在文件中的偏移量，可能存在多个偏移量，因此，该字段类型为数组。其实，索引表就相当于一个在原表索引列上的汇总表。

(2)生成索引数据。

```
alter index lxw1234_index on lxw1234 rebuild;
```

用一个 MR 任务，以 Table lxw1234 的数据作为 input，将索引字段 Key 中的每一个值及其对应的 HDFS 文件和偏移量输出到索引表中。

(3)自动使用索引。

```
SET Hive. input. format= org. apache. hadoop. Hive. ql. io. HiveInputFormat;
SET Hive. optimize. index. filter= true;
SET Hive. optimize. index. filter. compact. minsize= 0;
```

下面将举例说明查询时索引如何起效。

```
select *  from lxw1234 where Key =  '13400000144_1387531071_460606566970889';
```

首先用一个作业从索引表中过滤出 Key = '13400000144_1387531071_460606566970889' 的记录，将其对应的 HDFS 文件路径及偏移量输出到 HDFS 临时文件中。然后根据这个文件路径及偏移量，生成新的 split，作为查询作业的 Map 任务的 input。不使用索引时的工作原理图如图 5.3 所示。

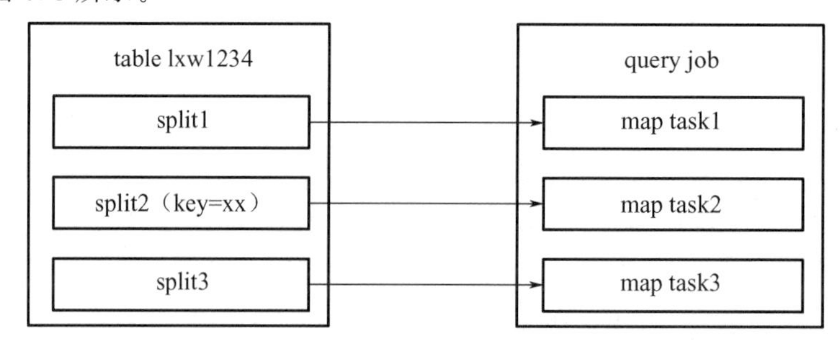

图 5.3　不使用索引时的工作原理图

Table lxw1234 的每一个 split 都会用一个 Map Task 去扫描，但其实只有 split2 中有真正的结果数据，map task1 和 map task3 造成了资源浪费。使用索引时的工作原理图如图 5.4所示。

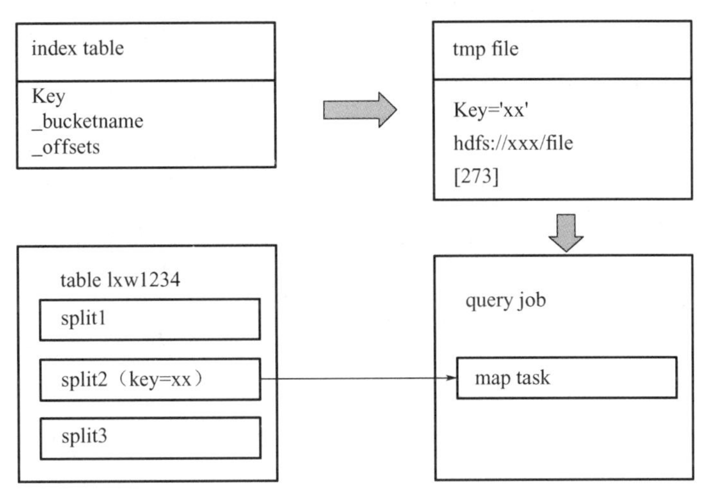

图 5.4 使用索引时的工作原理图

查询提交后，先用一个 MR 扫描索引表，从索引表中找出 Key=‘xx’ 的记录，获取到 HDFS 文件名和偏移量，然后直接定位到该文件中的偏移量，用一个 map task 即可完成查询，其最终目的就是为了减少查询时的输入规模。

从以上过程可以看出，Hive 索引的使用过程比较烦琐。每次查询时都要先用一个作业扫描索引表，如果索引列的值非常稀疏，那么索引表本身也会非常大；索引表不会自动重建，如果表有数据新增或删除，那么必须手动重建索引表数据。

5.3 Hive 查询语言 HiveQL

Hive 是基于 Hadoop 的一个数据仓库工具，可以将结构化的数据文件映射为一张数据库表，并提供完整的 SQL 查询功能，可以将 SQL 语句转换为 MapReduce 任务进行运行。其优点是学习成本低，可以通过类 SQL 语句快速实现简单的 MapReduce 统计，不必开发专门的 MapReduce 应用，十分适合数据仓库的统计分析。

5.3.1 Hive 表定义

Hive 创建表定义有以下三种方式。

(1)方式一：使用语句 CREATE...... AS...... SELECT 创建。

例如：

```
CREATE TABLE default.weblog_comm AS select ip, time, req_url from default.weblog;
```

(2)方式二：通过 like 进行 Hive 复制表结构，使用语句 CREATE TABLE new_table LIKE old_table；创建。

例如：

```
CREATE TABLE IF NOT EXISTS default.weblog_test LIKE default.weblog ;
```

(3)方式三：使用规范的建表语法创建。

例如：

```
CREATE [EXTERNAL] TABLE [IF NOT EXISTS] table_name
   [(col_name data_type [COMMENT col_comment], …)]
   [COMMENT table_comment]
   [PARTITIONED BY (col_name data_type [COMMENT col_comment], …)]
   [CLUSTERED BY (col_name, col_name, …)
   [SORTED BY (col_name [ASC| DESC], …)] INTO num_buckets BUCKETS]
   [ROW FORMAT row_format]
   [STORED AS file_format]
   [LOCATION hdfs_path]
```

针对以上几种方式，现进行如下几点说明。

(1)CREATE TABLE 创建一个指定名字的表。如果相同名字的表已存在，则抛出异常，用户可以用 IF NOT EXISTS 选项来忽略该异常。

(2)EXTERNAL 关键字允许用户创建一个外部表，在建表同时指定一个指向实际数据的路径(LOCATION)。

Hive 创建内部表时，会将数据移动到数据仓库指向的路径。若创建外部表，仅记录数据所在的路径，不对数据的位置做任何改变。在删除表时，内部表的元数据和数据会被一起删除；而外部表只删除元数据，不删除数据。

(3)LIKE 允许用户复制现有的表结构，但是不复制数据。

Hive 复制表结构使用如下语句。

```
CREATE TABLE new_table LIKE old_table;
```

例如：创建一个和 stg_job 表具有一样表结构的 s_job 表

```
create table s_job like stg_job;
```

(4)ROW FORMAT。

```
DELIMITED [FIELDS TERMINATED BY char] [COLLECTION ITEMS TERMINATED BY char]
          [MAP KEYS TERMINATED BY char] [LINES TERMINATED BY char]
    | SERDE serde_name [WITH SERDEPROPERTIES (property_name= property_Value, prop-
erty_name= property_Value, …)]
```

【Hive 中 SerDe 概述】

用户在建表时可以自定义 SerDe 或者使用自带的 SerDe，SerDe 是 Serialize/Deserilize 的简称，目的是用于序列化和反序列化。如果没有指定 ROW FORMAT 或者 ROW FORMAT DELIMITED，将会使用自带的 SerDe。在建表时，用户还需要为表指定列，用户在指定列的同时也会指定自定义的 SerDe，Hive 通过 SerDe 确定表的具体列的数据。

(5)STORED AS。

```
SEQUENCEFILE| TEXTFILE| RCFILE
```

如果文件数据是纯文本，可以使用 STORED AS TEXTFILE。如果数据需要压缩，则使用 STORED AS SEQUENCEFILE。

(6)CLUSTERED BY。

对于每一个表或分区，Hive 可以进一步组织成桶(Bucket)，桶是更为细粒度的数据范围划分。Hive 也是针对某一列进行桶的组织，采用对列值散列然后除以桶的个数求余的方式决定该条记录存放在哪个桶中。

把表或分区组织成桶有以下两个理由。

① 获得更高的查询处理效率。桶为表加上了额外的结构，Hive 在处理某些查询时能利用这个结构。具体而言，连接两个在(包含连接列的)相同列上划分了桶的表，可以使用 Map 端连接(Map-Side Join)高效实现。例如 JOIN 操作，两个表有一个相同的列，如果对这两个表都进行了桶操作，那么将保存相同列值的桶进行 JOIN 操作即可，可以减少 JOIN 的数据量。

② 使取样(Sampling)更高效。在处理大规模数据集时，在开发和修改查询阶段，如果能在数据集的一小部分数据上试运行查询，会带来很多方便。

5.3.2 数据的导入和导出

在创建数据表的过程中，Hive 表创建完成后，需要将一些数据导入到 Hive 表中，或是将 Hive 表中的数据导出。下面介绍常见的导入导出方式。

1. 导入方式

(1)本地文件导入到 Hive 表；

(2)Hive 表导入到 Hive 表；

(3)HDFS 文件导入到 Hive 表；

(4)创建表的过程中从其他表导入；

(5)通过 sqoop 将 MySQL 库导入到 Hive 表；示例见《通过 sqoop 进行 MySQL 与 Hive 的导入导出》和《定时从大数据平台同步 HIVE 数据到 Oracle》。

2. 导出方式

(1)Hive 表导出到本地文件系统；

(2)Hive 表导出到 HDFS；

(3)通过 sqoop 将 Hive 表导出到 MySQL 库。

为方便理解，下面给出测试示例，在测试前需要做相关数据准备，创建两张 Hive 表 testA 和 testB。

(1)创建 testA。

```
CREATE TABLE testA (
id INT,
name string,
area string
) PARTITIONED BY (create_time string) ROW FORMAT DELIMITED FIELDS TERMINATED BY ',
' STORED AS TEXTFILE;
```

（2）创建 testB。

```
    CREATE TABLE testB (
    id INT,
    name string,
    area string,
    code string
    ) PARTITIONED BY (create_time string) ROW FORMAT DELIMITED FIELDS TERMINATED BY ',
' STORED AS TEXTFILE;
```

得到若干数据文件如下。

（1）数据文件（sourceA. txt）：

① fish1，SZ；

② fish2，SH；

③ fish3，HZ；

④ fish4，QD；

⑤ fish5，SR。

（2）数据文件（sourceB. txt）：

① zy1，SZ，1001；

② zy2，SH，1002；

③ zy3，HZ，1003；

④ zy4，QD，1004；

⑤ zy5，SR，1005。

下面介绍 Hive 数据导入的几种方式。

（1）本地文件导入到 Hive 表。

```
    hive>  LOAD DATA LOCAL INPATH '/home/hadoop/sourceA.txt' INTO TABLE testA PARTI-
TION(create_time='2015-07-08');
    Copying data from file: /home/hadoop/sourceA.txt
    Copying file: file: /home/hadoop/sourceA.txt
    Loading data to table default.testa partition(create_time=2015-07-08)
    Partition default.testa{create_time=2015-07-08}stats: [numFiles=1, numRows=0, to-
talSize=58, rawDataSize=0]
    OK
    Time taken: 0.237 seconds
    hive>  LOAD DATA LOCAL INPATH '/home/hadoop/sourceB.txt' INTO TABLE testB PARTI-
TION(create_time= '2015-07-09');
    Copying data from file: /home/hadoop/sourceB.txt
    Copying file: file: /home/hadoop/sourceB.txt
    Loading data to table default.testb partition (create_time= 2015-07-09)
    Partition default.testb{create_time= 2015-07-09} stats: [numFiles= 1, numRows= 0,
totalSize= 73, rawDataSize= 0]
    OK
    Time taken: 0.212 seconds
    hive> select *  from testA;
    OK
```

```
fish1   SZ  2015-07-08
fish2   SH  2015-07-08
fish3   HZ  2015-07-08
fish4   QD  2015-07-08
fish5   SR  2015-07-08
Time taken: 0.029 seconds, Fetched: 5 row(s)
hive>  select *  from testB;
OK
zy1 SZ  1001    2015-07-09
zy2 SH  1002    2015-07-09
zy3 HZ  1003    2015-07-09
zy4 QD  1004    2015-07-09
zy5 SR  1005    2015-07-09
Time taken: 0.047 seconds, Fetched: 5 row(s)
```

(2)Hive 表导入到 Hive 表。

将 testB 的数据导入到 testA 表。

```
hive>  INSERT INTO TABLE testA PARTITION(create_time= '2015-07-11') select id, name, area from testB where id = 1;
…(省略)
OK
Time taken: 14.744 seconds
hive>  INSERT INTO TABLE testA PARTITION(create_time) select id, name, area, code from testB where id =2;
< pre name= " code" class= " java" > …(省略)
OKTime taken: 19.852 secondshive>  select *  from testA; OK2 zy2 SH 10021 fish1 SZ 2015-07-082 fish2 SH 2015-07-083 fish3 HZ 2015-07-084 fish4 QD 2015-07-085 fish5 SR 2015-07-081 zy1 SZ 2015-07-11Time taken: 0.032 seconds, Fetched: 7 row(s)
```

为方便理解，做以下 3 点说明：

① 将 testB 中 id=1 的行导入到 testA，分区为 2015-07-11；

② 将 testB 中 id=2 的行导入到 testA，分区 create_time 为 id=2 行的 code 值；

③ HDFS 文件导入到 Hive 表。

将 sourceA.txt 和 sourceB.txt 传到 HDFS 中，路径分别是/home/hadoop/sourceA.txt 和/home/hadoop/sourceB.txt。

```
hive>  LOAD DATA INPATH '/home/hadoop/sourceA.txt' INTO TABLE testA PARTITION(create_time= '2015-07-08');
…(省略)
OK
Time taken: 0.237 seconds
hive>  LOAD DATA INPATH '/home/hadoop/sourceB.txt' INTO TABLE testB PARTITION(create_time= '2015-07-09');
< pre name= " code" class="java" > …(省略)
OK
Time taken: 0.212 seconds
hive>  select *  from testA;
OK
```

```
fish1   SZ  2015-07-08
fish2   SH  2015-07-08
fish3   HZ  2015-07-08
fish4   QD  2015-07-08
fish5   SR  2015-07-08
Time taken: 0.029 seconds, Fetched: 5 row(s)
hive>  select *  from testB;
OK
zy1 SZ  1001    2015-07-09
zy2 SH  1002    2015-07-09
zy3 HZ  1003    2015-07-09
zy4 QD  1004    2015-07-09
zy5 SR  1005    2015-07-09
Time taken: 0.047 seconds, Fetched: 5 row(s)
/home/hadoop/sourceA.txt'导入到 testA 表
/home/hadoop/sourceB.txt'导入到 testB 表
```

(3)创建表的过程中从其他表导入。

```
hive>  create table testC as select name, code from testB;
Total jobs = 3
Launching Job 1 out of 3
Number of reduce tasks is set to 0 since there's no reduce operator
Starting Job =  job_1449746265797_0106, Tracking URL =  http: //hadoopcluster79:
8088/proxy/application_1449746265797_0106/
  Kill  Command  =   /home/hadoop/apache/hadoop-2.4.1/bin/hadoop  job   -kill  job _
1449746265797_0106
Hadoop job information for Stage-1: number of mappers: 1; number of reducers: 0
2015-12-24 16: 40: 17, 981 Stage-1 map = 0% ,     reduce = 0%
2015-12-24 16: 40: 23, 115 Stage-1 map = 100% ,    reduce = 0% , Cumulative CPU 1.11 sec
MapReduce Total cumulative CPU time: 1 seconds 110 msec
Ended Job =  job_1449746265797_0106
Stage-4 is selected by condition resolver.
Stage-3 is filtered out by condition resolver.
Stage-5 is filtered out by condition resolver.
Moving data to: hdfs: //hadoop2cluster/tmp/hive-root/hive_2015-12-24_16-40-09_983_
6048680148773453194-1/-ext-10001
Moving data to: hdfs: //hadoop2cluster/home/hadoop/hivedata/warehouse/testc
Table default.testc stats: [numFiles= 1, numRows= 0, totalSize= 45, rawDataSize= 0]
MapReduce Jobs Launched:
Job 0: Map: 1   Cumulative CPU: 1.11 sec    HDFS Read: 297 HDFS Write: 45 SUCCESS
Total MapReduce CPU Time Spent: 1 seconds 110 msec
OK
Time taken: 14.292 seconds
hive>  desc testC;
OK
name                    string
code                    string
Time taken: 0.032 seconds, Fetched: 2 row(s)
```

下面介绍 Hive 数据导出的几种方式。

(1)导出到本地文件系统。

```
hive> INSERT OVERWRITE LOCAL DIRECTORY '/home/hadoop/output' ROW FORMAT DELIMITED
FIELDS TERMINATED by ', ' select *  from testA;
Total jobs =  1
Launching Job 1 out of 1
Number of reduce tasks is set to 0 since there's no reduce operator
Starting Job =  job_1451024007879_0001, Tracking URL =  http: //hadoopcluster79:
8088/proxy/application_1451024007879_0001/
Kill Command =  /home/hadoop/apache/hadoop-2.4.1/bin/hadoop job  -kill job_1451024007879
_0001
Hadoop job information for Stage-1: number of mappers: 1; number of reducers: 0
2015-12-25 17: 04: 30, 447 Stage-1 map = 0% ,    reduce = 0%
2015-12-25 17: 04: 35, 616 Stage-1 map = 100% ,    reduce = 0% , Cumulative CPU 1.16 sec
MapReduce Total cumulative CPU time: 1 seconds 160 msec
Ended Job = job_1451024007879_0001
Copying data to local directory /home/hadoop/output
Copying data to local directory /home/hadoop/output
MapReduce Jobs Launched:
Job 0: Map: 1   Cumulative CPU: 1.16 sec   HDFS Read: 305 HDFS Write: 110 SUCCESS
Total MapReduce CPU Time Spent: 1 seconds 160 msec
OK
Time taken: 16.701 seconds
```

查看数据结果。

```
[hadoop@ hadoopcluster78 output]$cat /home/hadoop/output/000000_0
① fish1, SZ, 2015-07-08;
② fish2, SH, 2015-07-08;
③ fish3, HZ, 2015-07-08;
④ fish4, QD, 2015-07-08;
⑤ fish5, SR, 2015-07-08。
```

通过 INSERT OVERWRITE LOCAL DIRECTORY 将 Hive 表中的 testA 数据导入到/home/hadoop 目录。众所周知，HQL 会启动 MapReduce 完成，其实/home/hadoop 就是 Mapreduce 输出路径，产生的结果存放为文件名：000000_0。

(2)导出到 HDFS。

导入到 HDFS 和导入本地文件类似，去掉 HQL 语句的 LOCAL 就可以了。

```
hive>  INSERT OVERWRITE DIRECTORY '/home/hadoop/output' select *  from testA;
Total jobs = 3
Launching Job 1 out of 3
Number of reduce tasks is set to 0 since there's no reduce operator
Starting Job = job_1451024007879_0002, Tracking URL = http: //hadoopcluster79:
8088/proxy/application_1451024007879_0002/
```

```
Kill Command = /home/hadoop/apache/hadoop 2.4.1/bin/hadoop job  -kill job_1451024007879_0002
Hadoop job information for Stage-1: number of mappers: 1; number of reducers: 0
2015-12-25 17: 08: 51, 034 Stage-1 map = 0% ,   reduce = 0%
2015-12-25 17: 08: 59, 313 Stage-1 map = 100% ,   reduce = 0% , Cumulative CPU 1.4 sec
MapReduce Total cumulative CPU time: 1 seconds 400 msec
Ended Job = job_1451024007879_0002
Stage-3 is selected by condition resolver.
Stage-2 is filtered out by condition resolver.
Stage-4 is filtered out by condition resolver.
 Moving data to: hdfs: //hadoop2cluster/home/hadoop/hivedata/hive-hadoop/hive_
2015-12-25_17-08-43_733_1768532778392261937-1/-ext-10000
Moving data to: /home/hadoop/output
MapReduce Jobs Launched:
Job 0: Map: 1   Cumulative CPU: 1.4 sec   HDFS Read: 305 HDFS Write: 110 SUCCESS
Total MapReduce CPU Time Spent: 1 seconds 400 msec
OK
Time taken: 16.667 seconds
```

查看 HFDS 输出文件。

```
[hadoop@ hadoopcluster78 bin] $. /hadoop fs -cat /home/hadoop/output/000000_0
① fish1SZ2015-07-08;
② fish2SH2015-07-08;
③ fish3HZ2015-07-08;
④ fish4QD2015-07-08;
⑤ fish5SR2015-07-08。
```

5.3.3 HiveQL 查询

HiveQL 是一种查询语言，Hive 处理在 Meta Store 中分析的结构化数据。SELECT 是 SQL 的射影算子，FROM 子句标识了从哪个表、视图或嵌套查询中选择记录。

下面给出的是 SELECT 查询的语法。

```
SELECT [ALL |  DISTINCT] select_expr, select_expr, …
FROM table_reference
[WHERE where_condition]
[GROUP BY col_list]
[HAVING having_condition]
[CLUSTER BY col_list |  [DISTRIBUTE BY col_list] [SORT BY col_list]]
[LIMIT number];
```

假设 Employee 表有如下 ID、Name、Salary、Designation 和 Dept 等字段，生成一个查询检索超过 30000 元薪水的员工详细信息。

```
+ ------+ -------------+ ------------+ -----------------+ --------+
| ID   | Name         | Salary      | Designation       | Dept   |
+ ------+ -------------+ ------------+ -----------------+ --------+
| 1201 | Gopal        | 45000       | Technical manager | TP     |
```

```
| 1202  | Manisha      | 45000     | Proofreader       | PR    |
| 1203  | Masthanvali  | 40000     | Technical writer  | TP    |
| 1204  | Krian        | 40000     | Hr Admin          | HR    |
| 1205  | Kranthi      | 30000     | Op Admin          | Admin |
+ ------+ -------------+ ------------+ -----------------+ --------+
```

(1)WHERE 子句中的工作原理类似于一个条件，它使用这个条件过滤数据，并返回给出一个有限的结果。

下面的查询检索使用上述业务情景的员工详细信息。

```
Hive> SELECT * FROM employee WHERE salary> 30000;
```

成功执行查询后，能看到以下回应。

```
+ ------+ -------------+ ------------+ -----------------+ --------+
| ID    | Name         | Salary     | Designation       | Dept   |
+ ------+ -------------+ ------------+ -----------------+ --------+
| 1201  | Gopal        | 45000      | Technical manager | TP     |
| 1202  | Manisha      | 45000      | Proofreader       | PR     |
| 1203  | Masthanvali  | 40000      | Technical writer  | TP     |
| 1204  | Krian        | 40000      | Hr Admin          | HR     |
+ ------+ -------------+ ------------+ -----------------+ --------+
```

(2)ORDER BY 子句用于检索基于某一列的细节并设置排序结果按升序或降序进行排列。

下面给出的是 ORDER BY 子句的语法。

```
SELECT [ALL | DISTINCT] select_expr, select_expr, …
FROM table_reference
[WHERE where_condition]
[GROUP BY col_list]
[HAVING having_condition]
[ORDER BY col_list]]
[LIMIT number];
```

假设员工表有如下 ID、Name、Salary、Designation 和 Dept 字段，生成一个查询用于检索员工的详细信息。

```
+ ------+ -------------+ ------------+ -----------------+ --------+
| ID    | Name         | Salary     | Designation       | Dept   |
+ ------+ -------------+ ------------+ -----------------+ --------+
| 1201  | Gopal        | 45000      | Technical manager | TP     |
| 1202  | Manisha      | 45000      | Proofreader       | PR     |
| 1203  | Masthanvali  | 40000      | Technical writer  | TP     |
| 1204  | Krian        | 40000      | Hr Admin          | HR     |
| 1205  | Kranthi      | 30000      | Op Admin          | Admin  |
+ ------+ -------------+ ------------+ -----------------+ --------+
```

使用上述业务情景查询检索员工详细信息。

```
Hive> SELECT Id, Name, Dept FROM employee ORDER BY DEPT;
```

成功执行查询后，能看到以下回应。

```
+ ------+ -------------+ ------------+ ------------------+ --------+
|  ID   |  Name         |  Salary      |  Designation        |  Dept   |
+ ------+ -------------+ ------------+ ------------------+ --------+
| 1205  |  Kranthi      |  30000       |  Op Admin           |  Admin  |
| 1204  |  Krian        |  40000       |  Hr Admin           |  HR     |
| 1202  |  Manisha      |  45000       |  Proofreader        |  PR     |
| 1201  |  Gopal        |  45000       |  Technical manager  |  TP     |
| 1203  |  Masthanvali  |  40000       |  Technical writer   |  TP     |
+ ------+ -------------+ ------------+ ------------------+ --------+
```

(3)GROUP BY 子句用于分类所有记录结果的特定集合列，它被用来查询一组记录。GROUP BY 子句的语法如下。

```
SELECT [ALL|DISTINCT] select_expr, select_expr, …
FROM table_reference
[WHERE where_condition]
[GROUP BY col_list]
[HAVING having_condition]
[ORDER BY col_list]]
[LIMIT number];
```

假设员工表有如下 ID、Name、Salary、Designation 和 Dept 字段，生成一个查询以检索每个部门的员工数量。

```
+ ------+ -------------+ ------------+ ------------------+ --------+
|  ID   |  Name         |  Salary      |  Designation        |  Dept   |
+ ------+ -------------+ ------------+ ------------------+ --------+
| 1201  |  Gopal        |  45000       |  Technical manager  |  TP     |
| 1202  |  Manisha      |  45000       |  Proofreader        |  PR     |
| 1203  |  Masthanvali  |  40000       |  Technical writer   |  TP     |
| 1204  |  Krian        |  45000       |  Proofreader        |  PR     |
| 1205  |  Kranthi      |  30000       |  Op Admin           |  Admin  |
+ ------+ -------------+ ------------+ ------------------+ --------+
```

使用上述业务情景查询检索员工的详细信息。

```
Hive> SELECT Dept, count(*) FROM employee GROUP BY DEPT;
```

成功执行查询后，能看到以下回应。

```
+ ------+ -------------+
|  Dept |  Count(*)     |
+ ------+ -------------+
| Admin |     1         |
| PR    |     2         |
| TP    |     3         |
+ ------+ -------------+
```

(4)JOIN 是子句用于通过使用共同值组合来自两个表的特定字段，它是用来从数据库中的两个或更多的表组合记录的，类似于 SQL JOIN。

语法 JOIN_Table。

```
table_reference JOIN table_factor [join_condition]
  | table_reference {LEFT| RIGHT| FULL} [OUTER] JOIN table_reference
  join_condition
  | table_reference LEFT SEMI JOIN table_reference join_condition
  | table_reference CROSS JOIN table_reference [join_condition]
```

考虑下表 CUSTOMERS。

```
+ ----+ ----------+ -----+ -----------+ ----------+
| ID |  NAME      | AGE |  ADDRESS   |  SALARY    |
+ ----+ ----------+ -----+ -----------+ ----------+
| 1  |  Ramesh    | 32  | Ahmedabad |  2000.00   |
| 2  |  Khilan    | 25  | Delhi     |  1500.00   |
| 3  |  kaushik   | 23  | Kota      |  2000.00   |
| 4  |  Chaitali  | 25  | Mumbai    |  6500.00   |
| 5  |  Hardik    | 27  | Bhopal    |  8500.00   |
| 6  |  Komal     | 22  | MP        |  4500.00   |
| 7  |  Muffy     | 24  | Indore    |  10000.00  |
+ ----+ ----------+ -----+ -----------+ ----------+
```

考虑另一个表命令如下。

```
+ -----+ --------------------+ -------------+ --------+
| OID  | DATE                | CUSTOMER_ID | AMOUNT |
+ -----+ --------------------+ -------------+ --------+
| 102 | 2009-10-08 00:00:00 |           3 | 3000    |
| 100 | 2009-10-08 00:00:00 |           3 | 1500    |
| 101 | 2009-11-20 00:00:00 |           2 | 1560    |
| 103 | 2008-05-20 00:00:00 |           4 | 2060    |
+ -----+ --------------------+ -------------+ --------+
```

有不同类型的连接给出如下。

```
JOIN LEFT OUTER
JOIN RIGHT OUTER
JOIN FULL OUTER
```

JOIN 子句用于合并和检索来自多个表中的记录。JOIN 和 SQL OUTER JOIN 类似，连接条件是使用主键和表的外键。

下面查询执行 JOIN 的是表 CUSTOMERS 和 ORDERS，并检索记录。

```
Hive> SELECT c.ID, c.NAME, c.AGE, o.AMOUNT
> FROM CUSTOMERS c JOIN ORDERS o
> ON (c.ID = o.CUSTOMER_ID);
```

成功执行查询后，能看到以下回应。

```
+ ----+ ----------+ -----+ --------+
| ID | NAME      | AGE | AMOUNT |
+ ----+ ----------+ -----+ --------+
| 3  | kaushik  | 23  | 3000   |
| 3  | kaushik  | 23  | 1500   |
| 2  | Khilan   | 25  | 1560   |
| 4  | Chaitali | 25  | 2060   |
+ ----+ ----------+ -----+ --------+
```

LEFT OUTER JOIN 返回左表的所有行，即使在右边的表中没有匹配。这意味着，如果ON子句匹配的右表0(零)记录，JOIN还是返回结果行，但在右表中的每一列为NULL。LEFT JOIN返回左表中的所有值，加上右表，或JOIN子句没有匹配的情况下返回NULL。

下面的查询演示了CUSTOMERS和ORDERS表之间的LEFT OUTER JOIN的用法。

```
Hive> SELECT c.ID, c.NAME, o.AMOUNT, o.DATE
> FROM CUSTOMERS c
> LEFT OUTER JOIN ORDERS o
> ON (c.ID = o.CUSTOMER_ID);
```

成功执行查询后，能看到以下回应。

```
+ ----+ ----------+ --------+ ---------------------+
| ID | NAME      | AMOUNT | DATE                  |
+ ----+ ----------+ --------+ ---------------------+
| 1  | Ramesh   | NULL   | NULL                  |
| 2  | Khilan   | 1560   | 2009-11-20 00:00:00 |
| 3  | kaushik  | 3000   | 2009-10-08 00:00:00 |
| 3  | kaushik  | 1500   | 2009-10-08 00:00:00 |
| 4  | Chaitali | 2060   | 2008-05-20 00:00:00 |
| 5  | Hardik   | NULL   | NULL                  |
| 6  | Komal    | NULL   | NULL                  |
| 7  | Muffy    | NULL   | NULL                  |
+ ----+ ----------+ --------+ ---------------------+
```

RIGHT OUTER JOIN 返回右表的所有行，即使在左边的表中没有匹配。如果ON子句的左表匹配0(零)的记录，JOIN结果返回一行，但在左表中的每一列为NULL。RIGHT JOIN返回右表中的所有值，加上左表，或者没有匹配的情况下返回NULL。

下面的查询演示了在CUSTOMERS和ORDERS表之间使用RIGHT OUTER JOIN。

```
Hive>  SELECT c.ID, c.NAME, o.AMOUNT, o.DATE
>  FROM CUSTOMERS c
>  RIGHT OUTER JOIN ORDERS o
>  ON (c.ID = o.CUSTOMER_ID);
```

成功执行查询后，能看到以下回应。

```
+ ------+ ---------+ --------+ --------------------+
| ID    | NAME     | AMOUNT | DATE                |
+ ------+ ---------+ --------+ --------------------+
| 3     | kaushik  | 3000   | 2009-10-08 00:00:00 |
| 3     | kaushik  | 1500   | 2009-10-08 00:00:00 |
| 2     | Khilan   | 1560   | 2009-11-20 00:00:00 |
| 4     | Chaitali | 2060   | 2008-05-20 00:00:00 |
+ ------+ ---------+ --------+ --------------------+
```

FULL OUTER JOIN 结合了左边，并且满足 JOIN 条件满足外部表的记录。连接表包含两个表的所有记录，若两侧缺少匹配结果，则使用 NULL 值填补。

下面的查询演示了 CUSTOMERS 和 ORDERS 表之间使用的 FULL OUTER JOIN。

```
Hive>  SELECT c.ID, c.NAME, o.AMOUNT, o.DATE
> FROM CUSTOMERS c
> FULL OUTER JOIN ORDERS o
> ON (c.ID = o.CUSTOMER_ID);
```

成功执行查询后，能看到以下回应。

```
+ ------+ ---------+ --------+ --------------------+
| ID    | NAME     | AMOUNT | DATE                |
+ ------+ ---------+ --------+ --------------------+
| 1     | Ramesh   | NULL   | NULL                |
| 2     | Khilan   | 1560   | 2009-11-20 00:00:00 |
| 3     | kaushik  | 3000   | 2009-10-08 00:00:00 |
| 3     | kaushik  | 1500   | 2009-10-08 00:00:00 |
| 4     | Chaitali | 2060   | 2008-05-20 00:00:00 |
| 5     | Hardik   | NULL   | NULL                |
| 6     | Komal    | NULL   | NULL                |
| 7     | Muffy    | NULL   | NULL                |
| 3     | kaushik  | 3000   | 2009-10-08 00:00:00 |
| 3     | kaushik  | 1500   | 2009-10-08 00:00:00 |
| 2     | Khilan   | 1560   | 2009-11-20 00:00:00 |
| 4     | Chaitali | 2060   | 2008-05-20 00:00:00 |
+ ------+ ---------+ --------+ --------------------+
```

HiveQL 与普通 SQL 有许多差别：HiveQL 没有真正的日期/时间类型、自增类型以及操作日期和时间的一些函数(如 ADD_MONTH)，有非常严格的类型匹配，不支持类型自动转换；普通的 SQL 可以对结果集查询(如一般的嵌套查询)，而 HiveQL 只能对表进行查询；HiveQL 没有临时表的概念，没有 IN 操作，对于字符串没有 FIND 和 REPLACE 函数。

【HiveQL 与 SQL 区别】

拓展阅读 5-1

Hive 和 HBase 的区别

Hive 是一个构建在 Hadoop 基础设施上的数据仓库。通过 Hive 可以使用 HQL 语言查询存放在 HDFS 上的数据。HQL 是一种类 SQL 语言，这种语言最终被转化为 MapReduce任务。虽然Hive提供了SQL查询功能，但是Hive不能进行交互查询，因为它只能在Hadoop上批量地执行Hadoop。

HBase是一种Key/Value系统，它运行在HDFS上。和Hive不一样的是，HBase能够在它的数据库上实时运行，而不是运行MapReduce任务。Hive被分区为表格，表格又被进一步分割为列簇。列簇必须使用Schema定义，列簇将某一类型列集合起来(列不要求Schema定义)。例如，“Message”列簇可能包含：“to”“from”“Date”“Subject”“Body”。每一个Key/Value对在HBase中被定义为一个Cell，每一个Key由Row-Key、列簇、列和时间戳组成。在HBase中，行是Key/Value映射的集合，这个映射通过Row-Key来唯一标识。HBase利用Hadoop的基础设施，可以利用通用的设备进行水平扩展。

Hive帮助熟悉SQL的人运行MapReduce任务，因为它是JDBC兼容的，同时它也能够和现存的SQL工具整合在一起。运行Hive查询会花费很长时间，因为它会默认遍历表中所有数据。即使有这样的缺点，一次遍历的数据量也可以通过Hive的分区机制来控制。分区允许在数据集上运行过滤查询，这些数据集存储在不同的文件夹内，查询时只遍历指定文件夹(分区)中的数据。例如，这种机制可以用来只处理在某一个时间范围内的文件，只要这些文件名中包括时间格式。

HBase通过存储Key/Value来工作。它支持四种主要的操作：增加或者更新行，查看一个范围内的Cell，获取指定的行，删除指定的行、列或者列的版本。版本信息用来获取历史数据(每一行的历史数据可以被删除，然后通过HBase Compactions就可以释放出空间)。虽然HBase包括表格，但是Schema仅仅被表格和列簇所要求，列不需要Schema。HBase的表格包括增加/计数功能。

Hive目前不支持更新操作。另外，由于Hive在Hadoop上运行批量操作，它需要花费很长时间，通常是几分钟到几个小时才可以获得查询的结果。Hive必须提供预先定义好的Schema将文件和目录映射到列，并且Hive与ACID不兼容。

HBase查询是通过特定语言来编写的，这种语言需要重新学习。类SQL的功能可以通过Apache Phonenix实现，但这是以必须提供Schema为代价的。另外，HBase也并不是兼容所有的ACID特性，虽然它支持某些特性。最后，为了运行HBase，ZooKeeper是必须的，ZooKeeper是一个用来进行分布式协调的服务，这些服务包括配置服务、维护元信息和命名空间服务。

Hive适合用来对一段时间内的数据进行分析查询。例如，用来计算趋势或者网站的日志。Hive不应该用来进行实时查询，因为它需要很长时间才可以返回结果。

HBase非常适合用来进行大数据的实时查询。Facebook用HBase进行消息和实时的分析，它也可以用来统计Facebook的连接数。

Hive和HBase是两种基于Hadoop的不同技术：Hive是一种类SQL的引擎，并且运行MapReduce任务；HBase是一种在Hadoop上的NoSQL的Key/Value数据库。当然，这两种工具是可以同时使用的。就像用Google来搜索、用Facebook进行社交一样，Hive可以用来进行统计查询，HBase可以用来进行实时查询，数据也可以从Hive写到HBase，设置再从HBase写回Hive。

https://www.cnblogs.com/justinzhang/p/4273470.html

本章小结

Hive依赖于HDFS存储数据，它将HiveQL转换成MapReduce执行。Hive是基于Hadoop的一个数据仓库工具，实质上是一个基于HDFS的MapReduce计算框架，对存储在HDFS中的数据进行分析和管理。本章对并行计算框架Hive的相关知识进行了阐述，介绍了Hive的基本架构、工作原理和数据组织，介绍了Hive的数据模型、Hive动态分区和索引，还对HiveQL的具体应用给出了相应的示范实例。Hive可以自由扩展集群的规模，一般情况下不需要重启服务横向扩展，而是通过分担压力的方式纵向扩展集群的规模。Hive支持自定义函数，用户可以根据需求来实现自己的函数；Hive不支持记录级别的增删改操作，查询延时很严重。

关键术语

(1)分布式数据仓库　(2)Hive　(3)HiveQL　(4)动态分区
(5)Meta Store　(6)Execution Engine

习　题

1. 选择题

(1)Hive是一个数据仓库基础工具，在Hadoop中用来处理(　　)数据。

A. 结构化　B. 非结构化　C. 半结构化　D. 结构化和半结构化

(2)Hive通过SQL处理Hadoop的大数据，数据规模可以扩展到100(　　)。

A. MB+　B. GB+　C. TB+　D. PB+

(3)Hive中使用动态分区时，创建的分区表使用(　　)表示小时。

A. h　B. ht
C. hour　D. hour time

(4)启用Hive动态分区，只需要在Hive会话中设置(　　)个参数。

A. 1　B. 2　C. 3　D. 0

(5)Hive采用对列值散列，然后除以(　　)的个数再求余的方式决定该条记录存放在哪个桶中。

A. 记录　B. 属性　C. 桶　D. 分区

(6)Hive的默认行换行符是(　　)。

A. \ +enter　B. \ n　C. enter　D. \ tab

2. 判断题

(1)Hive的存储结构包括数据库、表、视图、分区和表数据等，数据库、表、分区等都对应HDFS上的一个目录。(　　)

(2)HiveQL处理引擎和MapReduce的结合部分是Hive执行引擎。(　　)

(3)Hive索引的目的是提高Hive表指定行的查询速度。(　　)

(4)CREATE TABLE 创建一个指定名字的表，若相同名字的表已存在，则抛出异常。 (　　)

(5)关系型数据库通过并行化来实现性能，因此更适用于全表扫描这样的操作，而不是像使用 Hive 那样操作。 (　　)

(6)Hive 中的表分为内部表、外部表、分区表和 Bucket 表。 (　　)

3. 简答题

(1)与传统关系数据库比较，Hive 有哪几个特点？

(2)如何选择使用 Hive 内部表和外部表？

(3)Hive 分区的概念与传统关系型数据库分区的不同之处是什么？

(4)Hive 把表(或者分区)组织成桶(Bucket)的理由是什么？

(5)简述 Hive 中支持的两种类型的分区。

(6)Hive 提供了哪些基本数据类型？

第6章 基于 Spark 的大数据处理

知识要点	掌握程度	相关知识
Spark 的概念	掌握	RDD 和数据分析栈的概念，Spark 大数据处理流程
Spark 的特点	熟悉	运行速度快、易用性、容错性高等
Spark 的安装	熟悉	Spark 在 Linux 和 Windows 上的安装和部署
Spark Streaming 的概念	掌握	DStream 的概念、Spark Streaming 应用程序的构建、Spark Streaming 的优点
Spark Streaming 的架构	熟悉	StreamingContext、DStream Graph 和 Job Scheduler 等各组件的作用
Spark Streaming 的工作原理	熟悉	批处理间隔、滑动间隔和窗口间隔的概念，Spark Streaming 的工作原理
Spark Streaming 的性能调优	熟悉	优化运行时间、设置合适的批次大小和优化内存使用等的性能调优方法
Spark 的应用	了解	Spark 在亚马逊、淘宝和雅虎中的应用

Spark 作为新一代轻量级大数据快速处理平台，建立在抽象的 RDD(Resilient Distributed Datasets，弹性分布式数据集)之上，能够采用一致的方式处理不同应用场景下的大数据。因此，本章将对基于 Spark 的大数据处理进行介绍，简要阐述 Spark 的概念、特点和安装，并分析 Spark 的流数据处理模型及其在企业中的应用。

6.1 Spark 简介

因为 Hadoop 能够解决大多数批处理工作的负载问题，所以它已成为大数据时代企业的首选技术。但是随着技术的推进，人们发现了 Hadoop 越来越多的不足，例如缺少对迭代的支持；中间数据需要输出到硬盘存储，产生了较高的延迟；MapReduce 在设计上的约束比较适合处理离线数据，对实时查询和迭代计算上存在较大的不足，而随着具体业务的发展，企业对实时查询和迭代计算有着更多的需求。

因此，2009年美国加州大学伯克利分校AMP实验室的人员基于AMPLab的集群计算平台，从多迭代批量处理出发，兼顾数据仓库、流处理、机器学习和图计算等多种计算范式，正式将Spark作为研究项目，并于2010年进行了开源。

Spark作为Apache顶级的开源项目，凭借着其可伸缩、基于内存计算等特点以及能够直接读写Hadoop上任何格式数据的优势，得到了企业的重视。下面将对Spark的相关概念、特点和安装进行介绍。

6.1.1 Spark的概述

Spark是一个类似于Hadoop中MapReduce的分布式处理框架，提供了比MapReduce更丰富的模型，可以在内存中快速地对数据集进行多次迭代，以支持复杂的数据挖掘算法和图形计算算法等。

1. Spark中的RDD

RDD是分布式内存的一个抽象概念，指的是一个只读的、可分区的分布式数据集，这个数据集的全部或部分可以缓存在内存中。RDD作为Spark的核心概念，支持多种来源，而且具有容错机制，能够被缓存。RDD的5个特征见表6-1。

表6-1 RDD的5个特征

特　　征	说　　明
分区(Partition)	有一个数据分片列表，能够将数据进行切分，切分后的数据能够进行并行计算，是数据集的原子组成部分
函数(Compute)	计算每个分片，得出一个可遍历的结果，用于说明在父RDD上执行何种计算
依赖(Dependency)	计算每个RDD对父RDD的依赖列表(源RDD没有依赖)，通过依赖关系描述血统(Lineage)
优先位置	每一个分片的优先计算位置
分区策略	描述分区模式和数据存放的位置

在这些特征中，分区、函数和依赖关系是RDD的基本特征，优先位置和分区策略则是可选的特征。Spark中的依赖关系主要体现为两种形式，分别为窄依赖(Narrow Dependency)和宽依赖(Wide Dependency)，如图6.1所示。窄依赖是指父RDD的每一个分区最多被一个子RDD的分区所用，如Map、Filter和Union；宽依赖是指子RDD的每个分区都依赖于所有父RDD的所有分区或多个分区，即存在一个父RDD的一个分区对应一个子RDD的多个分区，如GroupbyKey。

【RDD分区和数据块的关系】

由于Spark的一切操作都是基于RDD的，那么如何创建RDD则变得非常重要，除了可以直接从父RDD转换，还支持以下两种方式来创建RDD。

(1)调用SparkContext的parallelize方法，在已经存在的集合(数组)上创建RDD。

(2)引用一个外部文件存储系统(HDFS、HBase等)中的数据集。

2. 基于Spark的伯克利数据分析栈

图6.2描述的是基于Spark的伯克利数据分析栈(Berkeley Data Analysis Stack,

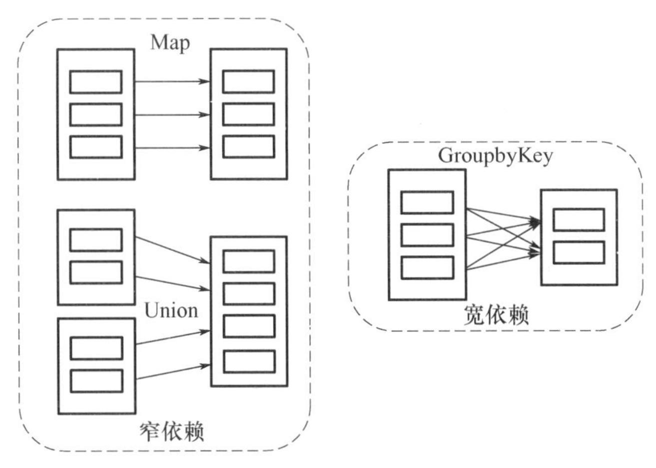

图 6.1　窄依赖和宽依赖

BDAS），最底层为 HDFS、Amazon S3、Hypertable 或者其他格式的存储系统，如 HBase；资源管理采用 Mesos、YARN 等集群资源管理模式，或者 Spark 自带的独立运行模式和本地运行模式。在 Spark 大数据处理框架中，Spark 为上层多种应用提供服务。例如，Spark SQL 提供 SQL 查询服务，性能比 Hive 快 3～50 倍；MLlib 提供机器学习服务；GraphX 提供图计算服务；Spark Streaming 将流处理分解成一系列短小的批处理，并且提供高可靠和吞吐量服务。值得说明的是，无论是 Spark SQL、Spark Streaming、GraphX 还是 MLlib，都可以使用 Spark 核心 API 处理问题，它们的方法几乎是通用的，处理的数据也可以共享，这不仅减少了学习成本，而且通过数据的无缝集成大大提高了灵活性。

【Spark SQL的概述】

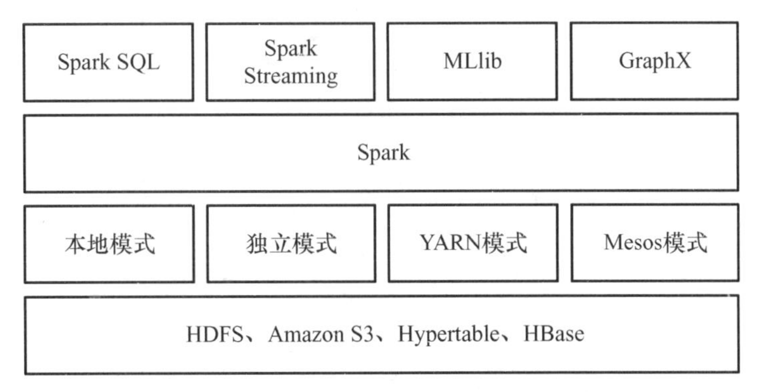

图 6.2　基于 Spark 的伯克利数据分析栈

作为 BDAS 的核心组件，Spark 是一个大数据分布式编程框架，它不仅实现了 MapReduce 的 Map 函数和 Reduce 函数，还提供了更为丰富的算子，如 Filter、Join、GroupbyKey 等。Spark 将分布式数据抽象为 RDD，实现了应用任务调度、RPC、序列化和压缩，并为运行在其上的上层组件提供 API。其底层采用 Scala 这种函数式语言书写而成，并且所提供的 API 深度借鉴 Scala 函数式的编程思想，提供与 Scala 类似的编程接口。

【Spark 算子的分类】

Spark 框架采用了分布式计算中的 Master/Slave 模型。Master 是对应集群中的含有 Master 进程的节点，Slave 是集群中含有 Worker 进程的节点。在 Spark 部署之后，需要在主节点和从节点分别启动 Master 进程和 Worker 进程，对整个集群进行控制。在一个 Spark 应用程序的执行过程中，Driver 和 Worker 是两个重要角色。Driver 程序是应用逻辑执行的起点，负责作业的调度，即 Task 任务的分发，而多个 Worker 用来管理计算节点和创建 Executor 并行处理任务。在执行阶段，Driver 会将 Task 和 Task 所依赖的 file 和 jar 序列化后传递给对应的 Worker 机器，同时 Executor 对相应数据分区的任务进行处理。从以上内容概括可得出以下结论。

(1)Master 作为整个集群的控制器，负责整个集群的正常运行。

(2)Worker 相当于计算节点，接收主节点命令与进行状态汇报。

(3)Executor 负责任务的执行。

(4)Client 作为用户的客户端负责提交应用程序。

(5)Driver 负责控制一个应用程序的执行。

【有向无环图的概述】

3. Spark 的大数据处理流程

图 6.3 描述了 Spark 的处理流程。在 Action 算子触发之后，将所有累积的算子形成一个有向无环图，然后由调度器调度该图上的任务进行运算。Spark 的调度方式与 MapReduce 有所不同。Spark 根据 RDD 之间不同的依赖关系切分形成不同的 Stage(阶段)，一个阶段包含一系列函数执行流水线。图 6.3 中的方框 A～G 分别代表不同的 RDD，RDD 内的方框代表分区。数据从 HDFS 输入 Spark，形成 RDD A 和RDD C，在RDD A和 RDD C 上分别执行 Map 操作，转换为 RDD B 和 RDD D，RDD D 通过 ReducebyKey 转化成 RDD E，RDD B 和 RDD E 进行 Join 操作转换为 F，而在 RDD B 和 RDD E 转化为 F 的过程中又会执行 Shuffle。最后 RDD F 通过函数 SaveasSequenceFile 输出保存到 HDFS 中。也就是说 Spark 将数据在分布式环境下分区，然后将作业转化为有向无环图，并分阶段进行有向无环图的调度和任务的分布式并行处理。

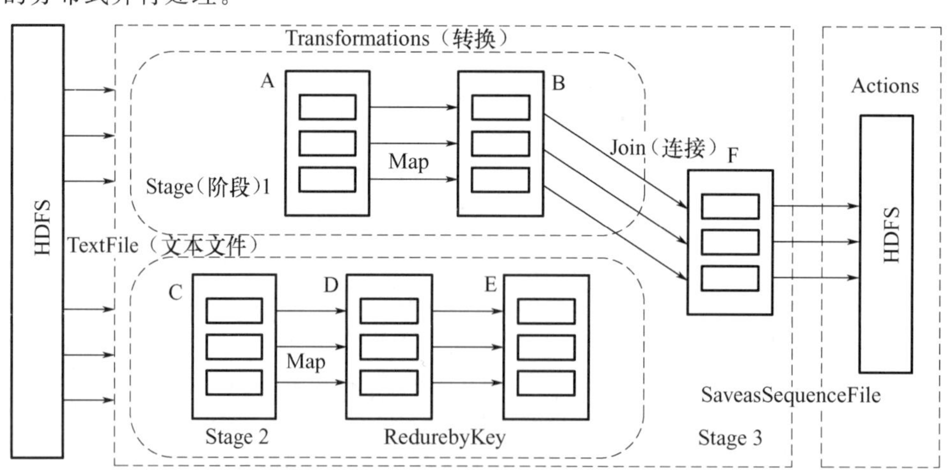

图 6.3 Spark 的处理流程

Spark 对 RDD 的操作分为两类，即图 6.3 中的 Transformation 和 Action。Transformation 返回值还是一个 RDD。它使用了链式调用的设计模式，对一个 RDD 进行计算后，变换成另外一个 RDD，然后这个 RDD 又可以进行另外一次转换，这个过程是分布式的。Action 返回值不是一个 RDD，它要么是一个 Scala 的普通集合，要么是一个值，要么为空，最终或返回到 Driver 程序，或把 RDD 写入文件系统中。需要注意的是，只有 Action 执行时 RDD 才会被计算生成，这是 RDD 懒惰执行的根本所在。

总之，Spark 凭借其良好的伸缩性、轻量级快速处理、具有 Hadoop 基因等一系列优势，迅速成为大数据处理领域的佼佼者。Apache Spark 已经成为整合交互式查询、实时流处理、复杂分析和批处理等的大数据应用标准平台。

6.1.2 Spark 的特点

作为新一代轻量级大数据快速处理平台，Spark 具有以下几个特点。

(1)运行速度快：Spark 有先进的 DAG 执行引擎，支持循环数据流和内存计算；Spark 应用程序在内存中的运行速度是 MapReduce 运行速度的 100 倍，在磁盘上的运行速度是 MapReduce 运行速度的 10 倍。

(2)易用性：Spark 支持使用 Java、Scala 和 Python 语言快速编写应用程序，提供超过 80 个的高级运算符，使编写并行应用程序变得容易。

(3)适用场景广泛：Spark 可以与 SQL、Streaming 以及复杂的分析良好结合。基于 Spark 有一系列高级工具，包括 Spark SQL(大数据分析统计)、MLlib(机器学习库)、GraphX(图计算)和 Spark Streaming(实时数据处理)，并支持在一个应用中同时使用这些工具，如图 6.2 所示。

(4)有效集成 Hadoop：Spark 可以指定 Hadoop 和 YARN 的版本来编译出合适的发行版本，Spark 也能够很容易地运行在 Mesos、YARN 上，或以独立模式运行，并从 HDFS、HBase 和其他 Hadoop 数据源读取数据。

(5)容错性高：Spark 基于 RDD 的概念，即分布在一组节点中的只读对象集合，这些集合是弹性的，如果数据集的一部分丢失，则可以根据“血统”(基于数据衍生过程)对它们进行重建。另外在 RDD 计算时可以通过 CheckPoint 来实现容错，而 CheckPoint 有两种方式，分别为 CheckPoint Data 和 Logging the Updates，用户可以采用这两种方式来实现容错。

【Spark 的容错处理】

(6)实现数据共享：随着数据量的增加，数据移动成本越来越高，网络带宽、磁盘空间、磁盘 IO 都会成为瓶颈，在数据分散的情况下，会造成执行任务的成本提高，获得结果的周期变长，而数据共享模式可以让多种框架共享数据和硬件资源，大幅度减少数据分散所带来的成本。

6.1.3 Spark 的安装

Spark 的安装简便，用户可以在官网下载最新的软件包。Spark 最早是为了在 Linux 平台上使用而开发的，在生产环境中也是部署在 Linux 平台上的，但是 Spark 在 UNIX、Windwos 和 Mac OS X 系统上也能良好运行。不过，在 Windows 上运行 Spark 稍显复杂，必须先安装 Cygwin 来模拟 Linux 环境，才能安装 Spark。

由于 Spark 主要使用 HDFS 充当持久化层，所以要想完整地使用 Spark 就需要预先安装 Hadoop。下面将分别介绍 Spark 在 Linux 和 Windows 上的安装和部署。

【Spark 的运行模式】

1. Spark 在 Linux 上的安装

在生产环境中，Spark 主要部署在 Linux 系统中，并且需要预先安装 JDK、Scala 等所需的环境。本节将简要介绍如何在 Linux 上安装与配置 Spark。

(1)安装 JDK。

用户先在 Oracle JDK 的官网下载相应版本的 JDK，然后在解压出的 JDK 目录下执行 bin 文件，并配置环境变量。

(2)安装 Scala。

Scala 官网提供了各个版本的 Scala，用户需要根据 Spark 官方规定的 Scala 版本进行下载和安装。

(3)配置 ssh 免密码登录。

在集群管理和配置中有很多工具可以使用，例如可以采用 Pssh 等 Linux 工具在集群中分发与复制文件，用户也可以自己编写 Shell、Python 的脚本分发包。

Spark 的 Master 节点向 Worker 节点命令需要通过 ssh 进行发送，用户不希望 Master 每发送一次命令就输入一次密码，因此需要实现 Master 无密码登录到所有 Worker。

作为客户端，Master 要实现无密码公钥认证，连接服务端 Worker。需要在 Master 上生成一个密钥对，包括一个公钥和一个私钥，然后将公钥复制到 Worker 上。当 Master 通过 ssh 连接 Worker 时，Worker 就会生成一个随机数并用 Master 的公钥对随机数进行加密，发送给 Worker。Master 收到加密数之后再用私钥进行解密，并将解密数回传给 Worker，Worker 确认解密数无误之后，允许 Master 进行连接。这就是一个公钥认证过程，其间不需要用户手工输入密码，主要过程是将 Master 节点公钥复制到 Worker 节点上。

下面介绍如何配置 Master 节点与 Worker 之间的 ssh 免密码登录。

① 在 Master 节点上，执行命令 ssh-Keygen-trsa。

② 打印日志，把 Master 上的 id_rsa. pub 文件追加到 Worker 的 authorized_Keys 内。

③ 复制 Master 的 id_rsa. pub 文件。

④ 登录 Worker 节点，执行命令 cat /home/id_rsa. pub >> /root/. ssh/authorized_Keys。

(4)安装 Hadoop。

用户首先选取一个 Hadoop 镜像网址，下载相应的 Hadoop 并进行解压。接着配置 Hadoop 的环境变量并编辑相关的配置文件。创建 NameNode 和 DataNode 目录，并配置其相应路径。然后配置 Master 和 Slave 文件，将 Hadoop 所有文件通过 pssh 发送到各个节点，格式化 NameNode。最后启动 Hadoop，查看是否配置和启动成功。

(5)安装和启动 Spark。

用户首先下载 Spark 并解压文件，配置参数和 Slaves 文件，最后启动 Spark，查看是否安装成功。

2. Spark 在 Windows 上的安装

本节将简要阐述在 Windows 系统上安装 Spark 的步骤。在安装 Spark 之前，需要部署好 Cygwin 来模拟 Linux 环境。

(1)安装 JDK。

相对于 Linux，Windows 的 JDK 安装更加自动化，用户可以下载安装 Oracle JDK 或者 OpenJDK。安装过程十分简单，运行二进制可执行文件即可，程序会自动配置环境变量，无须用户手动配置。

(2)安装 Cygwin。

Cygwin 是在 Windows 系统中模拟 Linux 环境的一个非常有用的工具，只有通过它才可以在 Windows 环境下安装 Hadoop 和 Spark。具体安装步骤如下。

① 运行安装程序，选择 Install from Internet。

② 选择网络最好的下载源进行下载。

③ 配置 Openssl 和 Openssh，为之后的 ssh 无密钥登录做准备。

④ 配置环境变量，添加 Cygwin 的 bin 和 usr\bin 两个目录。

(3)安装 sshd 并配置 ssh 免密码登录。

启动 Cygwin，执行 ssh-host-config -y 命令并输入和确认密码，然后启动服务，最后执行命令生成密钥文件和 authorized_Keys 文件。

(4)安装 Hadoop 和 Spark。

此过程与 Linux 环境下的步骤相似，不再赘述。

6.1.4 Spark 的实例

Spark 中的机器学习库(MLlib)，旨在简化机器学习的工程实践工作，并方便扩展到更大规模。MLlib 由一些通用的学习算法和工具组成，包括分类、回归、聚类、协同过滤、降维等，同时还包括底层的优化原语和高层的管道 API。具体来说，主要包括以下几方面的内容。

(1)算法工具：常用的学习算法，如分类、回归、聚类和协同过滤。

(2)特征化公交：特征提取、转化、降维和选择公交。

(3)管道：用于构建、评估和调整机器学习管道的工具。

(4)持久性：保存和加载算法、模型和管道。

(5)实用工具：线性代数、统计、数据处理等工具。

Spark 机器学习库从 1.2 版本以后被分为以下两个包。

(1)Spark. mllib 包含基于 RDD 的原始算法 API。Spark MLlib 历史比较长，在 1.0 以前的版本即已经包含了，提供的算法实现都是基于原始的 RDD。

(2)Spark. ml 则提供了基于 DataFrames 高层次的 API，可以用来构建机器学习流水线(PipeLine)。ML Pipeline 弥补了原始 MLlib 的不足，向用户提供了一个基于 DataFrame 的机器学习流水线式 API 套件。

使用 ML Pipeline API 可以很方便地把数据进行处理、特征转换、正则化以及多个机器学习算法联合起来，构建一个单一完整的机器学习流水线。这种方式提供了更灵活的方法，更符合机器学习过程的特点，也更容易从其他语言迁移。Spark 官方推荐使用 Spark. ml。如果新的算法能够适用于机器学习管道的概念，就应该将其放到 Spark. ml 包中，如特征提取器和转换器。需要注意的是，从 Spark 2.0 开始，基于 RDD 的 API 进入维护模式(即不增加任何新的特性)，并预期于 3.0 版本的时候被移除出 MLLib。

Spark 在机器学习方面的发展非常快，目前已经支持主流的统计和机器学习算法。纵观所有基于分布式架构的开源机器学习库，MLlib 可以算是计算效率最高的。MLlib 目前支持 4 种常见的机器学习问题：分类、回归、聚类和协同过滤。

近年来，推荐系统的影响力骤增，Amazon 用它来推荐图书，Netflix 用它来推荐电影，Google News 用它来推荐新闻。推荐引擎算法可以自动发现潜在特征，例如某个用户喜欢一部电影而不喜欢另一部是由潜在特征引起的，如果另一个用户拥有相同的潜在特征，那么他也会有相同的电影品味。为了更好理解，以表 6-2 的电影评分为例。

表 6-2　电影评分

电　　影	Rich	Bob	Peter	Chris
泰坦尼克号	5	3	5	?
007 之黄金眼	3	2	1	5
玩具总动员	1	?	2	2
桃色机密	4	4	?	4
王牌威龙	4	?	4	?

假设推荐系统的目标是预测出表 6-2 中标记为“?”的缺失项。首先找出电影的相关特征，其所对应的电影流派见表 6－3。

表 6-3　电影流派

电　　影	流　　派
泰坦尼克号	动作片、爱情片
007 之黄金眼	动作片、探险片、惊悚片
玩具总动员	动画片、儿童片、喜剧片
桃色机密	剧情片
王牌威龙	喜剧片

每部电影的每个流派都可以被打分，分值在 0 到 1 之间，例如《007 之黄金眼》的主要流派不是爱情片，所以给它的爱情片流派评分为 0.1，而给它在动作片流派上打 0.98 分。可以从 GroupLens 下载相应的电影评分数据，相关的文件有电影评分数组文件 u.data 和电影数组文件 u.iterm。

协同过滤是推荐系统中最常用的技术，这种技术有自身学习特征。因此，在电影评分的例子中，不需要提供观众的关于电影是浪漫片还是动作片的反馈。也就是说，电影具有一些潜在特征，如流派；用户也有一些潜在特征，如年龄。而协同过滤不需要知道这些，它会自动发现这些潜在特征。

下面将使用最小交替二乘法(Alternating Least Squares，ALS)进行推荐。该算法解释了一部电影和一个用户之间的少量潜在特征的关联。它使用了 3 个训练参数，分别为排名、迭代次数和 lambda(lambda 为某匿名函数，表达式的名称由λ演算得出)。要弄清楚这 3 个参数的最佳值，最好的方法是尝试不同的值并找到最小均方根误差，该误差类似于标准差，但它是基于模型的结果，而不是实际数据。

(1)准备工作。

将从 GroupLens 下载的 moviedata 上传到 hdfs 上的 moviedata 目录下。

```
$ hdfs dfs -put moviedata moviedata
```

在该数据库中增加一些个人评分以便测试推荐系统的精确性，个人电影评分示例见表 6-4。

表 6-4 个人电影评分示例

电 影 ID	电 影	评分(1～5)
313	泰坦尼克号	5
2	007 之黄金眼	3
1	玩具总动员	1
43	桃色机密	4
67	王牌威龙	4

(2)将个人电影数据上传到 HDFS。

```
$ hdfs dfs -put p. data p. data
```

(3)导入 ALS 和 Rating 类。

```
scala> import org. apache. spark. mllib. recommendation. ALS
scala> import org. apache. spark. mllib. recommendation. Rating
```

(4)将评分数据导入 RDD。

```
scala> val data= sc. textFile(" moviedata/u. data")
```

(5)将 val 数据变换(Transform)到评分(Rating)RDD。

```
    scala> val ratings= data. map {line= > val Array(userID, itemID, rating, _)=
line. split(" \t")
    Rating(userId. toInt, itemId. toInt, rating. toDouble)}
```

(6)将个人评分数据导入 RDD。

```
scala> valpdata= sc. textFile(" p. data")
```

(7)将数据变换到个人评分 RDD。

```
    scala> val ratings= data. map {line= > val Array(userID, itemID, rating)=
line. split(",")
    Rating(userId. toInt, itemId. toInt, rating. toDouble)}
```

(8)绑定评分数据和个人评分数据。

```
scala> valmovieratings= ratings. union(pratings)
```

(9)使用 ALS 建立模型，设定 rank 为 5，迭代次数为 10，lambda 为 0.01。

```
scala> valmodel= ALS.train(movieratings, 10, 10, 0.01)
```

(10)在此模型上进行预测评分，如电影 ID 为 195 的《终结者》。

```
scala> model.predict(sc.parallelize(Array((994, 195)))).collect.foreachprintln)
Rating(994, 195, 4.198642954004738)
```

具体代码部分如下所示。

```
package com.luo
import java.util.Random
import org.apache.log4j.Logger
import org.apache.log4j.Level
import scala.io.Source
import org.apache.spark.SparkConf
import org.apache.spark.SparkContext
import org.apache.spark.SparkContext._
import org.apache.spark.rdd._
import org.apache.spark.mllib.recommendation.{ALS, Rating, MatrixFactorizationModel}

object Recomment {


def main(args: Array [String]): Unit ={


    //建立 spark 环境
val conf = new SparkConf( ).setAppName(" movieRecomment")

val sc = new SparkContext(conf)
    //去读文件并且进行预处理
val ratings = sc.textFile(" ratings.dat").map {
line = >
val fields = line.split("::")
        (fields(3).toLong % 10, Rating(fields(0).toInt, fields(1).toInt, fields(2).toDouble))
      //时间戳、用户编号、电影编号、评分
      //表中已预设了名称
    }


val movies = sc.textFile(" movies.dat").map { line = >
val fields = line.split("::")
        // format: (movieId, movieName)
        (fields(0).toInt, fields(1))
      } .collect.toMap
    //记录数、用户数、电影数
val numRatings = ratings.count
```

```
    val numUsers = ratings.map(_._2.user).distinct.count
  val numMovies = ratings.map(_._2.product).distinct.count
    println(" 从" + numRatings + " 记录中" + " 分析了" + numUsers + " 的人观看了" +
numMovies + " 部电影")


    //提取一个得到最多评分的电影子集，以便进行评分启发
    //矩阵最为密集的部分

  val mostRatedMovieIds = ratings.map(_._2.product)
      .countByValue()
      .toSeq
      .sortBy(-_._2)
      .take(50) //50个
      .map(_._1) //获取他们的id


  val random = new Random(0)
  val selectedMovies = mostRatedMovieIds.filter(
  x => random.nextDouble()< 0.2).map(x => (x, movies(x))).toSeq

    //引导或者启发评论
    //调用函数从目前最火的电影中随机获取十部电影
    //让用户打分
  val myRatings = elicitateRatings(selectedMovies)
  val myRatingsRDD = sc.parallelize(myRatings)
    //将评分系统分成训练集 60%，验证集 20%，测试集 20%
  val numPartitions = 20
    //训练集
  val training = ratings.filter(x => x._1 < 6).values
      .union(myRatingsRDD).repartition(numPartitions)
      .persist
    //验证集
  val validation = ratings.filter(x => x._1> = 6 && x._1 < 8).values
      .repartition(numPartitions).persist
    //测试集
  val test = ratings.filter(x => x._1> = 8).values.persist
  val numTraining = training.count
  val numValidation = validation.count
  val numTest = test.count
    println(" 训练集数量:" + numTraining + ", 验证集数量: " + numValidation + ",
测试集数量:" + numTest)


    //训练模型，并且在验证集上评估模型
  val ranks = List(8, 12)
```

```
    val lambdas = List(0.1, 10.0)
    val numIters = List(10, 20)
    var bestModel: Option [MatrixFactorizationModel] = None
    var bestValidationRmse = Double.MaxValue
    var bestRank = 0
    var bestLambda = -1.0
    var bestNumIter = -1
    for (rank < - ranks; lambda < - lambdas; numIter < - numIters) {
    val model = ALS.train(training, rank, numIter, lambda)
    val validationRmse = computeRmse(model, validation, numValidation)
    println(" RMSE (validation)= " +  validationRmse +  " for the model trained with
rand = " +  rank +  ", lambda= " +  lambda +  ", and numIter= " +  numIter +  " .")
    if (validationRmse< bestValidationRmse) {
    bestModel = Some(model)
    bestValidationRmse = validationRmse
    bestRank = rank
    bestLambda = lambda
    bestNumIter = numIter
          }
        }

        //在测试集中获得最佳模型
    val testRmse = computeRmse(bestModel.get, test, numTest)
    println(" The best model was trained with rank= " +  bestRank +  " and lambda = " +
bestLambda +  ", and numIter = " +  bestNumIter +  ", and itsRMSE on the test set is" +
testRmse +  " .")

        //产生个性化推荐
    val myRateMoviesIds = myRatings.map(_.product).toSet
     val candidates = sc.parallelize (movies.Keys.filter (! myRateMoviesIds.contains
(_)).toSeq)
    val recommendations = bestModel.get.predict(candidates.map((0, _)))
          .collect( )
          .sortBy((-_.rating))
          .take(50)
    var i = 1
       println(" 以下电影推荐给您")
       recommendations.foreach { r =>
    println("% 2d" .format(i) +  ":" +  movies(r.product))
         i + = 1
       }
     }
     /**  Compute RMSE (Root Mean Squared Error). * /
    def computeRmse(model: MatrixFactorizationModel, data: RDD [Rating], n: Long) =  {
   val predictions: RDD [Rating] = model.predict(data.map(x => (x.user, x.product)))
    val predictionsAndRatings = predictions.map(x => ((x.user, x.product), x.rating))
```

```
        .join(data.map(x => ((x.user, x.product), x.rating)))
        .values
  math.sqrt(predictionsAndRatings.map(x => (x._1 - x._2) * (x._1 - x._2)).reduce(_ + _) / n)
    }

    /** Elicitate ratings from command-line. */
  def elicitateRatings(movies: Seq [(Int, String)]) = {
      val prompt = "给以下电影评分(1至5分)"
  println(prompt)
  val ratings = movies.flatMap { x =>
  var rating: Option [Rating] = None
  var valid = false
  while (!valid) {
  print(x._2 + ": ")
  try {
  val r = Console.readInt
  if (r<0 || r> 5) {
  println(prompt)
              } else {
  valid = true
  if (r> 0) {
  rating = Some(Rating(0, x._1, r))
                }
              }
            } catch {
  case e: Exception => println(prompt)
            }
          }
  rating match {
  case Some(r) => Iterator(r)
  case None => Iterator.empty
          }
        }
  if (ratings.isEmpty) {
  error(" No rating provided!")
        } else {
  ratings
        }
    }
  }
```

6.2　Spark的流处理模型

随着信息技术的发展，人们对大数据的处理要求也越来越高，传统的批处理框架MapReduce虽然适合离线计算，但是无法满足实时性要求较高的业务，如实时推荐、用

户行为分析等。Spark Streaming 是建立在 Spark 上的实时计算框架，通过它所提供的丰富的 API 及基于内存的高速执行引擎，用户可以进行流处理、批处理和交互式查询应用。下面将介绍 Spark Streaming 实时计算框架的概述、架构、工作原理和性能调优等。

6.2.1 Spark Streaming 的概述

Spark 是一个类似于 MapReduce 的分布式计算框架，其核心是 RDD，提供了比 MapReduce 更丰富的模型，可以快速地在内存中对数据集进行多次迭代，以支持复杂的数据挖掘算法和图形计算算法。Spark Streaming 是一种构建在 Spark 上的实时计算框架，它扩展了 Spark 处理大规模流数据的能力。

Spark Streaming 将数据流以时间片为单位分割形成 RDD，使用 RDD 操作处理每一块数据，每块数据都会生成一个 Spark Job 进行处理，最终以批处理的方式处理每个时间片的数据。

1. Spark Streaming 中的 DStream

Spark Streaming 提供了一种称为 DStream(Discretized Stream，离散流)的高级抽象连续数据流。DStream 可以从数据源(如 Kafka、Flume 和 Kinesis)的输入数据流进行创建，也可以在其他 DStream 上应用一些高级操作来创建。DStream 由一系列连续的 RDDs 表示，是 Spark 对不可变的分布式数据集的抽象。应用于 DStream 的任何操作都将转换为对底层 RDDs 的操作。DStream 中的每个 RDD 都包含来自一个时间间隔的数据。

DStream 的核心思想是将计算作为一系列较小时间间隔的、与状态无关的、确定批次的任务，每个时间间隔内接收的输入数据被可靠存储在集群中，作为一个输入数据集。当某个时间间隔完成后，将对相应的数据集并行地进行 Map、Reduce 和 GroupBy 等操作，产生中间数据或输出新的数据集，并存储在 RDD 中。任务间的状态可以通过 RDD 重新计算，得益于计算任务被分解成一系列的小任务，用户可以在合适的粒度上呈现任务间的依赖关系，而且 DStream 也能采用强大的错误恢复技术，如并行恢复。基于 DStream 实现的 Spark Streaming 模型如图 6.4 所示。

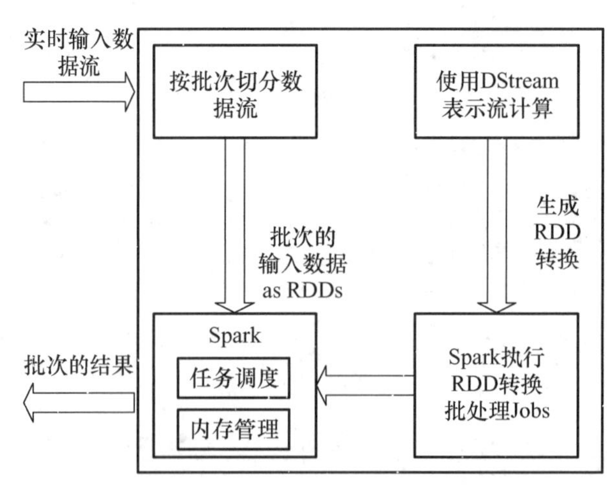

图 6.4 基于 DStream 实现的 Spark Streaming 模型

Spark Streaming 模型将实时输入数据流按批次切分成多个 RDD，或者使用流计算将

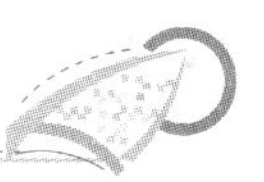

Spark Streaming 中针对 DStream 的 Transformation 操作变为针对 Spark 中对 RDD 的 Transformation 操作，然后批处理 Jobs。再将 RDD 经过操作变成中间结果保存在内存中，可能涉及内存管理和任务调度，最后得到处理的结果。

DStream 中常见的有 Input DStream，是从流数据源中获取得到的原始数据流。Spark Streaming 有以下两种类型的输入流数据源。

(1)基本输入源：能够直接应用于 StreamingContext API 的输入源，如文件系统、套接字连接和 Akka Actor。

(2)高级输入源：能够应用于特定工具类的输入源，如 Kafka、Flume 和 Kinesis 等。

除了文件流以外，每个 Input DStream 都会对应一个单一的接收器对象，该接收器对象从数据源接收数据并且存入 Spark 的内存中进行处理。在 Streaming 应用程序中，可以创建多个 Input DStream 并行接收多个数据流。

每个接收器是一个长期运行在 Worker 或者 Executor 上的任务，因此它将占用分配给 Spark Streaming 应用程序的一个核。为了保证一个或者多个接收器能够接收数据，需要分配给 Spark Streaming 应用程序足够多的核数。此外需要注意以下两点。

(1)当分配给 Spark Streaming 应用程序的核数小于或者等于 Input DStream(或者接收器)的数量时，系统仍然能够接收数据，但是却没有能力全部处理。

(2)运行本地模式时，当 Master 的 URL 设置为 Local 模式时，将会只有一个核来运行任务，而这对于程序来说是不够的。极限情况下，程序只有一个 Input DStream 接收数据，此时将独占这一个核，因此程序将没有多余的核对数据进行其他变换操作。

2. Spark Streaming 应用程序的构建

Spark Streaming 应用程序与 Spark 应用程序非常相似，由用户构建执行逻辑，内部主驱动程序来调用用户实现的逻辑，持续不断地以并行的方式对输入的流数据进行处理。构建 Spark Streaming 的应用程序主要分为以下几个步骤。

(1)创建 StreamingContext 对象。

与 Spark 初始需要创建 SparkContext 对象相似，使用 Spark Streaming 需要创建 StreamingContext 对象。创建 StreamingContext 对象所需的参数与 SparkContext 基本一致，包括指明 Master 和设定名称，如 NetworkWordCount。需要注意的是 Spark Streaming 需要指定处理数据的时间间隔，如参数 Seconds(1)中的 1s，指定之后 Spark Streaming 就会以 1s 为时间窗口进行数据处理。Seconds 参数需要根据用户的需求和集群的处理能力来进行适当设置。

【SparkContext的原理】

(2)创建 Input DStream。

如同 Storm 中的 Spout，Spark Streaming 需要指明数据源。Spark Streaming 能够支持多种不同的数据源，包括 KafkaStream、FlumeStream、FileStream 和 NetworkStream 等。

(3)操作 DStream。

对于从数据源得到的 DStream，用户可以在其基础上进行各种操作，如 Map、Reduce和 GroupBy 等。

(4)启动 Spark Streaming。

前面的 3 个步骤只是创建了执行流程，程序没有真正连接上数据源，也没有对数据进

行任何操作，只是设定好了所有的执行计划，当 ssc. start( )启动后程序才真正进行所有预期的操作，此时 Spark Streaming 应用程序才算构建成功。

3. Spark Streaming 的优点

Spark Streaming 在对数据进行实时处理方面有以下几个优点。

(1)简单：轻量级且具备功能强大的 API，Spark Streaming 允许开发人员快速开发流程序。

(2)集成：支持多种来源的流数据，为流处理和批处理重用了相同的代码，可以将流数据保存到历史数据中，能够调用 Spark SQL、MLlib、GraphX 等其他子框架来实现多种数据处理功能。

(3)容错：相比于其他的流解决方案，Spark Streaming 无须额外的代码和配置，就可以做大量的恢复和交付工作。

6.2.2 Spark Streaming 的架构

Spark Streaming 运行在 Spark 上，它的架构如图 6.5 所示。

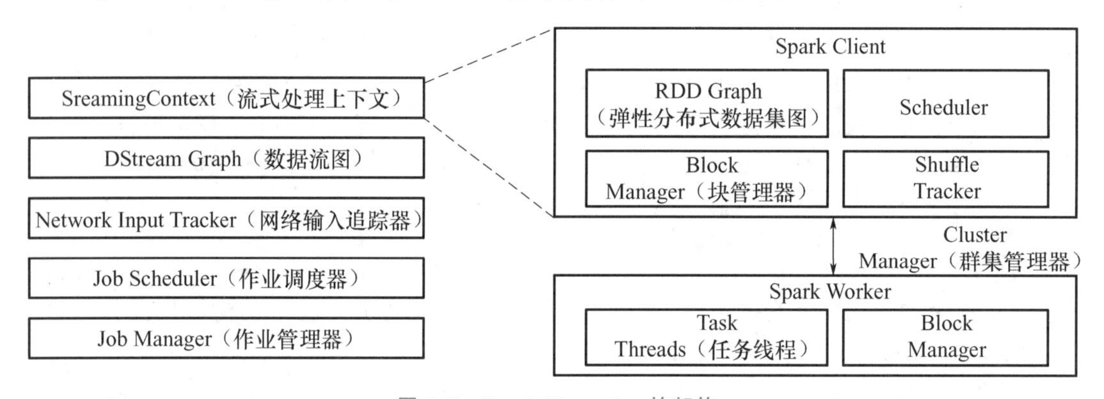

图 6.5 Spark Streaming 的架构

图 6.5 中的 StreamingContext 为 Spark Streaming 的入口；DStream Graph 负责处理 DStream 的依赖关系；Network Input Tracker 通过接收器接收流数据，并将流数据映射为 Input DStream；Job Scheduler 周期性地查询 DStream 图，通过输入的流数据生成 Spark Job，将 Spark Job 提交给 Job Manager 执行；Job Manager 维护一个 Job 队列，将队列中的 Job 提交到 Spark 执行。

Spark Streaming 将流计算分解成一系列短小的批处理作业，也就是把 Spark Streaming 的输入数据按照 Batch Interval 分成一段段的数据(DStream)，每一段数据都转换成 Spark 中的 RDD，然后将 Spark Streaming 中对 DStream 的 Transformation 操作变为针对 Spark 中对 RDD 的 Transformation 操作，将 RDD 经过操作变成中间结果保存在内存中。整个流处理可以根据业务的需求将中间的结果进行叠加或者存储到外部设备。

6.2.3 Spark Streaming 的工作原理

Spark Streaming 属于核心 Spark API 的扩展，支持实时数据流的可扩展、高吞吐、

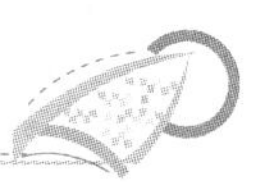

容错的流处理。它可以接收来自 Kafka、Flume 和 Kinesis 等的数据源，也可以使用 Map、Reduce 和 Join 等函数表示的复杂算法进行处理，处理的结果数据可以输出到文件系统、数据库和仪表盘等，也可以直接使用内置的机器学习算法、图形处理算法进行数据处理。

由于 Spark Streaming 与传统细粒度处理的流框架有所不同，在介绍 Spark Streaming 的工作原理之前，需要对批处理间隔、滑动间隔和窗口间隔这 3 个重要的时间概念进行说明。

1. 批处理间隔(Batch Duration)

在 Spark Streaming 中，处理数据的单位是一批而不是单条，而数据采集却是逐条进行的，因此 Spark Streaming 系统需要设置间隔使得数据汇总到一定的量后再一并操作，这个间隔就是批处理间隔。

批处理间隔是 Spark Streaming 的核心概念和关键参数，它决定了 Spark Streaming 提交作业的频率和数据处理的延迟，同时也影响着数据处理的吞吐量和性能。

2. 滑动间隔(Slide Duration)和窗口间隔(Window Duration)

这两个参数通常都出现在基于窗口的操作上。在默认情况下，滑动间隔被设置为与批处理间隔相同，而窗口间隔可以设置为更大的时间窗口。同时，这两个参数也可以由用户设置得完全不同于批处理间隔，以得到用户想要的结果。需要注意的是，因为在 Spark Streaming 内部，数据处理和作业提交的最小单位是批处理间隔，所以滑动间隔和窗口间隔的设置必须是批处理间隔的整数倍。

Spark Streaming 的工作原理如图 6.6 所示，该图显示了整个 Spark Streaming 的大数据处理流程，在接收到实时输入数据流后，将数据划分成批次，然后传给 Spark Engine 处理，按批次生成最后的结果流。

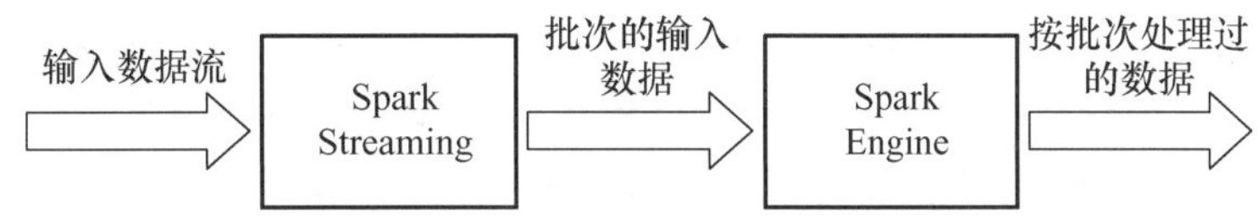

图 6.6　Spark Streaming 的工作原理

Spark Streaming 将流计算分解成一系列短小的批处理作业，具有以下几个特性。

(1)能线性扩展至超过数百个节点。

(2)实现亚秒级延迟处理。

(3)可与 Spark 批处理和交互式处理无缝集成。

(4)提供了简单的 API 实现复杂的算法。

(5)更多的网络流方式支持，包括 Kafka、Flume 和 Kinesis 等。

6.2.4　Spark Streaming 的性能调优

【Spark 的性能诊断】

要想 Spark Streaming 应用程序在集群中获得最佳性能实践，需要对一些参数进行调优。主要需考虑以下两个方面。

(1)有效使用集群资源，减少每批次数据的处理时间。

(2)设置合理的窗口大小，从而使数据尽可能快地得到处理，即数据处理和数据接收的节奏一致。

1. 优化运行时间

优化运行时间可以降低每个批次数据的处理时间，主要包括提升数据接收和处理的并行度，减少序列化和反序列化负担，优化内存使用，减少任务提交和分发开销。

(1)提升数据接收的并行度。

通过网络接收数据(如 Kafka、Flume 和套接字等)需要将数据反序列化并存储在 Spark 上，如果数据接收成为系统中的瓶颈，则需要并行接收数据。主要通过提升 Receiver 的并发度和调整 Receiver 的 RDD 数据分区时间间隔。

① 提升 Receiver 的并发度：在 Worker 节点上通过创建多个 DStream，并配置从数据源接收不同分区的数据流，从而实现接收多个数据流。例如，原来单个 Input DStream 接收 Kafka 中两个 Topic 的数据，现在可以创建两个 Input DStream，每个只接收一个 Topic 的数据。这将运行两个接收器，允许并行接收数据，从而提高总体吞吐量。这些多个 DStream 可以联合起来生成一个 DStream。然后，应用于单个 Input DStream 的 Transformation 可以被应用于统一后的数据流。

② 调整 Receiver 的 RDD 数据分区时间间隔：通过修改 BlockInterval 参数，调整 Receiver 的 Blocking Interval，对于大多数的 Receiver，接收到的数据首先被合并成大的数据块，然后存储在 Spark 的内存中。

每个批次中数据块的数目决定了在使用类似于 Map 的转换操作处理接收的数据时的任务数量。每个接收器中每批数据的任务数量约等于批处理间隔除以块处理间隔的值。例如，200ms 的块处理间隔将每 2s 批次创建 10 个任务。如果任务数量太少(即小于每台机器的 CPU 核心数)，则无法充分利用所有可用的 CPU 内核来处理数据，所以效率会降低。如果想要增加给定批处理间隔的任务数量，那么就应减少块处理间隔。但是，建议的块处理间隔的最小值约为 50ms，低于此值时任务启动的开销会占比过大。使用多个输入流或接收器接收数据的替代方法是手动对输入数据流重新进行分区。在进一步的数据处理操作之前，Spark 会将接收到的批次数据分发到集群中指定数量的计算机上。

(2)提升数据处理的并行度。

在数据处理的任意阶段，如果启动的并行任务数量不够多，则集群资源就可能未得到充分利用。例如，对于 ReducebyKey 和 ReducebyKeyandWindow 等的分布式聚合操作，默认并行任务数由 spark. default. parallelism 配置属性控制。

确保均衡地使用整个集群的资源，而不是把任务集中在几个特定的节点上，对于包含 Shuffle 的操作，增加其并行度以确保更充分地使用集群资源。

(3)减少序列化和反序列化负担。

数据序列化主要包括以下两方面内容。

① 输入数据序列化：在默认情况下，通过 Receivers 接收的输入数据存储在 Executor 的存储器中。也就是说，将数据序列化为字节形式以减少 GC(Garbage Collector，内存垃圾收集器)开销，并对数据进行复制以对 Executor 故障进行容错。此外，数据首先会保留在内存中，并且只有在内存不足以容纳流计算所需的所有输入数据时才会溢出到磁盘。这个序列化过程显然有一定的开销，即接收器必须先将接收的数据反序列化，然后再使用 Spark 的序列化格式将它重新序列化。

② 流计算操作生成的持久化RDD：通过流计算生成的RDD可能会被持久化到内存中。例如，窗口操作默认会将数据保留在内存中，因为之后它们可能会被多次处理。

Spark Streaming默认将接收到的数据序列化存储，以减少内存的使用。序列化和反序列化需要更多的CPU时间，而高效的序列化方式(Kryo)和自定义的序列化接口，可以高效地使用CPU。

(4)减少任务提交和分发开销。

通常情况下，Akka框架能够高效地确保任务及时分发，但当批次间隔非常小(如500ms)时，提交和分发任务的延迟就变得不可接受。如果每秒启动的任务数量很多(如大于50个)，那么向Slave节点发送任务的开销可能会很大，并且将难以实现亚秒级的延迟。可以通过以下方式减少开销。

① 任务序列化：使用Kryo序列化，可以减小任务的大小，从而减少了发送到节点的时间。

② 执行模式：在独立模式或者粗粒度模式下运行Spark，比细粒度模式有更低的延迟。

2. 设置合适的批次大小

为了使集群上的Spark Streaming应用程序能够稳定运行，系统处理数据的速度应该不小于数据接收的速度。换句话说，每个批次的处理速度应该像每个批次的生成一样快速。通过监视Streaming用户界面中显示的批次处理时间，可以检查批处理时间是否小于批处理间隔。

根据Streaming流处理的性质，在一组固定的集群资源上，所使用的批处理间隔会对应用程序所能维持的数据处理速率有很大的影响。例如，对于特定数据速率，系统能够每2s跟踪报告单词计数(即2s的批处理间隔)，但不能每500ms报告一次。因此，需要谨慎地设置批处理间隔，以确保生产系统可以维持预期的数据处理速率。

关于如何找到合适的批处理间隔的问题，可以通过以下步骤来解决：首先以保守的批处理间隔(如5～10s)和低数据速率进行测试。要验证系统是否能够跟上数据速率，可以检查每个处理批次遇到的端对端的延迟或查找Spark驱动程序Log4j日志中的“总延迟”，或是用StreamingListener接口。如果延迟一直与批处理间隔大小相当，那么系统是稳定的。否则，如果延迟持续增加，则意味着系统数据处理速度跟不上数据接收速率，此时系统是不稳定的。一旦系统稳定下来，可以尝试逐步增加数据接收速率或减少每批数据的大小。需要注意的是，由于数据速率增加而导致的短暂的延迟增长可能是正常情况，只要延迟能够降回一个低值即可，即小于批量大小。

3. 优化内存使用

针对Spark应用程序内存使用和GC行为，本节侧重讲解如何在自定义Spark Streaming应用程序调优参数，优化内存的使用。

(1)合理设置DStream存储级别。

默认Streaming的输入RDD会被持久化成序列化的字节流。相比于非序列化数据，这样可以减少内存占用和GC开销。启用Kryo序列化，还可以进一步减少序列化后的数据大小和内存占用量。如果需要进一步减少内存占用，可以开启数据压缩，但随之而来的是额外的 CPU 开销。

(2)及时清理持久化的 RDD。

默认情况下，所有的输入数据以及 DStream 的 Transformation 算子产生的持久化 RDD 都会被自动清理。SparkStreaming 会根据所使用的 Transformation 操作来清理旧数据。例如，用户正在使用长度为 10min 的窗口操作，那么 SparkStreaming 会保留至少 10min 的数据，并且会主动把更早的数据都删掉。用户可以通过设置 spark. cleaner. ttl 的值，实现自动定期清除旧的内容，也可以设置 spark. streaming. unpersist 属性启动内存清理，减少 Spark RDD 内存的使用，提升 GC 性能。

(3)并发垃圾收集策略。

由于 GC 会影响任务的正常运行，而任务执行时间的延长会引起一系列不可预料的问题。因此，采用不同的 GC 策略可以进一步减少 GC 对作业运行的影响。例如，使用并行 Mark-and-Sweep GC 能减少 GC 的突然暂停情况，此外也可以以降低系统的吞吐量为代价来获得最短 GC 停顿。

6.3 Spark 的企业级应用

随着企业数据量的增长，对大数据的处理和分析已经成为企业的迫切需求。作为 Hadoop 的改进框架，Spark 已经引起学术界和工业界的普遍关注，大量应用已经在工业界落地，许多科研院校也开始了对 Spark 的研究。

在学术界，Spark 得到各院校的关注。Spark 源自学术界，最初是由美国加州大学伯克利分校的 AMPLab 设计开发的。国内的中国科学院、中国人民大学、南京大学和华东师范大学等也开始对 Spark 展开相关研究，涉及 Benchmark、SQL、并行算法、性能优化和高可用性等多个方面。

【深入掌握图计算领域的 Spark GraphX 原理和实战】

在工业界，Spark 已经在互联网领域得到广泛应用。互联网用户群体庞大，需要存储大量数据并对其进行分析，Spark 能够支持多范式的数据分析，解决了大数据分析中迫在眉睫的问题。例如，国外的 Cloudera、MapR 等大数据厂商全面支持 Spark，微策略等老牌厂商也和 Databricks 达成合作关系，雅虎使用 Spark 进行日志分析并积极回馈社区，亚马逊在云端使用 Spark 进行分析。在国内 Spark 同样得到很多公司的青睐，如淘宝构建 Spark on Yarn 进行用户交易数据分析，使用 GraphX 进行图谱分析；网易使用 Spark 和 Shark 对海量数据进行处理和查询；腾讯使用 Spark 进行精准广告推荐。

下面将选取具有代表性的 Spark 应用案例进行分析，以便于读者了解 Spark 在企业中的应用情况。

6.3.1 Spark 在亚马逊中的应用

AWS(Amazon Web Services，亚马逊云计算服务)提供 IaaS 和 PaaS 服务。Heroku、Netflix 等众多知名公司都将自己的服务托管其上。AWS 以 Web 服务的形式向企业提供 IT 基础设施服务，现在通常称为云计算。云计算的主要优势是能够根据业务发展扩展的较低可变成本替代前期资本基础设施费用。利用云服务，企业无须提前数周或数月来计

划和采购服务器及其他 IT 基础设施，可在几分钟内即时运行成百上千台服务器，并更快达成结果。

1. 亚马逊云计算服务 AWS 的内容

目前亚马逊在 EMR(Elastic MapReduce，弹性映射化简）中提供了弹性 Spark 服务，用户可以按需动态分配 Spark 集群计算节点，随着数据规模的增长，扩展自己的 Spark 数据分析集群，同时在云端的 Spark 集群可以无缝集成亚马逊云端的其他组件，从而构建数据分析流水线。

AWS 包括亚马逊弹性计算云(Amazon EC2)、亚马逊简单存储服务(Amazon S3)、亚马逊弹性 MapReduce(Amazon EMR)、亚马逊简单数据库(Amazon SimpleDB)、亚马逊简单队列服务(Amazon Simple Queue Service)、Amazon DynamoDB 以及 Amazon CloudFront 等。AWS 的架构如图 6.7 所示。

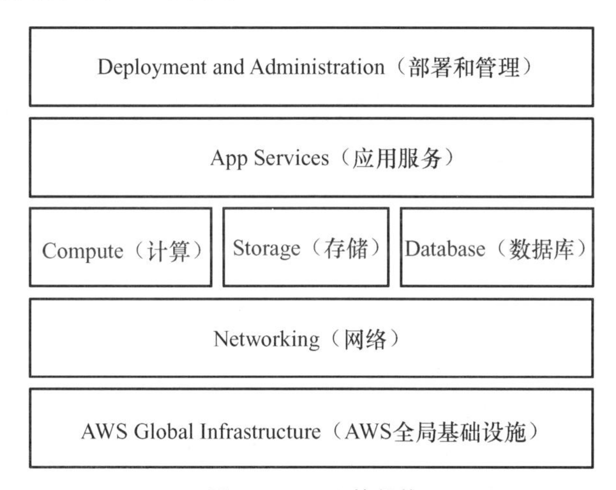

图 6.7　AWS 的架构

从图 6.7 可以看出，AWS 包括以下 7 个部分。

(1)AWS Global Infrastructure(AWS 全局基础设施)。

在 AWS Global Infrastructure 中有 3 个很重要的概念。

① Region(区域)，每个 Region 是相互独立的，自成一套云服务体系，分布在全球各地。

② Availability Zone(可用区)，每个 Region 由数个 Availability Zone 组成，每个 Availability Zone可以看成是一个数据中心，相互之间通过光纤连接。

③ Edge Locations(边缘节点)，全球的 Edge Locations 构成了一个 CDN(Content Delivery Network，内容分发网络)，可以降低内容分发的延迟，保证终端用户获取资源的速度。它是实现全局 DNS 基础设施(Route53)和 CloudFront CDN 的基石。

(2)Networking(网络)。

AWS 提供的网络服务主要有以下 4 个。

① Direct Connect：支持企业自身的数据中心与 AWS 的数据中心直连，充分利用企业现有的资源。

② VPN Connection：通过 VPN 连接 AWS，保证数据的安全性。

③ Virtual Private Cloud(私有云)：从 AWS 云资源中分一块给用户使用，进一步提高安全性。

④ Route 53：亚马逊提供的高可用、可伸缩的域名解析系统。

(3)Compute(计算)。

该部分为亚马逊的计算核心，包括众多服务。

① EC2：Elastic Computer Service，亚马逊的虚拟机，支持 Windows 和 Linux 的多个版本，支持 API 创建和销毁，有多种型号可供选择，按需使用。并且有 Auto Scaling 功能，可有效解决应用程序性能问题。

② ELB：Elastic Load Balancing，亚马逊提供的负载均衡器，可以和 EC2 无缝配合使用，横跨多个可用区，可以自动检查实例的健康状况，自动剔除有问题的实例，保证应用程序的高可用性。

(4)Storage(存储)。

亚马逊提供的存储服务包括以下几种类型。

① S3：Simple Storage Service，简单存储服务，是亚马逊对外提供的对象存储服务。不限容量，单个对象大小可达 5TB，支持静态网站。

② EBS(Elastic Block Storage，块级存储服务)：支持普通硬盘和 SSD(Solid State Disk，固态盘)，加载方便快速，数据备份简单。

③ Glacier：主要用于使用较少的存储存档文件和备份文件，价格便宜且安全性高。

(5)Database(数据库)。

亚马逊提供关系型数据库和 NoSQL 据库以及一些高速缓存等数据库服务。

① DynamoDB：DynamoDB 是亚马逊自主研发的 NoSQL 数据库，性能高且容错性强，支持分布式，并且能与 Cloud Watch、EMR 等其他云服务高度集成。

② RDS(Relational Database Service，关系型数据库服务)：支持 MySQL、SQL Server 和 Oracle 等数据库，具有自动备份功能，IO 吞吐量可按需调整。

③ Amazon ElastiCache：数据库缓存服务。

(6)Application Service(应用程序服务)。

亚马逊提供的应用程序服务主要有以下几种。

① Cloud Search：弹性的搜索引擎，可用于企业级搜索。

② Amazon SQS(Simple Queue Service)：简单队列服务，存储和分发消息。

③ Simple Workflow：是一种工作流框架。

④ CloudFront：世界范围的内容分发网络。

⑤ EMR：Hadoop 框架的实例，可用于大数据处理。

(7)Deployment and Administration(部署和管理)。

亚马逊的部署和管理包括以下几项。

① Elastic BeanStalk：一键式创建和运行各种开发环境。

② CloudFormation：采用 Jason 格式的模板文件创建和管理一系列亚马逊云资源。

③ OpsWorks：允许用户将应用程序的部署模块化，可以实现对数据库、运行环境、服务器软件等自动化设置和安装。

④ IAM(Identity and Access Management，存取管理)：用户使用云服务最担心的事情之一就是安全问题。亚马逊通过 IAM 提供了立体化的安全策略，保证用户在云上资源绝对安全。用户通过 IAM 可以管理对 AWS 资源的访问。通过 IAM 可以创建 Group 和 Role 来授权或禁止对各种云资源的访问。

基于以上组成部分，亚马逊提供了在 EMR 上的弹性 Spark 服务。用户可以像之前使用 EMR 一样在亚马逊动态申请计算节点，可随着数据量和计算需求来动态扩展计算资源，将计算能力水平扩展，按需进行大数据分析。亚马逊提供的云服务中已经支持使用 Spark 集群进行大数据分析。数据可以存储在 Amazon S3 或者 Hadoop 存储层，通过 Spark 将数据加载进计算集群，从而进行复杂的数据分析。

2. Amazon EMR 中提供的主要组件

AmazonEMR 中提供的主要组件有 MasterNode、CoreNode 和 TaskNode。

(1)MasterNode：主节点，负责整体的集群调度与元数据存储。

(2)CoreNode：Hadoop 节点，负责数据的持久化存储，可以动态扩展资源，如更多的 CPU Core（核）、更大的内存和 HDFS 存储空间。为了防止 HDFS 的损坏，最好不要移除 CoreNode。

(3)TaskNode：Spark 计算节点，负责执行数据分析任务，不提供 HDFS，只提供计算资源(如 CPU 和内存)，可以动态扩展资源，也可以增加和移除 TaskNode。

3. Spark on Amazon EMR 的架构

图 6.8 为 Spark on Amazon EMR 的架构，下面以图 6.8 为例分析用户如何在某个应用场景中使用服务。

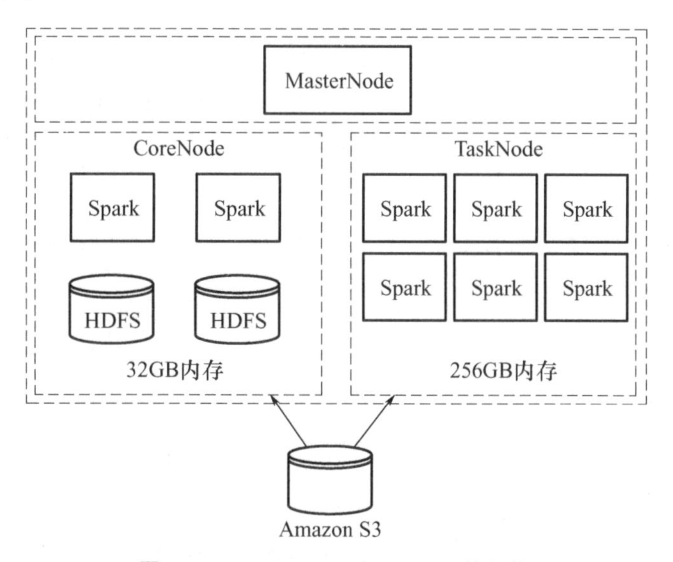

图 6.8 Spark on Amazon EMR 的架构

首先构建集群，创建一个 MasterNode 作为集群的主节点，之后创建两个 CoreNode 存储数据，两个 CoreNode 总共有 32GB 的内存。但这些内存是不足以令 Spark 进行内存计算的，因此需要动态申请 TaskNode(如图 6.8 中的 256GB 内存作为计算节点)，从而进

行 Spark 的数据处理和分析。

当用户开始处理数据时，Spark RDD 的输入既可以来自 CoreNode 中的 HDFS，也可以来自 Amazon S3，还可以通过输入数据创建 RDD。用户在 RDD 上可以进行各种计算范式的数据分析，最终的分析结果可以输出到 CoreNode 的 HDFS 中，或者输出到 Amazon S3 中。

4. 使用 Spark on Amazon EMR 的优势

使用 Spark on Amazon EMR 的主要优势有以下几个方面。

(1)构建速度快：可以在几分钟内构建小规模甚至大规模 Spark 集群，以进行数据分析。

(2)运维成本低：EMR 负责整个集群的管理与控制，也负责失效节点的恢复。

(3)云生态系统数据处理组件丰富：Spark 集群可以很好地与 Amazon 云服务上的其他组件无缝集成，利用其他组件构建数据分析管道。例如，Spark 可以和 EC2 Spot Market、Amazon Redshift、Amazon Data Pipeline、Amazon CloudWatch 等组合使用。

(4)方便调试：Spark 集群的日志可以直接存储到 Amazon S3 中，方便用户进行日志分析。

综合以上优势，用户可以真正按需弹性使用与分配计算资源，实现节省计算成本、减轻运维压力的目的，在几分钟内构建自己的大数据处理和分析平台。

6.3.2 Spark 在淘宝中的应用

数据挖掘算法有时候需要迭代，每次迭代时间非常长，这是淘宝选择一个更高性能计算框架 Spark 的原因(Spark 编程范式更加简洁也是一大原因)。另外，GraphX 提供图计算的能力也是很重要的。

1. Spark on YARN 的架构

Spark 的计算调度方式从 Mesos 到 Standalone，即自建 Spark 计算集群。虽然 Standalone 方式性能与稳定性都得到了提升，但自建集群资源少，需要从云梯集群复制数据，不能满足数据挖掘与计算团队的业务需求。而 Spark on YARN 能让 Spark 计算模型在云梯 YARN 集群上运行，直接读取云梯上的数据，并充分享受云梯 YARN 集群丰富的计算资源。图 6.9 为 Spark on YARN 的架构。

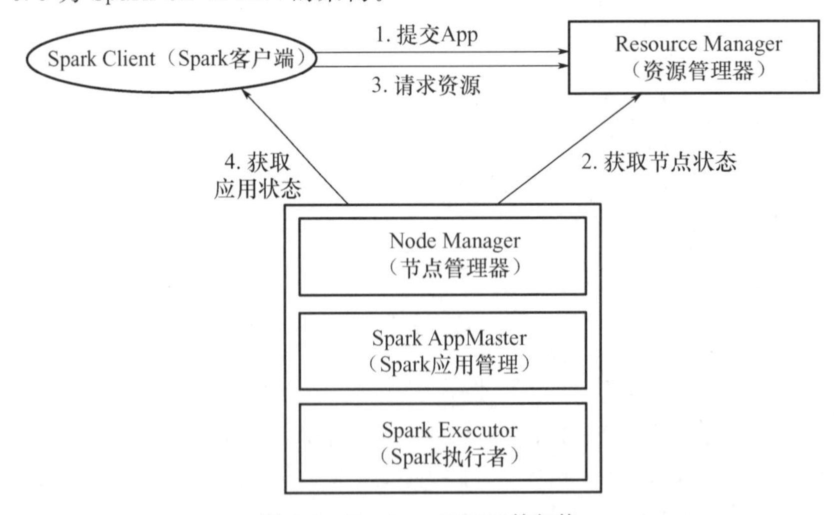

图 6.9 Spark on YARN 的架构

Spark on YARN 架构解析如下。

基于 YARN 的 Spark 作业首先由客户端生成作业信息，提交给 Resource Manager。Resource Manager 在 Node Manager 汇报时把 App Master 分配给 Node Manager，Node Manager 启动 Spark App Master，Spark App Master 启动后初始化作业，并获取节点状态，然后向 Resource Manager 申请资源。申请到相应资源后，Spark App Master 通过 RPC 让 Node Manager 启动相应的 Spark Executor，Spark Executor 向 Spark App Master 汇报并完成相应的任务。此外，Spark Client 会通过 App Master 获取作业运行状态。

目前，淘宝的数据挖掘与计算团队通过 Spark on YARN 已实现 MLR、PageRank 和 JMeans 算法，其中 MLR 已作为生产作业运行。

2. 协作系统

除了 Spark on YARN 框架外，淘宝还应用了以下的工具。

(1) Spark Streaming：淘宝在云梯构建基于 Spark Streaming 的实时流处理框架。Spark Streaming 适合处理历史数据和实时数据混合的应用需求，能够显著提高流数据处理的吞吐量。其对交易数据、用户浏览数据等流数据进行处理和分析，能够更加精准、快速地发现问题并进行预测。

(2) GraphX：淘宝将交易记录中的物品和顾客组成大规模图，然后使用 GraphX 对该图进行处理和分析。GraphX 能够和现有的 Spark 平台无缝集成，从而减少多平台的开发代价。

6.3.3 Spark 在雅虎中的应用

在 Spark 技术的研究与应用方面，雅虎始终处于领先地位，它将 Spark 应用于公司的各种产品之中。移动 App、网站、广告服务、图片服务等服务的后端实时处理框架均采用了 Spark+Shark 的架构。目前，雅虎拥有超过千万个页面，有上百万个商品类别、上千个商品和用户特征及超过百万个用户，此外它每天还需要处理海量数据。

雅虎的大数据分析栈如图 6.10 所示，可以看出雅虎使用 Spark 进行数据分析的整体架构。

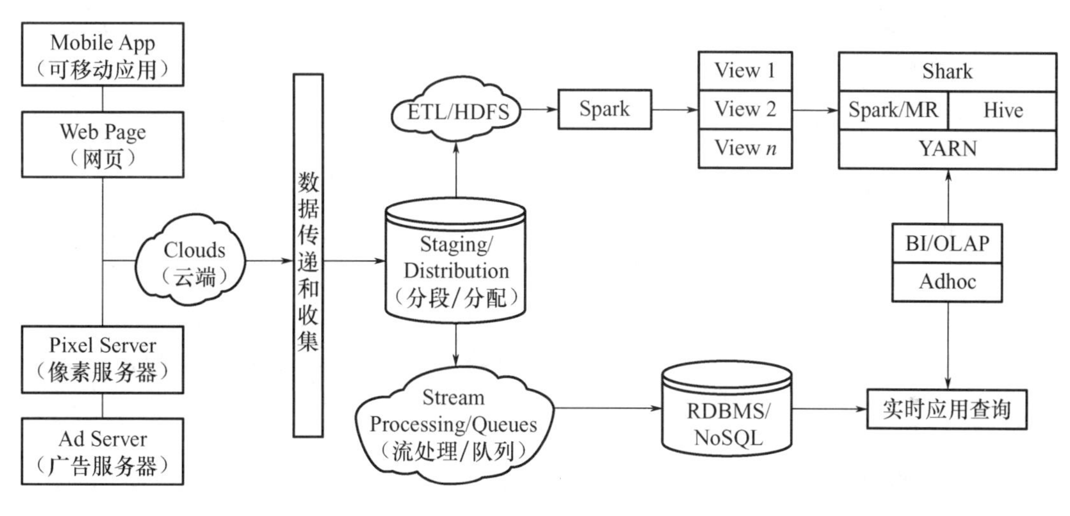

图 6.10 雅虎的大数据分析栈

雅虎的大数据分析平台架构解析如下。

整个数据分析栈构建在 YARN 上，这是为了让 Hadoop 和 Spark 的任务共存，它主要包含以下两个模块。

(1)离线处理模块：使用 MapReduce 和 Spark+Shark 混合架构。由于 MapReduce 适合进行 ETL 处理，还保留了 Hadoop 进行数据清洗和转换，因此数据在 ETL 之后加载进 HDFS/HCat/Hive 数据仓库存储，之后可以通过 Spark、Shark 进行 OLAP 数据分析。

(2)实时处理模块：使用 Spark Streaming + Spark+Shark 架构进行处理。实时流数据源源不断经过 Spark Steaming 初步处理和分析之后，将数据追加进关系数据库或者 NoSQL 数据库。之后结合历史数据，使用 Spark 进行实时数据分析。

之所以选择 Spark，雅虎主要是基于以下几点进行考虑的。

(1)进行交互式 SQL 分析的应用需求。

(2)RAM 和 SSD 价格不断下降，数据分析实时性的需求越来越多，大数据急需一个内存计算框架进行处理。

(3)程序员熟悉 Scala 开发，学习 Spark 容易上手。

(4)Spark 的社区活跃度高，开源系统的 Bug 能够更快得到解决。

(5)传统 Hadoop 生态系统的分析组件在进行复杂数据分析和保证实时性方面表现得力不从心。Spark 的全栈支持多范式数据分析能够应对多种多样的数据分析需求。

(6)可以无缝地将 Spark 集成进现有的 Hadoop 处理架构。

本章小结

本章主要介绍了 Spark 的概念、特点和安装方法，分析了 Spark 的流数据处理模型，并阐述了 Spark 在企业中的应用。Spark 通过引入 RDD 的概念，实现了用一致的方式处理不同应用场景下的大数据。Spark Streaming 作为一种构建在 Spark 上的实时计算框架，扩展了 Spark 处理大规模流数据的能力。基于 Spark 的应用已经逐步落地，尤其是在互联网领域，如淘宝、亚马逊和雅虎等公司的发展已经成熟。总之，Spark 凭借着其可伸缩、基于内存计算等特点以及能够直接读写 Hadoop 上所有格式数据的优势，得到了学术界和工业界的重视。

关键术语

(1)RDD　(2)BDAS　(3)Master-Slave 模型　(4)窄依赖
(5)宽依赖　(6)DStream　(7)Input DStream　(8)批处理间隔

习　题

1. 选择题

(1)RDD 的基本特征不包括(　　)。

A. 优先位置　B. 依赖　C. 函数　D. 分区

(2)以下不属于窄依赖的是(　　)。

A. Map　　B. Filter

C. Union　　D. GroupbyKey

(3)(　　)能够提供图形处理服务。

A. Spark SQL　　B. MLlib

C. Spark Streaming　　D. GraphX

(4)(　　)为整个集群的控制器，负责整个集群的正常运行。

A. Worker　　B. Master

C. Executor　　D. Driver

(5)Spark 的处理流程为(　　)。

A. 闭环图　　B. 无向图

C. 有向无环图　　D. 以上都不是

(6)DStream 可以从(　　)的输入数据流进行创建。

A. Kafka　　B. Flume

C. Kinesis　　D. 以上都可以

2. 判断题

(1)窄依赖是指子 RDD 的每个分区都依赖于所有父 RDD 的所有分区或多个分区。(　　)

(2)RDD 是一个只读的但不可分区的分布式数据集。(　　)

(3)滑动间隔和窗口间隔的设置可以不是批处理间隔的整数倍。(　　)

(4)在 Spark Streaming 中，处理数据的单位是一批而不是单条。(　　)

(5)Spark 对 RDD 的操作分为 Transformation 和 Action。(　　)

(6)Spark Streaming 默认将接收到的数据进行反序列化存储。(　　)

3. 简答题

(1)简述 Spark 的特点。

(2)Spark Streaming 的性能调优方法有哪些?

(3)简述伯克利数据分析栈。

(4)DStream 与 RDD 的关系是什么?

(5)简述构建 Spark Streaming 应用程序的步骤。

(6)Spark Streaming 的工作原理是什么?

第7章 基于Storm的大数据处理

知识要点	掌握程度	相关知识
Storm 的概念	熟悉	Storm 的定义、核心组件
Storm 的特点	掌握	Storm 的主要特点
Storm 的部署	掌握	Storm 的部署环境及步骤
Storm 的系统架构	掌握	Storm 的集群架构形式、架构步骤
Storm 的通信机制	熟悉	Worker 进程间的通信、Worker 内部通信
Storm 的编程模型	熟悉	Stream Grouping 的方式
Storm 的应用	了解	Storm 在携程网和在线学习平台中的应用

流式数据(Data Stream，又称数据流)是大数据环境下的一种数据形态，其理论始于20世纪末，并在云计算和物联网发展下逐步成为当前的研究热点。与静态、批处理和持久化的数据库相比，流式计算以连续、无边界和瞬时性为特征，适合高速并发和大规模数据实时处理的场景。当前大数据环境下的许多应用呈现多源并发、数据汇聚、在线处理的特征，所以实时数据处理的相关研究迅速发展，并在许多领域(如金融、医疗、交通和军事)得到了广泛应用。

7.1 Storm 简介

Twitter 公司将微博的潮流引入这个时代，成为当今互联网界的标杆之一。随着微博的流行和 IT 服务的全球化，数据量不断地飞速增长，应对规模如此庞大和高速增长的数据量，Twitter 公司在检索、处理和存储技术上面临极大的挑战。Hadoop MapReduce 是当前离线大数据分析的标准，对许多海量数据处理应用发挥了极其重要的作用，如进行互联网全网内容索引等。但是它的批处理计算模型取决于其架构模型，Twitter 这样高度动态的实时数据存在响应时间和及时性方面的诸多限制。2011 年 7 月，Twitter 收购了一家专注于社交媒体数据分析的公司 BackType。两个月后，即 2011 年 9 月 17 日，Twitter 以开源的形式发布了 Storm 的第一个版本。

7.1.1 Storm 的概述

Storm 是分布式流式数据处理系统，其强大的分布式集群管理、便捷的针对流式数据的编程模型、高容错非功能保障，使它成为业界流数据处理的首选。原因主要有以下几个。

【流式计算与Storm 概述的背景】

(1)Storm 为大规模的集群配置管理提供了高效的管理方式，用户通过简单的配置便可实现之前庞杂的管理步骤。

(2)Storm 为复杂的流计算模型提供了丰富的服务和编程接口，降低了学习和开发的门槛，在性能和功能方面均弥补了 Hadoop 批处理所不能满足的实时需求。

(3)Storm 提供的可靠性保障，不仅提供了对分布式的组件级的容错，而且提供了不丢失数据的记录及容错保证。

在 Storm 之前，进行实时处理是件非常困难的事情，因为需要维护一堆消息队列和消费者，它们构成了非常复杂的图结构。消费者进程从队列里获取消息，处理完成后，去更新数据库或者向其他队列发送新消息，这样进行实时处理非常痛苦。其关注点就是向哪里发送消息、从哪里接收消息、消息如何序列化等，这将浪费很多时间，而真正的业务逻辑只占了源代码很小的部分。一个应用程序的逻辑运行在很多 Worker(任务工作进程)上，但这些 Worker 需要各自单独部署，还需要部署消息队列。然而问题是系统很脆弱，而且不是容错的，需要自己保证消息队列和 Worker 进程工作正常。

Storm 完整地解决了上述问题，它是为分布式场景而生的。它抽象了消息传递，会自动在集群机器上并发地处理流式计算，让用户专注于实时处理的业务逻辑。

在 Storm 中有一些基本的核心概念，包括 Topology、Supervisor、Nimbus、Worker、Executor、Task、Bolt、Tuple、Stream、Spout、Stream Grouping 等。

1. Topology(拓扑)

一个 Storm 拓扑包含一个实时处理程序的逻辑。一个 Storm 拓扑类似于一个 MapReduce 的任务。主要区别是 MapReduce 任务最终会结束，而拓扑会一直运行(直到它被杀死)。一个拓扑是一个通过流分组把 Spout 和 Bolt 连接到一起的拓扑结构(如图 7.1 所示)。

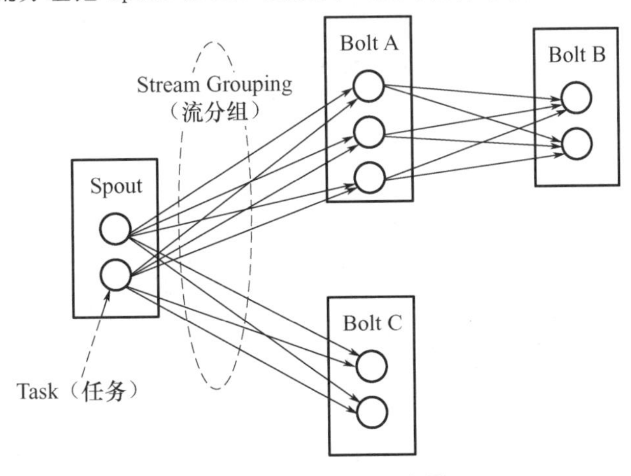

图 7.1　Topology 示意图

2. Tuple(元组)

元组是 Storm 提供的一个轻量级的数据格式，可以用来包装需要实际处理的数据。元组是一次消息传递的基本单元。一个元组是一个命名的值列表，其中的每个值都可以是任意类型的。元组是动态地进行类型转化的，字段的类型不需要事先声明。在 Storm 中编程时，就是在操作和转换由元组组成的流。通常，元组包含整数、字节、字符串、浮点数、布尔值和字节数组等类型。如果想在元组中使用自定义类型，就需要实现自己的序列化方式。

3. Stream(流)

一个流由无限的元组序列组成，这些元组会被分布式并行地创建和处理。通过流中元组包含的字段名称来定义流。每个流声明时都被赋予了一个 ID，只有一个流的 Spout 和 Bolt 比较常见。

4. Spout

Spout 是 Storm 中流的来源。通常 Spout 从外部数据源(如消息队列中)读取元组数据并吐到拓扑里，供 Bolt 消费，Spout 工作示意图如图 7.2 所示。Spout 可靠或不可靠均可。可靠的 Spout 能够在一个元组被 Storm 处理失败时重新进行处理，而不可靠的 Spout 只是吐数据到拓扑里，不关心处理结果是成功还是失败。

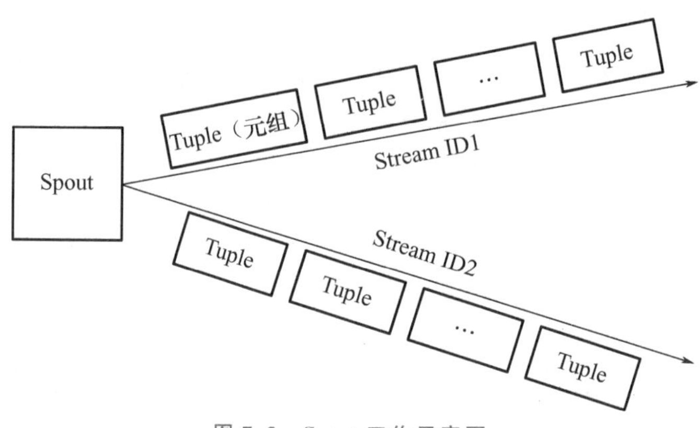

图 7.2　Spout 工作示意图

5. Bolt

拓扑中所有的计算逻辑都是在 Bolt 中实现的。在拓扑中接收 Spout 数据，然后执行处理的组件，Bolt 工作示意图如图 7.3 所示。一个 Bolt 可以处理任意数量的输入流，产生任意数量新的输出流。Bolt 可以进行函数处理、过滤、流的合并和存储到数据库等操作。Bolt 就是流水线上的一个处理单元，把数据的计算处理过程合理拆分到多个 Bolt 或合理设置 Bolt 的任务数量，能够提高 Bolt 的处理能力，提升流水线的并发度。

6. Executor

一个 Executor 就是一个线程，默认对应一个任务，也可以设置成对应多个任务。

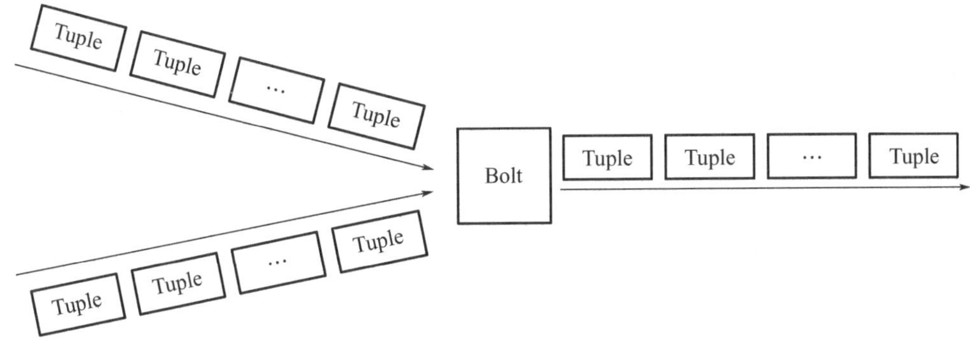

图 7.3 **Bolt** 工作示意图

7. Task(任务)

每个 Spout 和 Bolt 会以多个任务(Task)的形式在集群上运行，即任务为每个 Spout 和 Bolt 具体要做的工作。每个任务对应一个执行线程，Stream Grouping 定义了如何从一组任务(同一个 Bolt)发送元组到另外一组任务(另外一个 Bolt)上。

8. Stream Grouping

Stream Grouping 定义了一个流在一个消费它的 Bolt 内的多个任务之间如何分组。Stream Grouping 与计算机网络中的路由功能是类似的，决定了每个元组在拓扑中的处理路线。

7.1.2 Storm 的特点

Storm 逐步成为当前大数据环境中最流行的流式处理系统，主要由于其具有以下特点。

1. 编程简单

开发人员只需要关注应用逻辑，类似于 Hadoop、Storm 提供的编程原语也很简单。Storm 提供了简单易用的 API。编程人员只需要转换从数据源获取的数据为自定义的元组，便可以使用 Storm 的其他功能进行处理。一个元组就是一个值的列表，它可以包含任何数据类型。当使用自定义数据类型时，只需要简单使用 Storm 的序列化器注册一下即可。Storm 具有简单的编程概念，主要的编程概念有 Spout、Bolt 和拓扑。

2. 可扩展性

随着业务发展，数据量和计算量越来越大，系统可进行水平扩展。拓扑具有并行性，可以跨机器甚至集群执行。拓扑中各种不同的组件(Spout 或 Bolt)可配置为各种不同的并行度。通过用户提交的负载均衡命令，拓扑可以适应变化环境的集群，自动调整组件的任务在各个机器间的分布式布局。

3. 容错能力

Storm 具有适应性的容错能力，简而言之，就是单个节点死掉了也不影响其应用。具体来说，当工作进程失败时，Storm 会自动重启这些进程；当一个节点死掉时，它上面的所有进程都会在其他节点重启。

4. 数据处理过程中的保障

Storm 保证每个数据项都能够完全被处理，高效地追踪到拓扑的每一个数据项的处理过程。一旦处理失败或者超时，对应的数据项将通过 Spout 重新获取并发送。Storm 通过事务性的拓扑提供保证一个数据项被且仅被处理一次的能力，即一方面在恢复后存在数据重发，另一方面保证故障前已经被处理的数据项不会被重复处理。

5. 可使用多种编程语言开发

虽然 Storm 主要使用 Clojure 语言开发，接口大部分通过 Java 语言开发，Storm 却被设计成可以使用多种语言进行编程的方式。

6. 高性能

Storm 内部通信采用 ZeroMQ(一种基于消息队列的多线程网络库)通信，保证消息被快速处理。

【Storm 和 Hadoop 的区别】

7. 易于部署和操作

Storm 的集群仅仅需要少量的配置和安装工作，方便部署和启动。它的这种能力使其很容易被产品化。在业务计算被提交后，Storm 仍可方便地进行修改和配置的操作。

8. 免费开源

Storm 是免费和开源的项目，在 Eclipse 公共许可证(Eclipse Public License，EPL)下开放使用源码。EPL 协议是一个开源协议，允许用户的 Storm 应用开源。

7.1.3 Storm 的部署

Storm 既支持在 Linux 系统部署，也支持在 Windows 系统部署。以在 Linux 系统部署为例，假设在 3 台服务器上安装 Supervisor，两台服务器上安装 Nimbus，简要介绍部署相关信息及流程如下。

1. 部署环境

Storm 集群分为 Nimbus 节点和 Supervisor 节点。

(1)Nimbus(主控节点)上运行 Nimbus 进程。Nimbus 负责接收 Client 提交的 Topology 并分发代码，分配任务给工作节点，监控集群中运行任务的状态等工作。Nimbus 作用类似于 Hadoop 中的 JobTracker。

(2)Supervisor(工作节点，从节点)上运行 Supervisor 进程。Supervisor 通过获取 ZooKeeper 相关数据监听 Nimbus 分配过来的任务，据此启动或停止 Worker 工作进程。每个 Worker 工作进程执行一个拓扑任务的子集；单个拓扑的任务由分布在多个工作节点上的 Worker 工作进程协同处理。

Nimbus 和 Supervisor 节点之间的协调工作通过 ZooKeeper 实现。此外，Nimbus 和 Supervisor 本身均为无状态进程，支持快速失败；JStorm(一个分布式实时计算引擎)集群

节点的状态信息或存储在 ZooKeeper 或持久化到本地，这意味着即使 Nimbus/Supervisor 死机，重启后也可继续工作。这个设计使得 JStorm 集群具有非常好的稳定性。

2. 准备工作

(1)安装 JDK1.8。

(2)安装 ZooKeeper3.4.5。

(3)下载所需版本的 Storm 安装包。

3. 安装 Storm 集群

(1)解压缩 Storm 安装包。

(2)修改目录 conf/Storm.yaml 文件。

(3)将配置文件复制到其他机器。

4. 启动 Storm 集群

(1)在 Master 和 Master2 上启动 Nimbus 进程。

(2)在 Slave01、Slave02 和 Slave03 上启动 Supervisor 进程。

(3)在 Master 和 Master2 上启动 drpc 进程和 UI 界面。

(4)用浏览器访问 http://master：8080，查看 Storm 的 UI 界面信息。

7.2　基于 Storm 的流式数据处理原理

Storm 是一个分布式的、可靠的、容错的数据流处理系统。Storm 针对分布式计算节点提供了功能强大、使用便捷、监控直观的集群管理接口和配置方式。本节从系统架构、通信机制和编程模型三个角度对 Storm 进行介绍，以便对 Storm 进行更深入的了解，便于在实践中对其进行合理的应用。Storm 作为作业数据处理流程的起点，产生数据流并可追踪数据项的状态。

7.2.1　Storm 的系统架构

Storm 集群采用主从架构的形式，主节点是 Nimbus，从节点是 Supervisor，有关调度相关的信息存储到 ZooKeeper 集群中。Storm 系统架构由逻辑独立的四种角色构成，只有工作节点实际执行流式计算，Storm 系统架构图如图 7.4 所示。

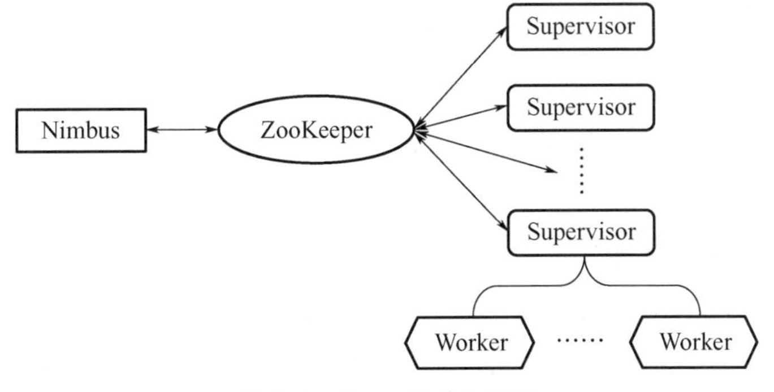

图 7.4　Storm 系统架构图

1. Nimbus

Nimbus 是 Storm 集群的主节点，是 Storm 系统的中心。它负责分发用户代码并向具体的 Supervisor 节点上的 Worker 节点分配 Task，进而使 Worker 节点运行拓扑对应组件(Spout/Bolt)的任务。

2. Supervisor

Supervisor 是 Storm 集群的从节点，负责管理运行在 Supervisor 节点上的每一个 Worker 进程的启动和终止。通过 Storm 配置文件中的 Supervisor. slots. ports，可以指定在一个 Supervisor 上最大允许多少个 Slot，每个 Slot 通过端口号来唯一标识，一个端口号对应一个 Worker 进程(若该 Worker 进程被启动)。Supervisor 是分布式部署的，在 Storm 中的地位类似于 Hadoop 中的 TaskTracker。

3. Worker

Worker 是主要用来运行具体处理组件逻辑的进程。Worker 运行的任务类型有两种：一是 Spout 任务；二是 Bolt 任务。Worker 中每一个 Spout/Bolt 的线程被称为一个任务。在 Storm0. 8 之后，任务不再与物理线程对应，不同 Spout/Bolt 的任务可能会共享一个物理线程，该线程称为 Executor。

4. ZooKeeper

ZooKeeper 称为协调节点，主要用来协调 Nimbus 和 Supervisor，如果 Supervisor 因出现故障而无法运行拓扑，Nimbus 会第一时间知晓，并重新分配拓扑到其他可用的 Supervisor 上运行。Nimbus 和 Supervisor 之间所有的协调(如分布式状态维护和分布式配置管理)都是通过该协调节点实现的。为实现服务的高可用性，ZooKeeper 一般都是以集群的形式出现的。

7.2.2 Storm 的通信机制

由于不同拓扑之间的通信不是由 Storm 负责的，常通过 Kafka 实现，还可以通过 NoSQL 的 Redis(Remote Dictionary Server，远程字典服务)保存一些需要共享的数据资源。因此本节主要介绍 Storm 进程间以及进程内部通信(线程间的通信)的相关原理和技术。

(1)Worker 进程间的通信：经常需要通过网络跨节点进行，Storm 采用 ZeroMQ 或 Netty (0. 9 以后默认使用)作为进程间通信的消息框架。

(2)Worker 进程内部通信：不同 Worker 的线程通信通过使用 LMAX Disruptor 来完成。

下面主要从 Worker 进程间的通信原理、Worker 进程间技术以及 Worker 内部通信技术三个方面进行介绍。

1. Worker 进程间的通信原理

Worker 进程间通信原理示意图如图 7.5 所示。

(1)对于 Worker 进程而言，为了对流入和传出的消息进行管理，每个 Worker 进程有一个独立的接收线程监听配置的 TCP 接收端口，将每个从网络传进来的消息传送到 Ex-

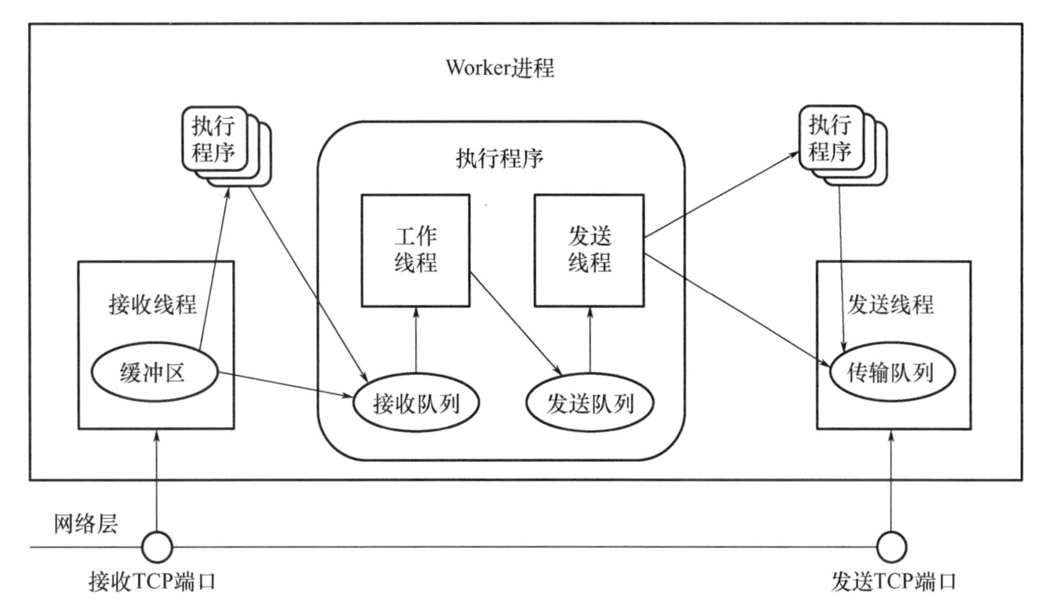

图 7.5　Worker 进程间通信原理示意图

ecutor 的接收队列里；每个 Worker 存在一个独立的发送线程，负责读取 Worker 传输队列中的消息，且通过网络发送给其他 Worker。

(2)每个 Executor(执行程序)都有自身的接收队列和发送队列。

Worker 接收线程将收到的消息通过任务编号传递给传输队列或者对应的 Executor 的接收队列。每个 Executor 都有单独的线程来分别处理 Spout/Bolt 的业务逻辑，业务逻辑输出的中间数据存放在发送队列中；且当 Executor 发送队列中的元组达到一定的阈值，Executor 的发送线程将批量获取发送队列中的元组，并发送到传输队列中。

(3)每个 Worker 进程控制一个或多个 Executor 线程，用户可根据实际需求在代码中进行配置，即对应的是在代码中设置的并发度个数。

总而言之，每个 Worker 都有对应的接收线程专门用来通过网络接收外部发送过来的消息，并根据元组中包含的 TaskId 匹配到对应的 Executor，然后将该消息传递到对应的 Executor 线程的接收队列中；随后 Executor 从接收队列内取出数据进行处理后，将中间结果输出到发送队列中，当发送队列中的数据量达到规定的阈值后，Executor 的发送线程会将发送队列中的数据发送到 Worker 的传输队列中，而 Worker 的发送线程再从发送队列中读取消息，并通过网络发送给其他的 Worker。

2. Worker 进程间技术

Worker 进程间经常涉及的技术有 Netty 和 ZeroMQ。

(1)Netty 是一个 Java 开源框架，它提供了异步的和事件驱动的网络应用程序框架和工具，使用它可以快速开发具有高性能和高可靠性的网络服务器以及客户端程序。也就是说，Netty 是一个基于 NIO 的客户端服务器框架，使用 Netty 可以确保快速和简单地开发出一个网络应用，如服务器和客户端协议。Netty 提供了一种新的容易使用和扩展性很强的方式来开发网络应用程序。虽然 Netty 的内部实现比较复杂，但是 Netty 提供了从网络处理代码中解耦业务逻辑的 API，这种 API 简单且易用。Netty 的实现是完全基于 NIO 的，因此整个 Netty 都是异步的。

(2) ZeroMQ 是一个简单且极其好用的传输层，像框架一样的套接字库(Socket Library)，它使得套接字编程更加简洁高效。ZeroMQ 是一种基于消息队列的多线程网络库，介于应用层以及传输层之间，可在多个线程、内核和主机盒之间进行弹性伸缩。ZeroMQ的明确目标为“成为标准网络协议栈的一部分，之后进入 Linux 内核”。虽然现在还未看到它们的成功，但它无疑是极具前景的且是人们急需的“传统”BSD 套接字之上的一层封装。ZeroMQ 使编写高性能网络应用程序变得简单且有趣。

3. Worker 内部通信技术

不同 Worker 内部的线程通信通过 LMAX Disruptor 来完成。Disruptor 技术就是由 LMAX 公司开发的，它是开源的。Disruptor 是一个高性能的异步处理框架，也可以当成是线程间通信的高效低延时的内存消息组件，其最显著的特点是高性能，它的 LMAX 架构可获得 6000000 订单/s，用 1μs 的延迟可获得 100KB+ 的吞吐量。Disruptor 具有“队列”的功能，而且是一个有界队列(其长度是有限的)。队列的应用场景为“生产者-消费者”模型。Disruptor 是一种线程间信息无锁的交换方式。Disruptor 可以看成是事件监听或消息机制，队列中，生产者在一边放入消息，消费者并行在另外一边取出进行处理。它的底层是一个数据结构 Ring Buffer，也是 Disruptor 的核心组件。

Disruptor 的主要特点如下。

(1)没有竞争，没有锁，速度非常快。

(2)所有访问者都对自己序号的实现方式进行记录，允许多个生产者和消费者共享相同的数据结构。

(3)在每个对象中都能跟踪序列号，另外具有缓存行填充(Cache Line Padding)功能，这表明了不存在伪共享和非预期的竞争。

7.2.3 Storm 的编程模型

Storm 的编程模型也就是 Worker 的工作流程，图 7.6 为 Storm 编程模型示意图。

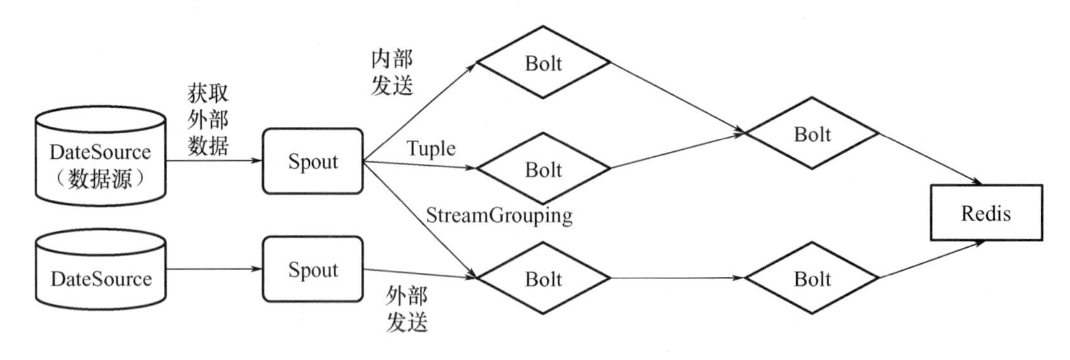

图 7.6 Storm 编程模型示意图

首先从局部进行深入介绍，然后再从整体进行介绍。图 7.6 中涉及的重要部分说明如下。

【Storm的编程模型简介】

(1)DataSource：外部数据源。

(2)Spout：获取外部数据源的组件，将外部数据源转化成Storm内部的数据，以元组为基本单元传输给Bolt。

(3)Bolt：接收Spout或者其上游Bolt发送的数据，并根据业务逻辑处理组件。处理后的数据发送给下游的Bolt或是存储到某种介质上。用户可在Bolt上执行想要的操作。

(4)Tuple：数据传输的基本单元，内部封装一个用于保存数据的List对象。

(5)StreamGrouping：表示数据分组策略。对于Spout，既可以向内部的Bolt发送数据还可以向外部的Bolt发送数据，此时便会产生数据流向的问题。Storm有八种类型的Stream分组策略，下面分别介绍。

① ShuffleGrouping：随机分组，即将元组随机分配到各个Bolt中，保证了各任务中处理的数据相对均衡。

② FieldsGrouping：按字段分组，即同一个单词只能发送给一个Bolt；根据设定的字段，若值相同，元组才能被分配到同一个Bolt中处理。

③ AllGrouping：广播发送，即对于每一个元组，所有的Bolt都会收到广播发送，也就是说所有Bolt都可以接收到该元组。

④ GlobalGrouping：全局分组，即将元组分配到Task ID值最低的任务里。

⑤ NoneGrouping：随机分派，即不分组，效果跟Shuffle Grouping一样。

⑥ DirectGrouping：直接分组，即指定元组与Bolt相对应的收发关系。

⑦ Local or Shuffle Grouping：本地或者随机分组，即优先将数据发送到本机处理器，若本机无相应的处理器，则发送给其他处理器，很好地减轻了网络传输的压力。

⑧ CustomGrouping：自定义分组。

7.3 Storm的相关应用

【Storm的应用场景】

在对各行各业业务数据的获取和分析方面，一般需要借助实时分析的数据处理方法。Storm主要是实时流数据处理，且鉴于Storm在处理实时流数据的过程中，具有实时性、可靠性、完整性以及可扩展性等优势，所以它在实践中具有广泛的应用。

7.3.1 Storm的实时大数据平台在携程中的应用

携程有非常多的业务部门，除酒店和机票两大主要业务外，还有将近20个SBU(Strategic Business Unit，战略业务单元)和公共部门，他们的业务形态各异，变化较快。在做这个统一的实时平台之前，各个部门也做了一些实时数据分析的应用，但是存在以下很多问题。

(1)业务部门技术力量良莠不齐，且他们的重心放在业务需求的实现上，所以难以保证这些实时数据应用的稳定性。

(2)缺少周边配套设施，如报警、监控等设施。

(3)数据和信息的共享不顺畅。

因此，要想解决这些问题，需要打造一个统一的实时数据平台。

打造的数据平台需要满足以下需求。

(1)稳定可靠的平台：业务部门只需要关心业务，平台交给专业人员维护。

(2)完整的配套设施：测试环境、上线、监控以及报警。

(3)信息共享：数据共享，应用场景共享。

(4)及时的服务：及时解决从开发、上线到维护整个过程中的问题。

明确需求后，就可以开始构建平台。首先需要考虑的是技术选型的问题，消息队列方面选用 Kafka；而实时处理平台有较多的候选系统(如 Linkedin 的 Samza、Apache 的 S4、Storm 以及 Spark-Streaming)，考虑到稳定性和成熟度方面，可选择 Storm 作为实时平台。

架构思想：首先从业务的服务器上收集日志，或者是一些业务数据，然后实时地写入 Kafka，Storm 从 Kafka 中读取数据进行计算，把计算结果传输到各个业务线依赖的外部存储中。但是仅仅构建这些是不够的，还需要保证数据共享和平台整体的稳定性这两个关键的需求。

(1)数据共享：通常数据共享的前提是指用户要清晰地了解使用数据源的业务含义和数据的 Schema，用户在一个集中的地方能够看到这些信息。解决的方式是使用 Avro 定义数据的 Schema，并将这些信息放在一个统一的门户(Portal)站点上；数据的生产者创建 Topic，然后上传 Avro 格式的 Schema，系统会根据 Avro 的 Schema 生成 Java 类，并生成相应的 JAR，把 JAR 加入 Maven 仓库；对于用户而言，只需要在项目中直接加入依赖即可。此外，平台封装了 Storm 的 API，实现反序列化的过程，用户只要继承一个类，然后制定消息对应的类，系统便能够自动完成消息的反序列化，对用户而言特别方便。

(2)资源控制：它是保证平台稳定性的基础，Storm 在资源隔离方面做得不太好，所以需要对用户 Storm 作业的并发稍加控制。具体做法是封装 Storm 的接口，去掉原先设定的拓扑和 Executor 并发的方法，把这些设置转移到门户中。此外，做了一个统一的门户，方便用户管理，用户既可以查看主题相关信息，又可以管理自己的 Storm 作业，还可以完成配置、启动以及监控等一系列功能。

在完成这些功能后，就可以接入初期业务了。初期业务只接入了流量比较大的两个数据源：一个是携程的用户行为数据(User Behavior Tracking，UBT)；另一个是应用流量日志(Pprobe 的数据)。主要应用集中在实时的数据分析和数据报表上。

在平台搭建的初期阶段有以下几点经验。

(1)最初尽可能做好平台治理的规划：重要的设计和规划都需要提前做好。

(2)系统只实现核心的功能：集中力量。

(3)尽量早接入业务：前提是核心功能基本稳定，系统只有被真正用起来才能不断改进。

(4)接入业务需要有一定的量：能够帮助平台更快实现稳定且可以帮助积累技术和运维上的经验。

完成以上工作后，就可以做以下这一系列工作来完善此平台的“外围设施”。

(1)把 Storm 的日志导入 ES，通过看板系统展示出来；原生的 Storm 日志没有搜索功能，查看不方便，数据导入ES后可以通过图形的形式进行展示，且具有全文搜索功能，方便排错。

(2)Metrics相关的一些完善，如实现了自定义的Metrics Consumer，把Metrics信息实时地输出到携程自己开发的看板系统Dashboard和Graphite中，在Graphite中的信息被用作告警。

(3)建立了完善的告警系统：任何Storm内置的或是用户自定义的Metrics都能够配置，且默认配置拓扑的失败数的告警。

(4)提供了适合携程通用消息队列(Message Queue)的Spout和通用的Bolt，简化了用户的开发工作。

(5)在依赖管理上也想了一些方法，方便API的升级：在Muise-Core 2.0版本基础上，重新整理了相关的API接口，之后的版本尽量保证接口向下兼容，推动所有业务全线升级一遍；然后把Muise-Core的Jar包作为标准的Jar包放到每台Supervisor的Storm安装目录的lib文件夹下，每次有API升级的时候可以直接替换，然后重启；在以后的升级中，如果是强制升级，就告知用户，逐个重启拓扑，如果是非强制升级，等到用户下次重启拓扑时，此升级就会生效。

完成以上工作后，就可以开始大规模接入业务了。在携程的一些实时应用，主要分为下面四类：实时数据报表；实时业务监控；基于用户实时行为的营销；风控和安全的应用。

7.3.2　基于Storm的在线学习平台数据处理

由于“互联网+”的飞速发展，移动互联网在线学习平台成为一种新型学习方式，使得各种在线学习平台得到了广泛的普及与应用，但是存在在线学习平台大数据处理实时性差、消息请求较慢等问题。在数据处理方式上，鉴于Storm对实时流数据的处理具有实时性、可靠性、完整性及可扩展性等一系列优势，可以设计基于Storm的架构的流数据处理方法。下面从以下几个方面进行详细介绍。

1. 系统业务需求

在线学习平台在运行过程中会产生大量的数据，该运行数据具有类型多样、规模繁杂的特点，传统的业务系统与平台难以满足当前移动互联网大数据平台的要求。在线学习平台的数据来源主要是学习者浏览、讨论、留言、答疑、测试等活动的记录，并将活动记录传输到功能服务器。由功能服务器收集、计算、处理、存储学习者的学习情况。功能服务器通过Storm对实时数据进行快速清洗、格式转换、数据分析等，解决请求响应时间长以及数据库因连接限制而丢失数据的问题。Storm在线学习平台的重点在于集成多种数据，分析挖掘数据的可视化。

数据读取和处理主要通过Storm的拓扑编程模型中的Spout和Bolt组件完成，其中Spout组件主要负责读取数据，Bolt组件主要负责任务处理，且为降低处理延迟才使用拓扑编程模型。

2. 方案设计

在线学习平台要应对突发的大数据量请求，提出数据源、大数据平台和业务应用三层数据处理结构。

(1)数据源。根据数据来源的不同，数据分为内部和外部两种：内部数据主要来源于后台、课程以及资源管理系统平台；外部数据主要来源于互联网数据以及运行中产生的数据。

(2)大数据平台。在线学习平台的优化架构中，每个模块的功能实现主要通过 Memcached、Flume、Storm、Kafka 技术实现数据收集、数据缓冲、数据处理与数据存储。

(3)业务应用。学习者通过课程学习、讨论以及测试等形成数据流，由互动管理者实现多维度统计，并通过 Storm 架构进行流数据处理。

3. 平台设计与实现

首先安装 Storm 系统依赖包与工具包，在若干个节点机构集群上搭建 Storm 开发环境。依赖安装包主要包括 Python、Jdk、Gcc_C++、Libuuid、Uuid、Libtool、Libuuid-Devel 等；在安装工具上使用 ZooKeeper 封装关键服务，防止协调系统出错，为用户提供简单易用、性能高效、稳定的接口；安装 ZeroMQ 用于处理一个消息队列，实现多个线程、内核和主机盒之间的灵活伸缩，采用 ZeroMQ 屏蔽网络编程。

通过 Storm 实现主程序设计，方便在任一计算机集群中编写与扩展复杂的实时计算，保证每个消息都能被及时处理并集中在一个小集群中，实现每秒处理百万消息。

在线课程平台流数据处理架构图如图 7.7 所示。系统从数据来源、Storm 计算平台及流处理三个方面着手，分析平台中所获取、处理及存储的数据。系统对数据进行收集及预处理后，将收集到的数据提供给实时应用系统，且将不完整的数据处理成为标准化数据，通过业务逻辑对数据进行分析，最后将处理结果存储在数据库中。

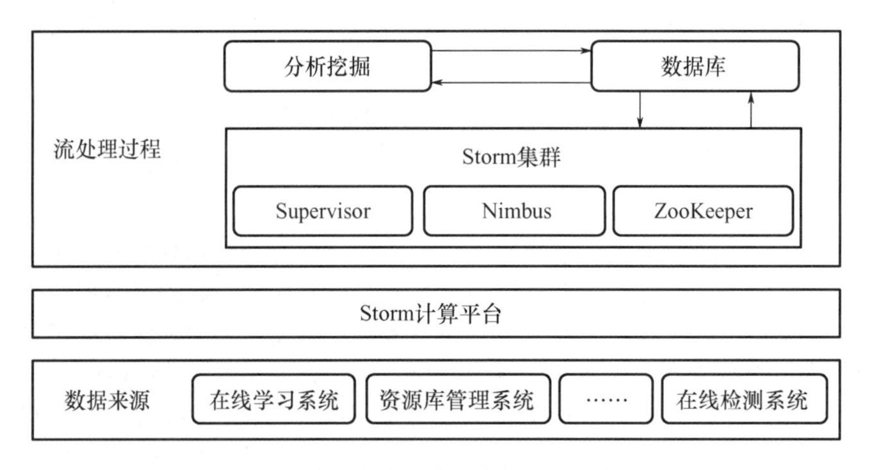

图 7.7　在线课程平台流数据处理架构图

数据存储主要采用关系型数据库存储数据，即在关系型数据库前加上 Memcached 暂存数据，保证数据连接池中数据的完整性，并解决数据存储和处理速度不一致的问题，所有存储过程通过 Storm 中的 Bolt 组件完成。系统采用 ZooKeeper 的锁机制来保证数据的完整性和一致性。

本章小结

本章首先介绍了Storm的概念，并详细介绍了Storm各组件的基本概念和功能以及各组件之间的关联，分析了Storm的特点，且给出了它在Linux系统上的安装步骤。然后，从Storm的系统架构组成、通信机制以及编程模型这三方面介绍了Storm的流式数据处理原理。最后，阐述了Storm实时大数据平台在携程中的应用，并介绍了基于Storm模型的在线学习平台分析及搭建方法。

关键术语

(1)Storm (2)Topology (3)Spout (4)Bolt
(5)系统架构 (6)通信机制 (7)编程模型

习　题

1. 选择题

(1)下列不属于Storm组件的是(　　)。
A. Topology　B. Nimbus
C. Supervisor　D. ZooKeeper

(2)不同Topologey之间的通信常通过(　　)实现。
A. Tuple　B. ZooKeeper
C. Kafka　D. Topology

(3)Storm集群主节点是(　　)，从节点是Supervisor。
A. Nimbus　B. Tuple
C. Executor　D. 以上都不是

(4)Worker运行的任务类型有两种：一是Spout任务；二是(　　)任务。
A. Tuple　B. Bolt
C. Stream　D. Stream Grouping

(5)以下属于Storm的分组策略的是(　　)。
A. ShuffleGrouping　B. FieldsGrouping
C. DirectGrouping　D. 以上全部

(6)每个Spout和Bolt一般会以(　　)任务的形式在集群上运行。
A. 一个　B. 两个
C. 三个　D. 多个

2. 判断题

(1)在Strom的拓扑中，所有的计算逻辑都是在Bolt中实现的。(　　)
(2)Strom只支持在Linux上部署。(　　)
(3)Storm是分布式流式数据处理系统。(　　)

(4)Storm 系统架构由逻辑独立的三种角色构成，只有工作节点实际执行流式计算。 (　　)

(5)Storm 集群常采用双主架构的形式。 (　　)

(6)ZooKeeper 称为协调节点，主要用来协调 Nimbus 和 Supervisor。 (　　)

3. 简答题

(1)简述 Storm 的核心组件及各组件的功能。

(2)Storm 主要有哪些特点？

(3)简述 ZooKeeper 在 Storm 中的作用。

(4)Storm 通常包括哪两种通信机制？说明常用的处理技术。

(5)Disruptor 技术主要有哪些特点？

(6)Storm 有哪些类型的 Stream 分组策略？

第8章

大数据处理的其他技术及应用

知识要点	掌握程度	相关知识
图数据库的概念	掌握	节点、边、属性关系
图数据库的基本框架	熟悉	底层存储、处理引擎、原生图存储
图数据库的内部结构	掌握	Neo4j 图数据、原生图处理、API
图数据库的应用	了解	Neo4j 物理存储结构、适用场景
Flink 技术简介	熟悉	概念、核心组成
Flink 的特性	掌握	处理方式、容错机制、序列化工具
Flink 的应用	了解	应用场景
Kafka 技术简介	熟悉	设计构架、作用
Kafka 功能介绍	掌握	高吞吐功能的实现、高可用功能的实现
Kafka 的应用	了解	应用架构、应用领域

作为前面几章大数据处理技术的一个补充。本章主要介绍大数据处理中的图数据库(Graph DataBase)技术、Flink 技术以及 Kafka 技术，图形数据库是一种非关系型数据库，它应用图形理论存储实体之间的关系信息。图数据库在社交网络、实时推荐、征信系统、人工智能等领域都有广泛的应用。Flink 是为分布式、高性能、随时可用以及准确的流处理应用程序打造的开源流处理框架。适用于海量数据处理、低延时数据处理以及快速数据处理等情形。Kafka 是由 LinkedIn 开源的分布式消息队列，能够轻松实现高吞吐、可拓展、高可用，且部署简单快速、开发接口丰富。各大互联网公司已经在生产环境中广泛使用，目前已经有很多分布式处理系统支持使用 Kafka。

8.1 图数据库

“如果把传统关系型数据库比作普通列车的话，那么在大数据时代，图数据库可以比作高速列车。”图数据库已经成为关注度高、发展趋势明显的数据库，它提供了强大而新

颖的数据建模方法。采用图的方案，可以将性能提升一个甚至几个数量级，而且比起聚合的批处理，其延迟也小很多。除了性能的优势之外，图数据库还提供了非常灵活的数据模型。最常见的大规模图数据的例子就是互联网网页数据，网页之间通过链接指向形成规模超过500亿节点的巨型网页图，要处理如此规模的图数据，传统的单机处理方式显然已无法实现，必须采用由大规模机器集群构成的并行图数据库。图数据库是呈现和查询达到一定规模的关联数据的最好方式。

8.1.1 图数据库简介

图数据库起源于欧拉和图理论，也称为面向图的数据库。图数据库的基本含义是以“图”这种数据结构存储和查询数据，而不是存储图片的数据库，它是基于数学中图论的算法而实现的高效处理复杂关系网络的新型数据库系统，它善于处理大量的、复杂的、互联的、多变的网状数据。图数据库的数据模型主要是以节点和关系(边)来体现，也可以处理键值对。图数据库可以快速解决复杂的关系问题。

图包括节点和边，节点上有属性(键值对)，边有名字和方向，并总是有一个开始节点和一个结束节点，边也可以有属性。图可以说是顶点和边的集合，或者说是一些节点和关联这些节点的关联的集合。图将实体表示为节点，实体与其他实体连接的方式表示为联系。可以用这个通用的结构来构建和表示各种场景，例如，从机场构建到道路系统，从食物的供应链及原产地追踪人们的病历以及更多的其他场景。图无处不在，在科学、经济等领域中，图起到了很大作用。现实世界中存在着丰富的且相互关联的各种关系，有些关系是统一而规则的，而有些则是特殊的、不规则的。以微博为例，它的数据很容易就表示为一张图。在如图8.1所示的小型社交图中，可以看到微博用户组成的一个小型社交网络，每个节点都被标注为用户，表明了他(她)在这个网络中的角色。然后这些节点又相互连接起来，帮助更好理解。从图中可以看出，小明关注了小芳，小芳关注了莉莉，莉莉也关注了小芳，但莉莉没有关注小明，小明却关注了莉莉。

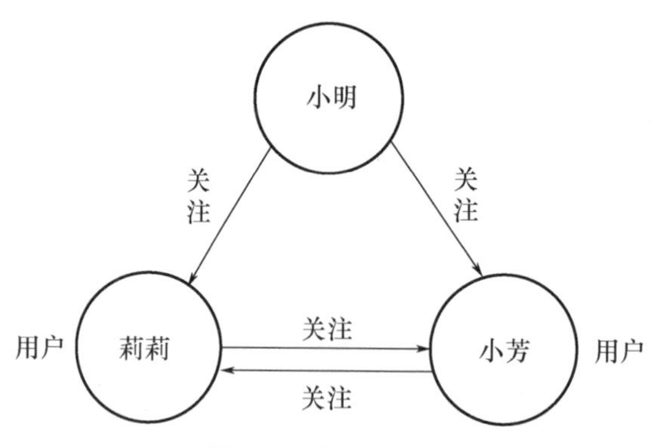

图8.1 小型社交图

当然实际中微博图型要比图8.1复杂很多，但它们的工作原理是一样的。此外，图模型也可以更复杂，例如图模型可以是一个被标记和标向的属性多重图。被标记的图每条边都有一个标签，它用来表示那条边的类型。有向图允许有一个固定的方向，从末节点或源节点到首节点或目标节点。属性图允许每个节点和边有一组可变的属性列表，其中

的属性是关联某个名字的值，简化了图形结构。多重图允许两个节点之间存在多条边，这意味着两个节点可以由不同边连接多次，即使两条边有相同的尾、头和标记。图数据库属性关系图如图 8.2 所示。

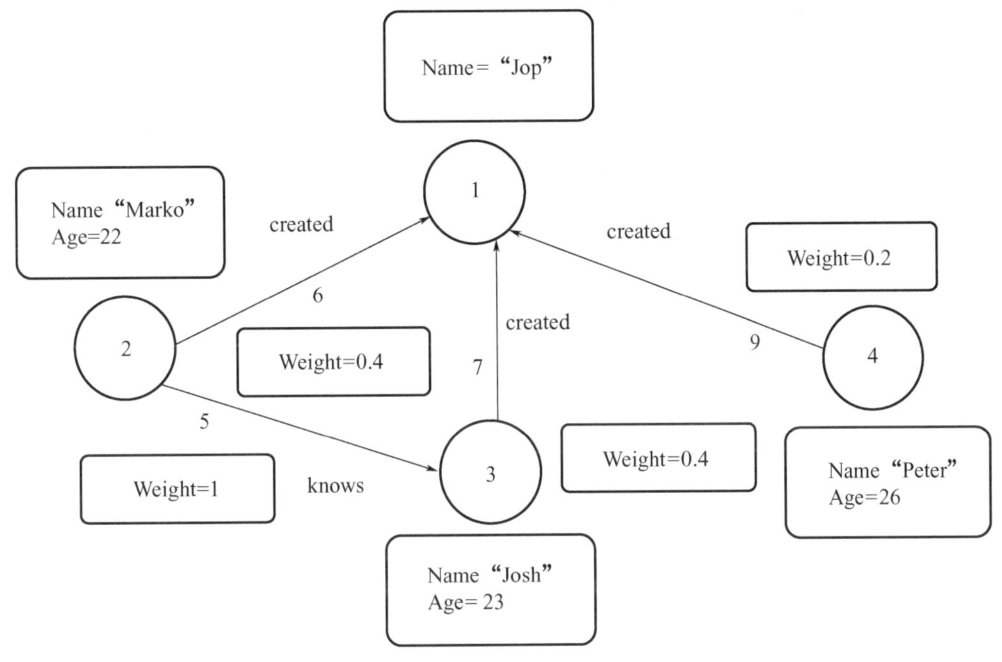

图 8.2　图数据库属性关系图

图 8.2 所示为较复杂的图模型。图数据库存储一些顶点、边以及表中的数据，它们用最有效的方法来寻找数据项之间、模式之间的关系，或多个数据项之间的相互作用。一张图里数据记录在节点，或包括在属性里面。最简单的图是单节点的，记录了一些属性。一个节点可以从单属性开始，成长为成千上亿。从某种意义上讲，将数据用关系连接起来分布到不同节点上才是有意义的。

1. 图数据库的基本框架

图计算是在实际应用中比较常见的计算类别，当数据规模大到一定程度时，如何对其进行高效计算即成为迫切需要解决的问题。大规模图数据(如支付宝的关联图)，仅好友关系已经形成超过千亿节点和边的巨型图，要处理如此规模的图数据，传统的单机处理方式已经无能为力，必须采用由大规模机器集群构成的并行图数据库。在处理图数据时，其内部存储结构往往采用邻接矩阵或邻接表的方式。在大规模并行图数据库场景下，邻接表的方式更加常用，大部分图数据库和处理框架都采用了这一存储结构。

在研究图数据库技术时，有两个特性需要留意：一个是底层存储；另一个是处理引擎。一些图数据库使用原生图存储，这类存储是优化过的，并且是专门为了存储和管理图而设计的。不过，并不是所有图数据库使用的都是原生图存储，也有一些会将图数据序列化，然后保存到关系型数据库、面向对象数据库，或其他通用数据存储中。原生图存储的好处在于它是专门为性能和扩展性设计建造的。但相对的，非原生图存储通常建立在成熟的非图后端

(如 MySQL)之上，运维团队对它们的特性非常了解。原生图处理虽然在遍历查询时性能优势很大，但代价是一些非遍历类查询会比较困难，而且还要占用巨大的内存。图计算引擎技术可以使大数据集上使用全局图算法。图计算引擎主要用于识别数据中的集群，通用的图计算引擎部署架构包括一个带有 OLTP(On - Line Transaction Processing，联机事务处理)属性的 SOR(System of Record，记录系统)数据库(如 MySQL、Oracle 或 Neo4j)，它为应用程序提供服务，请求并响应应用程序在运行中发送过来的查询。每隔一段时间，一个 ETL 作业就会将记录系统数据库的数据转入图计算引擎，供离线查询和分析。一个成熟的图数据库架构应该至少具备图的存储引擎和图的处理引擎，同时应该有查询语言和运维模块，商业化产品还应该有高可用 HA 模块甚至容灾备份机制。

2. 图数据库的优缺点

关系型数据库设计之初是为了处理纸质表格和表格化结构，它们试图对这种实际中的特殊联系进行建模。然而，关系型数据库在处理联系上做得并不好。关系数据库是强大的主流数据库，经过几十年的发展和改进，已经非常可靠、强大并且实用，可以保存大量的数据。如果想查询关系型数据库里的单一结构或对应数据信息的话，可以在任何时间内查询关于项目的信息，或者想查询许多项目在相同类型中的总额或平均值，也将很快查到。但当寻找数据项、关系模式或多个数据项之间的关系时，却通常无法得到答案。关系确实存在于关系型数据库自身的术语中，但只是作为连接表的手段。实际中经常需要对连接实体的联系进行语义区分，同时限制它们的使用；但是关联关系会随着数据成倍地增加，数据集的宏观结构将越发复杂和不规整，关系模型将造成大量表连接、稀疏行和非空检查逻辑。关系世界中连通性的增强都将转化为 Join 操作的增加，这会阻碍性能，并使已有的数据库难以响应变化的业务需求。

相对于关系型数据库和 NoSQL 存储处理关联数据而言，图数据库性能有了绝对性的提升。随着数据集的不断扩大，关系型数据库处理密集查询的性能会随之变差，而图数据库则不会；在数据集增大时，图数据库的性能趋向于保持不变，这是因为查询总是只与图的一部分相关；因此，每个查询的执行时间只和满足查询条件的那部分遍历的图的大小成正比，而不是与整个图的大小成比例。在社交网络得到极大发展的互联网时代，图数据库的这些特点使其在关联关系上具有很大的优势。

图本身具有可扩展性，这使得在已有的结构上增加不同种类的新联系、新节点、新标签和新子图，都不会破坏已有的查询或应用程序的功能。同时，由于图的灵活性，不必在项目初期就把每一个细枝末节都考虑周全，图天然的可扩展性减少了数据的迁移，从而降低了维护成本和风险。图数据库具有很好的敏捷性。图数据库没有固定的模式，加上其 API 和查询语言的可测性，使人们可以用一个可控的方式来开发应用程序。也正是因为图数据库不需要模型，所以它缺少以模型为导向的数据管理机制，但这并不是一个缺点；相反，它促使人们采用了一种更可见的、操作性更强的管理方式。图数据库的管理通常也影响编程方式，利用测试来驱动数据模型和查询，以及依靠图来判断业务关系，这比关系型开发应用更广。图数据库开发方式非常符合当今的敏捷软件开发和测试驱动软件开发实践，这使得图数据库作为后端应用程序可以跟上不断变化的业务环境。

不过，图数据库也并非完美，它虽然弥补了很多关系型数据库的缺陷，但是也有一

些不适用的地方，例如，记录大量基于事件的数据；对大规模分布式数据进行处理；二进制数据存储。图数据库在处理“大数据”方面不如 Hadoop、HBase 或 Cassandra，通常不会在图数据库中直接处理海量数据的分析。但它善于提供关于某个实体及其相邻数据的关系，无论是简单的 CRUD(增删改查)访问或是复杂的、深度嵌套的资源视图都能够胜任。所以，虽然关系型数据库对于保存结构化数据来说依然是最佳的选择，但图数据库更适合管理半结构化数据、非结构化数据以及图形数据。如果数据模型中包含大量的关联数据，并且希望使用一种直观、有趣、高效的数据库进行开发，那么可以考虑尝试图数据库。在实际中，一个真正成熟、有效的分析环境应该包括关系型数据库和图数据库，根据不同的应用场景相互结合起来进行有效分析。

8.1.2　图数据库的内部结构

这里介绍图数据库的体系结构模式和组件，展示图数据库与其他对于复杂的、结构可变的、紧密关联的数据的存储方法和查询方法的不同之处。这里以开源的 Neo4j 图数据库为例，Neo4j 是一个具有原生处理功能、原生图存储且具有良好透明度的图数据库。

【图数据库 Neo4j 架构实践】

1. 原生图处理

数据库引擎的内存中存在多种图的编码方式，对于不同的引擎体系结构，假如图数据库存在免索引邻接属性，那么它就具有原生处理能力。

使用免索引邻接的数据库引擎中的每个节点都会维护它对相邻节点的引用，因此每个节点都表现为其附近节点的微索引，这比使用全局索引代价小很多。这也意味着，查询时间与图的整体规模无关，它仅和所搜索图的数量成正比。相反，非原生图数据库引擎使用全局索引连接各个节点，这些索引对每个遍历都添加一个间接层，因此会导致更大的计算成本与时间。原生图处理中免索引邻接至关重要，因为它可提供快速、高效的图遍历。下面通过图形说明原生图处理相对于非原生图处理的优势。非原生图处理引擎索引示意图如图 8.3 所示。

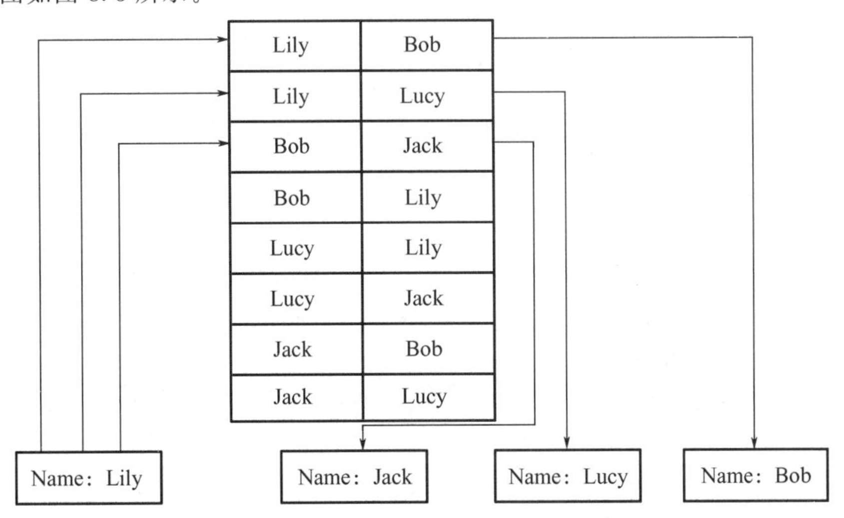

图 8.3　非原生图处理引擎索引示意图

图 8.3 展示了非原生图处理引擎使用索引进行节点间遍历的工作原理。例如，要寻找 Lily 的朋友，必须首先执行索引查找。由于查找索引的算法复杂度为 $O(\log n)$，所以对于数据量小的查找是可以接受的。如果不是寻找 Lily 的朋友，而是寻找与 Lily 交朋友的人，就不得不执行多个索引来完成这个查找任务；每个节点所代表的人都可能把 Lily 当作他的朋友，这样查找的成本会变得很高，找到 Lily 的朋友的成本为 $O(\log n)$，而找到和 Lily 交朋友的人的代价则是 $O(m \log n)$。可以看到，当改变遍历方向时，查找的成本就可能变得很大。索引查找在小型网络中是可行的，但对于大型网络图的查询成本则过于高昂。具有原生图处理能力的图数据库在查询时不是使用索引查询来实现的，而是使用免索引邻接来确保遍历的高效性的。原生图处理引擎索引示意图如图 8.4 所示，它展示了联系是如何消除索引查询的需求的。

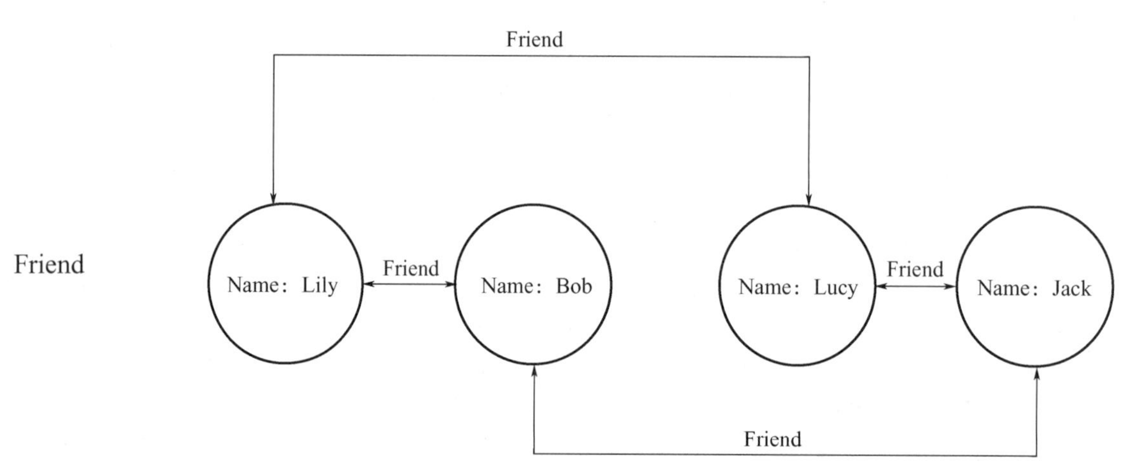

图 8.4　原生图处理引擎索引示意图

在图数据库中，可以以很小的成本双向(从尾部向头部和从头部向尾部)遍历联系。在图 8.4 中，如果使用图寻找 Lily 的朋友，可以简单地通过查找由她指向外的联系 Friend，这样每次遍历的成本为 $O(1)$，而要寻找和 Lily 交朋友的人，也只需要查找指向她的 Friend 联系的来源即可，这样每次遍历的成本也是 $O(1)$。鉴于这些成本的计算，图遍历的效率是非常高的。使用免索引邻接，双向连接可以有效地预计算，并作为联系存储在数据库中。不过这种高效率的遍历仅在以此为目的架构设计上才能真正有效。

2. 原生图存储

如果免索引邻接是高性能遍历、查询和写入的关键，那么图数据库设计的一个关键方面则是存储图的方式。高效的、本机化的图存储式格式支持任意图算法的快速遍历，这是使用图数据库的重要原因。

Neo4j 将图数据存储在不同的存储文件中。每个存储文件包含图的某一特定部分的数据，例如，节点、联系、标签和属性都各自独立存储。这种存储职能的划分特别是图结构与属性数据的分离大大促进了图遍历性能的提升，有时用户眼里的图和存储的实际数据的记录可能是完全不同的结构。如图 8.5 所示为 Neo4j 的体系结构。

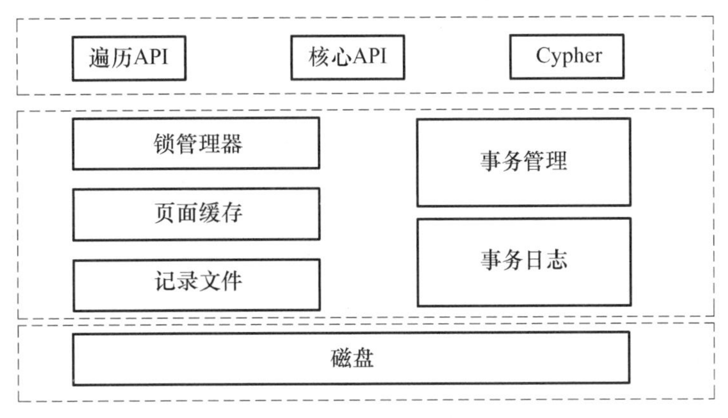

图 8.5 Neo4j 的体系结构

节点存储文件用来存储节点的记录。图中创建的节点最终会归结为节点存储，其物理文件是“neostore. nodestore. db”。节点存储区是大小固定的记录存储，每个记录长度为 9 字节。通过大小固定的记录可以快速查询存储文件中的节点，这种存储格式使得数据库可以直接计算一个记录的位置，其执行的成本小。

一个节点记录的第一个字节表示“是否在使用”的含义。它告诉数据库；该记录目前是被用于存储节点，还是可回收用于表示一个新的节点。接下来的 4 字节表示关联到该节点的第一个联系，随后 4 字节表示该节点的第一个属性的 ID。标签的 5 字节指向该节点的标签存储(如果标签很少的话也可以内联到节点中)。最后的字节是标志保留位。这样一个标志是用来标识紧密连接节点的，而省下的空间为将来预留。节点记录是几个指向联系和属性列表的指针。

相应的，联系被存储于联系存储文件中，物理文件是 neostore. relationshipstore. db。像节点存储一样，联系存储区的记录的大小也是固定的。每个联系记录包含联系的起始点 ID 和结束节点 ID、联系类型的指针(存储在联系类型存储区)、起始节点和结束节点的上一个联系和下一个联系以及一个指示当前记录是否位于联系链最前面。节点存储文件和联系存储文件都只关注图的存储结构而非属性数据，这两种存储文件都使用固定大小的记录，这样存储文件内任何记录的位置都可以根据 ID 快速计算出来，这些都是图数据库高性能遍历的关键技术。图在 Neo4j 中物流存储的方式如图 8.6 所示。

在图 8.6 中可以看到各种存储文件的交互。两个节点记录都包含一个指向该节点的第一个属性的指针和联系链中第一个联系的指针。要读取节点的属性，从指向第一个属性的指针开始遍历单向链表结构。要找到一个节点的联系，从指向第一个联系(在示例中为 Like 联系)的节点联系指针开始，顺着特定节点的联系的双向链表寻找(即起始节点的双向链表或结束节点的双向链表)，直至找到相关的联系。一旦找到了想要的联系记录，便可以使用和寻找节点属性一样的单向链表结构读取这种联系的属性，也可以使用联系关联的起始节点 ID 和结束节点 ID 检查它们的节点记录。用这些 ID 乘以节点记录的大小，就可以立即算出每个节点在节点存储文件中的偏移量。通过固定大小的记录和类指针记录 ID，通过数据结构周围跟随指针，可以简单实现高速遍历。要遍历一个节点到另一个节点特定的联系，数据库只需执行几个低成本的 ID 计算。

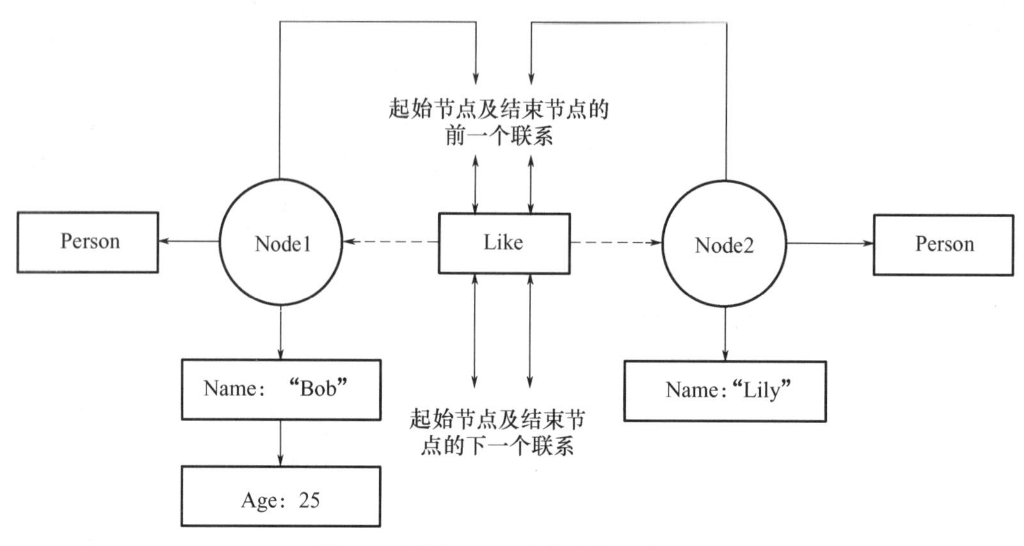

图 8.6　图在 Neo4j 中物流存储的方式

属性存储中记录的物理存储放置在文件 neostore. propertystore. bd 中。与节点存储和联系存储一样，属性记录也是有固定大小的。每个属性记录包括 4 个属性块和属性链中下一个属性的 ID。特别注意，属性持有的链表是单向的，而联系链是双向的。每个属性记录占据 1～4 个属性块，也就是说一个属性记录最多可以容纳 4 个属性。一个属性记录包含属性类型以及属性索引文件，属性索引文件存储属性名称。对于每个属性值，记录包含一个指向动态存储记录的指针或内联值。动态存储允许存储大属性值，分为动态字符串存储和动态数组存储。

3. 用于编程的 API

开发人员通过查询语言操作数据库，这种语言可以是命令式的也可以是声明式的。Neo4j 的原生查询语言是 Cypher，这是一种易学易用的语言。还有其他的 API，这取决于执行任务的目的。查询图数据库主要有核心 API、遍历框架及 Cypher 等几种方法。这几种方法都有自己的适用范围和特点。

核心 API 可以允许开发人员对他们的查询进行微调，以便与底层图有更好的联系。一个用心编写的核心 API 查询往往比其他方法速度更快。但它也存在缺点，这样的查询需要写得很具体，对开发人员的技能要求较高。此外，与底层图密切的联系使得它们的结构紧密耦合，一旦图结构发生变化，这些查询也会被破坏。Cypher 则可以容忍结构的变化，长度可变的路径减轻了结构变化对其的影响。遍历框架比核心 API 耦合性好，也不是很烦琐，因此相对于核心 API，使用遍历框架编写同等功能的结果查询比使用核心 API 更轻松。但由于遍历框架是一个通用的框架，因此它的灵活性要差些，没有核心 API 查询执行效果好。实际中可以根据对性能的要求来选择查询方法，遍历框架具有高抽象、低耦合的特性，核心 API 是底层编程接口，耦合性高。

8.1.3 图数据库的应用

图数据库在社交网络、实时推荐、征信系统、人工智能等领域有着广泛的应用。随着数据存储技术的飞速发展，图数据库作为解决多变的应用场景中的关系型数据库具有

很好的灵活性和高效性。下面以恒昌企业为例，介绍图数据库的应用情况。

图数据库，作为恒昌知识图谱的底层存储方案，是多方数据的知识融合及提炼后进行汇聚的场所，对恒昌丰富的产品线与数据技术间的承转起着重要作用。恒昌广泛使用Neo4j作为知识图谱底层图数据持久化的方案，并基于其优异的事务能力对业务团队提供实时的数据查询能力，除此外还在Titan、Gaffer等分布式图数据库或计算引擎上有着深入的研究。Neo4j是目前最成熟的图数据库之一，也是最流行的。它无论在事务、性能还是安全性、可靠性等角度，都能比拟现存最优秀的数据库系统，有些特性甚至更为优秀。如图8.7所示为恒昌应用Neo4j的典型物理存储结构图，显示了它在所有图数据库系统中的优势。

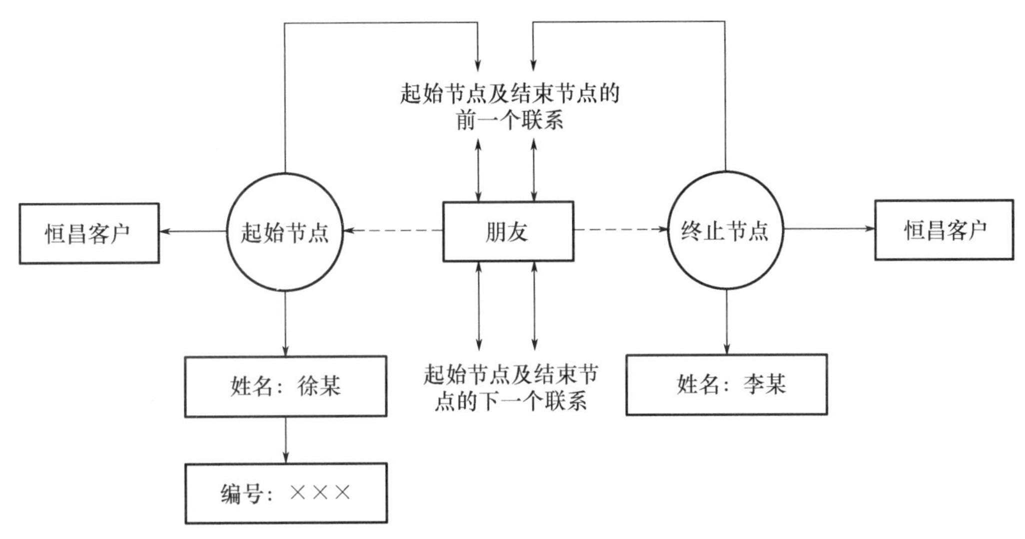

图8.7 恒昌应用Neo4j的典型物理存储结构图

将上面的案例简单地扩展一下，从一个借款客户出发，提取其周边三层关系以内的联系人在恒昌是否有借款以及具体的借款状态是非常有意义的，因为从社会网络分析的角度来讲，这些信息可以一定程度上描绘出该借款人的信用或欺诈风险。目前此类操作可以做到毫秒级响应(未优化的测试数据约为25ms)，这正是由于Neo4j中每一层关系都是物理意义上的指针连接；相同的操作，在关系型数据库里面，需要基于联系人关系表分别进行一级、两级、三级表关联操作，并将取得的结果合并、排重，这组操作即使进行了有针对性的优化，仍旧非常耗时。

从数据规模来看，目前恒昌的图数据库已经融合了多方数据，包括业务系统主要产品线各阶段的数据、用户授权数据等。这些数据形成的实体规模已过亿，所形成的关系更是多达数亿。随着恒昌产品越来越丰富，以及用户对恒昌平台越来越信任，这个数据还在持续高速增长。从数据产品来看，基于图数据库开发的知识图谱正在发挥着越来越大的作用，目前已经上线或待上线的产品覆盖了客户失联修复、反欺诈规则引擎、欺诈团伙调查等方向，近期还会覆盖风险预警等方向。

1. 欺诈团伙调查

数据科学领域有句名言叫“一图胜千言”。图数据库的优势在于它能通过“实体”和

“关系”这种简单直观的描述方法来表述现实世界中错综复杂的关联关系。然而，图数据库呈现信息的方式并不限于简单的节点和边。它可以提供逐层挖掘的方式，引导用户逐步深入分析各种关系；还可以快速及时地呈现实体之间最新的关系变化，为用户积累新鲜的知识和经验；也可以清晰地呈现复杂关系间的联络线索，为用户判断事件来龙去脉提供有效引导。此处，仍然以恒昌的客户为例，客户徐某的关系图如图 8.8 所示(因数据安全的原因，不给出全名，并对原有图结构进行了简化)，如果仅考虑该客户自己填写的信息，虽然也能看到维度关联信息，但完全看不出该结构会有什么问题，也无法进行深入调查。

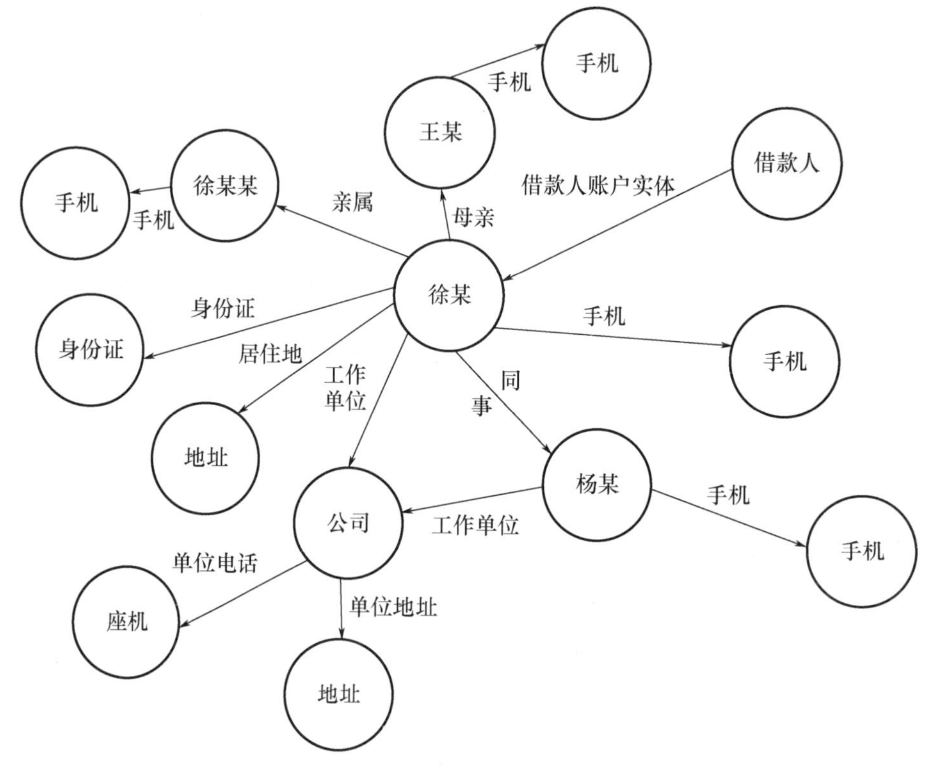

图 8.8　客户徐某的关系图

当关联信息得到补充(相对于原来的进件联系人，补充了同事、邻居、亲属、朋友等关系，还基于用户授权数据进行了深度扩展)后，暂不考虑物品(如手机号、银行账号、地址等)，仅考虑自然人，获取徐某二度关系内同时在恒昌有借款行为的用户，得到客户徐某补充关系图，如图 8.9 所示，该图每一个圆都代表一位恒昌客户，图顶部的状态说明了客户当前所处状态。仔细观察左下角以徐某为中心的四个客户(已用黑方框标出)，他们刚好是所呈现图的最大完全子图，符合图论中团的定义。再看除徐某外的三个客户：两个逾期，一个被拒。如果徐某是新入图数据库的借款人，从数学模型的角度看，几乎可以直接判定拒绝。因为符合这种状态的图，是欺诈团伙或是组团代办的概率非常大。

到这时工作并未完结，如果有需要，可以基于图中的关系尝试与几位客户联系以进行深入背景调查证实，调查的结论可以融合到图数据库中形成数据闭环，直接改善后续自动化预警的结果。

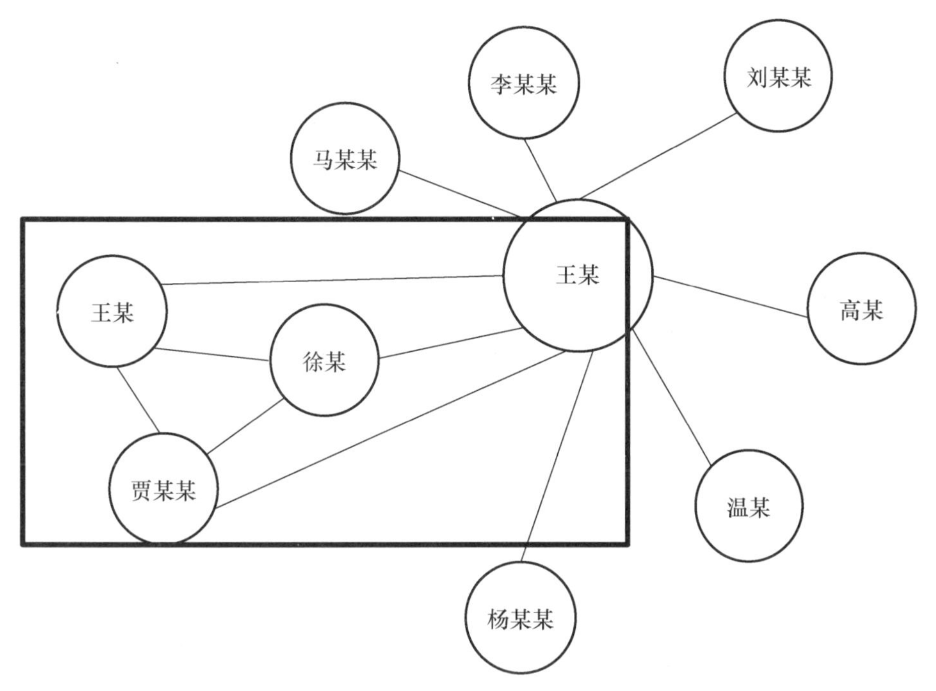

图 8.9 客户徐某补充关系图

2. 风险事件预警

尽管欺诈团伙调查能取得很不错的效果，但因为其可能需要调查员随时联系客户或其周边人群以验证调查员的推论，因此整体成本还是相当高的。为了解决这个问题，基于模型的风险事件预期就应声而出了。如果说欺诈团伙调查是主动出击，则风险事件预警更像是被动防御。它随时守护着恒昌的客户群体，一旦有判定的风险事件就会警告相关方，必要的时候可以自动向调查员提请欺诈团伙调查。

风险事件预警会通过模型生成一组类似上述欺诈团伙调查中出现的场景，但给每一个场景一个相对低一些的初始置信度，后期通过不断地反馈迭代来优化置信度。当一个新客户到来后，首先会将其信息整合到知识图谱中。紧接着，该客户会被规则引擎捕捉到，规则引擎会基于客户信息从知识图谱中提取一组特征，由该特征决定了引擎首先会触发哪些场景，而这些场景的结论可能导致规则引擎又触发另外一组场景。在满足特定条件下，最终输出结果，如果有相应的风险事件被触发，信息就会送达相关团队。

风险事件预警最有意思的地方在于，一个新客户的到来，可能会导致一个老客户的风险事件被触发。这主要是因为新客户融入知识图谱中时带进的新数据可能会让图谱中的某些子网的结构发生彻底改变。目前采用一组启发式的算法来扩展新进客户的影响，效果显著。这同时也意味着，风险事件预警并非只针对贷前风险事件，还会对贷后风险事件作为预警。例如，触发了某个老客户的潜在逾期风险时，就可以引导相关团队提前关注，在情况恶化前及时止损。具体的技术细节此处不再赘述。

3. 失联信息修复

众所周知，互联网金融的核心是风险控制。无论属于何种风险，终极的形态就是

“人间蒸发”，行话即“客户失联”。首先，是要尽量避免“失联”的。如果客户奔着欺诈而来，那几乎也注定了后续无法联系上，姑且称此类失联为“第一类失联”。其次，“失联”是无法完全避免的，主要是因为失联的“成本”很低，很多客户受到一点挫折就可能游走在“消失”与“不消失”的边缘。即使客户自身“消失”的意愿不高，换个手机号、搬个家、换个公司都有可能导致客户及其联系人完全联系不上，称此类为“第二类失联”。原则上，如果反欺诈做得好，“第一类失联”是不应该出现的；而对于第二类失联，则恰恰是图数据库大展身手之处。

将图数据库应用于失联修复是非常直接而自然的，因为图数据库的特点就是在数据丰富的条件下，能非常方便地对各类关系进行提取。恒昌的失联修复项目结合了知识图谱(基于图数据库)及传统的机器学习技术，前者作为修复策略的具体联系方式来源；后者作为策略有效性的评估依据。目前能做到失联客户实时修复，修复专员完成具体操作后会有相应的备注及日志信息，这些数据会被实时收集用于改进修复策略。本文仅拿众多策略中较为容易理解的一条来略作说明，这条策略主要从图数据库中提取，和失联客户处于同一公司，且当前住址与失联客户接近的用户作为修复中间人。虽然是一条简单的策略，但深入考虑一下会发现，国内有很多规模不小的工厂会吸引周边村子的人去工作，而这些村子可能本身规模也不小，这样的话修复中间人不见得认识失联人。因此这条简单的策略背后也会有一个启发式算法，通过公司/工厂的规模来调整当前住址需要匹配的粒度(例如，是到村、到组、还是具体到门牌相邻)。更进一步地，如果在此基础之上，修复中间人和失联人有过通话记录往来或是有通讯录关联(事实上远比这个复杂)，就大幅增加了该修复中间人的置信度，甚至可以基于此条件在图数据库查询过程中提前中止，直接返回相关结论。以上操作基于图数据库可以将数据一次取出再进行处理，基本是毫秒级响应，如果触发了提前中止，耗时可能更短；但如果基于关系型数据库，首先会涉及多张业务表的检索、关联；其次，还可能按照初次处理结果多次连接数据库，造成数据库资源的浪费。

(案例来源：https：//blog. csdn. net/TgqDT3gGaMdkHasLZv/article/details/78199666)

2017. 10. 10

8.2 基于 Flink 的大数据处理技术

Flink 是为分布式、高性能、随时可用以及准确的流处理应用程序打造的开源流处理框架。Flink 不仅能提供同时支持高吞吐和 Exactly-Once(流式系统中的语义，指严格地，有且仅处理一次)语义的实时计算，还可以提供批数据处理。Flink 的优势是它拥有诸多重要的流式计算功能，其他项目为了实现这些功能都不得不付出代价，例如，Storm 实现了低延迟，但做不到高吞吐，也不能在故障发生时准确地处理计算状态；Spark Streaming 通过采用微批处理方法实现了高吞吐和容错性，但是牺牲了低延迟和实时处理能力，也不能使窗口与自然时间匹配，且表现力欠佳。而 Flink 这一数据处理器避免了上述弊端，拥有所需的诸多功能，可以按照连续事件高效地处理数据。

8.2.1 Flink 技术简介

Flink 是大数据处理领域的新星，它不同于其他大数据项目的诸多特性吸引了越来越

多人的关注。Flink 核心是一个流式的数据流执行引擎，它针对数据流的分布式计算提供了数据分布、数据通信以及容错机制等功能。基于数据流执行引擎，Flink 提供了诸多更高抽象层的 API 以便用户编写分布式任务。Flink 将数据描述成由一组连续的元素构成的数据流，以事件驱动的方式对每个元素执行用户自定义的计算逻辑，并产生新的数据流。不过 Flink 通过对 State 的支持允许用户可以更方便地实现有状态的计算。通过负责 State 的备份、容错和分发，Flink 可以极大地减轻用户开发的负担。

Flink 对计算任务中的时间概念进行了更好的定义。Flink 中的时间分为两种：一种是处理时间(Processing Time)；另一种是事件时间(Event Time)。处理时间即服务器本地时钟的时间，而事件时间则指数据中的真实时间。事件时钟在实际应用中有着非常重要的意义。在以往流计算系统中需要用户自己去维护事件时间的事件；而 Flink 则将这些工作抽取了出来，能从乱序到达的数据中正确地推断运行时的事件时刻，允许使用事件时间的用户程序能像处理时间一样触发指定时刻的计算任务。

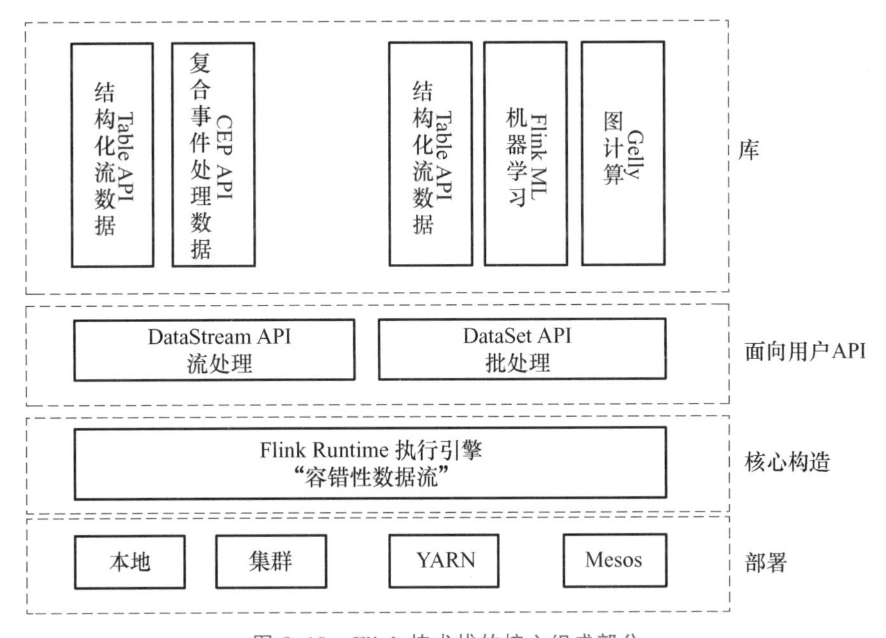

图 8.10　Flink 技术栈的核心组成部分

Flink 技术栈的核心组成部分如图 8.10 所示，其中 Flink Runtime 执行引擎是 Flink 的核心计算构造，它是一个分布式系统，能够接收数据流程序并在一台或多台机器上以容错方式执行。Flink Runtime 执行引擎可以作为 YARN 的应用程序在集群上运行，也可以在 Mesos 集群上运行，还可以在单机上运行。

【Flink 的技术架构实践】

Flink 分别提供了面向流处理的接口(DataStream API)和面向批处理的接口(DataSet API)。因此，Flink 既可以完成流处理，也可以完成批处理。Flink 支持的拓展库涉及机器学习(FlinkML)、图计算(Gelly)以及复合事件处理(CEP)，还有分别针对流处理和批处理的 Table API。Flink 提供了封装在 Runtime 执行引擎上的 API，以帮助用户更方便地生成流式计算程序。解决了 Flink Runtime 执行引擎中程序很多、代码冗长、编写复杂的问题。Flink 提供了用于流处理的 DataStream API 和用于批处理的 DataSet API。尽管 Flink Runtime 执行引擎是基于流处理的，但是 DataSet API 先于 DataStream API 被开发出来，这是因为在 Flink 诞生之初，工业领域对其无限流处理的需求小。DataStream API 可以流畅地分析无线数据流，并且可以用 Java 或者 Scala 来实现。开发人员需要基于表示永不停止的分布式数据流的 DataStream 数据结构来开发。

Flink 的分布式特点体现在它能够在很多台机器上运行，它将大型的计算任务分成许多小的部分，每个机器执行一个部分。在发生机器故障或者其他错误时，Flink 能够自动地确保计算持续进行，或者在修复 Bug、进行版本升级后有计划地再执行一次。Flink 本质上使用容错性数据流，这使得开发人员可以分析持续生成的流数据。

Flink 解决了许多问题，例如，保证了 Exactly-Once 语义和基于事件时间的数据窗口。开发人员不再需要解决应用层的相关问题，这降低了出现错误的概率。Flink 使应用程序在生产环境中具备了良好的性能。

8.2.2 Flink 的特性

Flink 的特性主要有 3 个，下面分别介绍。

1. 统一的批处理与流处理系统

在大数据处理领域，批处理任务与流处理任务一般被认为是两种不同的任务。一般情况下，一个大数据项目只能处理其中一种任务，例如 Apache Storm、Apache Smaza 只支持流处理任务，而 Aapche MapReduce、Apache Tez 和 Apache Spark 只支持批处理任务。而 Spark Streaming 是 Apache Spark 上支持流处理任务的子系统，Spark Streaming 采用了一种 Micro-Batch 的架构，把输入的数据流切分成细粒度的 Batch，并为每一个 Batch 数据提交一个批处理的 Spark 任务，所以 Spark Streaming 本质上还是基于 Spark 批处理系统对流式数据进行处理，这和 Apache Storm、Apache Smaza 等完全流式的数据处理方式完全不同。通过其灵活的执行引擎，Flink 能够同时支持批处理任务与流处理任务。

在执行引擎这一层，流处理系统与批处理系统最大的不同在于节点间的数据传输方式。对于一个流处理系统，其节点间数据传输的标准模型：当一条数据被处理完成后，序列化到缓存中，然后立刻通过网络传输到下一个节点，由下一个节点继续处理。而对于一个批处理系统，其节点间数据传输的标准模型：当一条数据被处理完成后，序列化到缓存中，并不会立刻通过网络传输到下一个节点，当缓存写满，就持久化到本地硬盘上，当所有数据都被处理完成后，才开始将处理后的数据通过网络传输到下一个节点。这两种数据传输模式是两个极端，满足的是流处理系统对低延迟的要求和批处理系统对高吞吐量的要求。Flink 同时支持这两种数据传输模型，它的执行引擎采用了一种十分灵活的方式。Flink 以固定的缓存块为单位进行网络数据传输，用户可以通过缓存块超时值指定缓存块的传输时机。如果缓存块的超时值为 0，则 Flink 的数据传输方式类似上文所提到流处理系统的标准模型，此时系统可以获得最低的处理延迟。如果缓存块的超时值为无限大，则 Flink 的数据传输方式类似上文所提到批处理系统的标准模型，此时系统可以获得最高的吞吐量。同时缓存块的超时值也可以设置为 0 到无限大之间的任意值。缓存

块的超时阈值越小，则 Flink 流处理执行引擎的数据处理延迟越低，但吞吐量也会降低；反之亦然。通过调整缓存块的超时阈值，用户可根据需求灵活地权衡系统延迟和吞吐量。

在统一的流式执行引擎基础上，Flink 同时支持了流计算和批处理，并对性能(延迟、吞吐量等)有所保障。相对于其他原生的流处理与批处理系统，并没有因为统一执行引擎而受到影响，从而大幅度减轻了用户安装、部署、监控、维护等成本。

2. 容错机制

对于一个分布式系统来说，单个进程或是节点崩溃导致整个工作失败是时常发生的事，在异常发生时不会丢失用户数据并能自动恢复才是分布式系统必须支持的特性之一。批处理系统比较容易实现容错机制，由于文件可以重复访问，当某个任务失败后，重启该任务即可。但是到了流处理系统，由于数据源是无限的数据流，导致一个流处理任务需要执行很久，将所有数据缓存或是持久化，留待以后重复访问基本上是不可行的。Flink 基于分布式快照与可部分重发的数据源实现了容错。用户可自定义对整个工作进行快照的时间间隔，当任务失败时，Flink 会将整个工作恢复到最近一次快照，并从数据源重发快照后的数据。Flink 的分布式快照实现借鉴了 Chandy 和 Lamport 在 1985 年发表的一篇关于分布式快照的论文，其主要思想如下：按照用户自定义的分布式快照间隔时间，Flink 会定时在所有数据源中插入一种特殊的快照标记消息，这些快照标记消息和其他消息一样在 DAG 中流动，但是不会被用户定义的业务逻辑所处理，每一个快照标记消息都将其所在的数据流分成两部分：本次快照数据和下次快照数据。Flink 包含快照标记消息的消息流如图 8.11 所示。

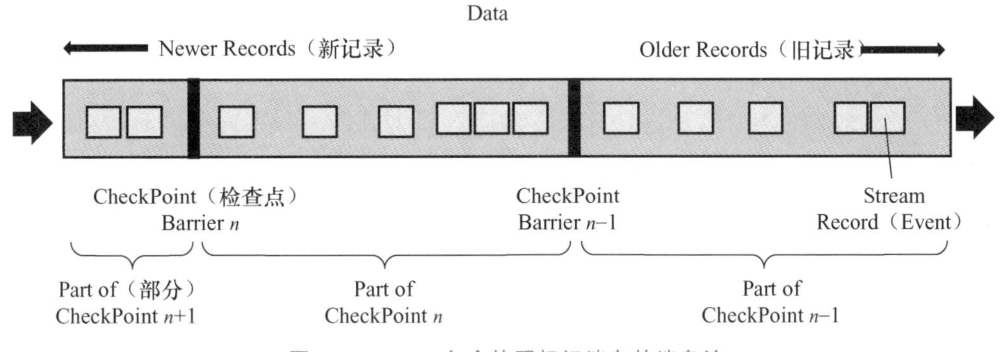

图 8.11 Flink 包含快照标记消息的消息流

快照标记消息沿着 DAG 流经各个操作符，当操作符处理到快照标记消息时，会对自己的状态进行快照并存储起来。当一个操作符有多个输入的时候，Flink 会将先抵达的快照标记消息及之后的消息缓存起来，当所有的输入中对应该次快照的快照标记消息全部抵达后，操作符对自己的状态快照并存储，随后处理所有快照标记消息之后的已缓存消息。操作符对自己的状态快照并存储可以是异步与增量的操作，并不需要阻塞消息的处理。当所有的 Data Sink(终点操作符)都收到快照标记信息并对自己的状态快照和存储后，整个分布式快照就完成了，同时通知数据源释放该快照标记消息之前的所有消息。若之后发生节点崩溃等异常情况时，只需要恢复之前存储的分布式快照状态，并从数据源重发该快照以后的消息就可以了。

Exactly-Once 是流处理系统需要支持的一个非常重要的特性，它保证每一条消息只被流处理系统处理一次，许多流处理任务的业务逻辑都依赖于 Exactly-Once 特性。相对于 At-Least-Once(至少一次，若算子处理事件失败，会再次尝试，直至有一次成功)或 At-Most-Once(最多一次，若算子处理事件失败，将不再尝试)，Exactly-Once 特性对流处理系统的要求更为严格，实现也更加困难。Flink 基于分布式快照实现了 Exactly-Once 特性。相对于其他流处理系统的容错方案，Flink 基于分布式快照的方案在功能和性能方面都具有很多优点，包括低延迟等。由于操作符状态的存储可以异步，因此进行快照的过程基本上不会阻塞消息的处理，不会对消息延迟产生负面影响。高吞吐量方面，当操作符状态较少时，对吞吐量基本没有影响；当操作符状态较多时，相对于其他的容错机制，分布式快照的时间间隔是用户自定义的，所以，用户可以权衡错误恢复时间和吞吐量要求来调整分布式快照的时间间隔。与业务逻辑的隔离，Flink 的分布式快照机制与用户的业务逻辑是完全隔离的，用户的业务逻辑不会依赖或是对分布式快照产生任何影响。错误恢复代价，分布式快照的时间间隔越短，错误恢复的时间越少，与吞吐量负相关。

3. 定制的序列化工具

分布式计算框架可以使用定制序列化工具的前提：待处理数据流通常是同一类型。由于数据集对象的类型固定，从而可以只保存一份对象 Schema 信息，节省大量的存储空间。同时，对于固定大小的类型，也可通过固定的偏移位置存取。在需要访问某个对象成员变量时，通过定制的序列化工具，并不需要反序列化整个 Java 对象，而是直接通过偏移量，从而只需要反序列化特定的对象成员变量。如果对象的成员变量较多时，能够大大减少 Java 对象的创建成本，以及内存数据的复制量。Flink 数据集都支持任意 Java 或是 Scala 类型，通过自动生成定制序列化工具，既保证了 API 接口对用户友好，也达到了和 Hadoop 类似的序列化效率。

Flink 对数据集的类型信息进行分析，然后自动生成定制的序列化工具类。Flink 支持任意的 Java 或是 Scala 类型，通过 Java Reflection 框架分析基于 Java 的 Flink 程序 UDF 的返回类型的类型信息，通过 Scala Compiler 分析基于 Scala 的 Flink 程序 UDF 的返回类型的类型信息。类型信息由 TypeInformation 类表示，这个类有诸多具体实现类，表 8-1 列出了七种序列类型。

表 8-1　七种序列类型

类型序列	类　　型
第一种	BasicTypeInfo 任意 Java 基本类型(装包或未装包)和 String 类型
第二种	BasicArrayTypeInfo 任意 Java 基本类型数组(装包或未装包)和 String 数组
第三种	WritableTypeInfo 任意 Hadoop 的 Writable 接口的实现类
第四种	TupleTypeInfo 任意的 Flink Tuple 类型(支持 Tuple1 to Tuple25)
第五种	Flink tuples 是固定长度和固定类型的 Java Tuple 实现
第六种	CaseClassTypeInfo 任意的 ScalaCaseClass(包括 Scala Tuples)
第七种	PojoTypeInfo 任意的 Pojo(Java or Scala)，例如 Java 对象的所有成员变量，要么是 Public 修饰符定义，要么有 Getter/Setter 方法。GenericTypeInfo 任意的无法匹配之前几种类型的类

此外，对于可被用作 Key 的类型，Flink 还同时自动生成 TypeComparator，用来辅助序列化后的二进制数据直接进行 Compare、Hash 等操作。对于 Tuple、CaseClass、Pojo 等组合类型，Flink 自动生成的 TypeSerializer、TypeComparator 同样是组合的，并把其成员的序列化/反序列化代理给其成员对应的 TypeSerializer、TypeComparator。

8.2.3 Flink 的应用

Flink 适合于以下几个应用场景。

(1)多种数据源：当数据是由数以百万计的不同用户或设备产生时，它假设数据会按照事件产生的顺序安全到达。在上游数据失败的情况下，一些事件可能会比它们晚几个小时，迟到的数据也需要计算，这样的结果是准确的。

(2)应用程序状态管理：当程序变得更加复杂，例如简单的过滤或者增强的数据结构，这时管理这些应用的状态将会变得比较难(例如，计数器、过去数据的窗口、状态机、内置数据库)。Flink 提供了工具，这些状态是有效的、容错的和可控的，所以不需要自己构建这些功能。

(3)数据的快速处理：有一个焦点在实时或近实时用例场景中，从数据生成的那个时刻，数据就应该是可达的。在必要的时候，Flink 完全有能力满足这些延迟。

(4)海量数据处理：这些程序需要分布在很多节点来运行从而支持所需的规模。Flink 可以在大型的集群中无缝运行，就像是在一个小集群一样。

(5)低延时的数据处理：高并发处理数据，实现毫秒级，且兼具可靠性，例如互联网金融业务、点击流日志处理以及舆情监控等。

从应用实例来看，阿里巴巴的所有基础设施团队使用 Flink 实时更新产品细节和库存信息，为用户提供更高的关联性，优化电子商务的实时搜索结果。可以通过 Flink-Powered 数据分析平台提供实时数据分析，从游戏数据中大幅缩短了观察时间，针对数据分析团队提供实时流处理服务。Bouygues 电信公司，是法国最大的电信供应商之一，使用 Flink 监控其有线和无线网络，实现快速故障响应。Zalando 使用 Flink 转换数据以便于加载到数据仓库，将复杂的转换操作转化为相对简单的并确保分析终端用户可以更快访问数据，实现商务智能分析。

下面以爱立信公司为例具体说明 Flink 的应用。

考虑到由爱立信公司提供技术支持的运营商通常拥有庞大的数据规模(每天处理 10TB～100TB 的数据，每秒处理 10 万～100 万个事件)，该公司的一支团队决定实现所谓的 Kappa 架构。2014 年，Kafka 的创始人之一 Jay Kreps 为 O' Reilly Radar 撰写了一篇批评 Lambda 架构的文章，并在其中开玩笑式地创造了“Kappa 架构”这个词。其实，Kappa 架构正是第 2 章所讨论的流处理架构。其中，数据流是设计核心，数据源不可变更，架构采用像 Flink 这样的单一流分析框架处理新鲜数据，并通过流重播处理历史数据。

爱立信公司需要实时分析云基础设施的系统性能指标和日志，从而持续地监视系统行为以确定是一切正常还是有“新奇点”出现。“新奇点”既可能是异常行为，也可能是系统状态变更，如加入了新虚拟机。爱立信团队使用的方法是将一个贝叶斯在线学习模型应用于包含电信云监控系统多个指标的数据流(遥测信息和日志事件)。

爱立信公司的研究人员 Nicolas Seyvet 和 Ignacio Mulas Viela 说道："该架构在不断地适应(学习)新系统常态的同时，能够快速且准确地发现异常。这使它成为理想工具，并能够极大地降低因大型计算设施运行而产生的维护成本。"爱立信团队构建的数据管道如图 8.12 所示。

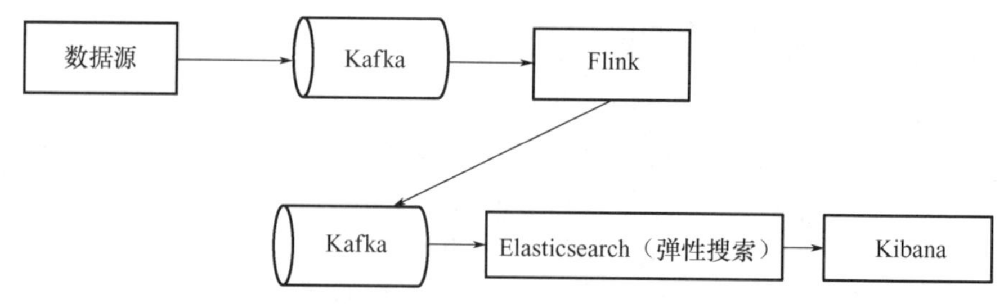

图 8.12　爱立信团队构建的数据管道

推送给 Kafka 的原始数据是来自云基础设施中的所有实体机和虚拟机的遥测信息和日志事件。它们经过不同的 Flink 作业消费之后，被写回 Kafka 主题里，然后再从 Kafka 主题里被推送给搜索引擎 Elasticsearch 和可视化系统 Kibana。这种架构让每个 Flink 作业所执行的任务有清晰的定义，一个作业的输出可以成为另一个作业的输入。图 8.12 展示了异常检测管道，每个中间流都是 Kafka 主题(以分配给它的数据命名)，每个长方形代表一个 Flink 作业。

在本案例中，Flink 对事件时间的支持主要有两个原因。(1)有助于准确地识别异常。时间对识别异常很重要，当许多日志事件在同一时间出现时，通常说明可能有错误发生。为了将这些事件正确地分组和归类，考虑它们的真实时间(而不是处理时间)很重要。(2)有助于采用流处理架构。在流处理架构中，所有的计算都由流处理器完成，升级应用程序的做法是将它们在流处理器中再次执行。用同一种计算运行两次同样的数据，必须得到同样的结果，这只有依靠事件时间操作才能实现。

Flink 在阿里巴巴搜索中有多方面的应用。在实时特征更新方面，阿里巴巴搜索排名中，产品 CTR、库存、点击数等数据被作为特征值，这些数据会随时间变化。如果总能拿到最新的数据，就能为用户提供相关性更好的搜索排名。Flink 管道提供了在线特征更新的功能，可以大大提高转化率。另外，阿里巴巴一年中会有几场大型促销，这时用户的行为也会发生巨变，交易量会剧增，往往比日常高出好几倍，之前训练好的模型在这种场景下就失效了。所以需要依靠日志和 Flink 流处理任务来进行在线机器学习。根据实时数据建立模型，大幅提升了在这些不寻常又十分重要的日子里的转化率。阿里巴巴选择 Flink 来驱动搜索引擎架构有 4 个方面原因：一是敏捷性，希望用一个代码库来维护整个搜索架构，同时期望一个高级的 API 来表达业务逻辑；二是低延迟，库存的变更必须要立刻反映在搜索结果中；三是一致性，卖家或产品数据库的变更必须反映在最终的搜索结果上，因此需要"At-Least-Once"语义；四是就开销而言，阿里巴巴有大量数据要处理，就规模而言，效率的提升会大幅节省开销，因此需要一个足够高效的框架来解决高流量问题。

8.3　基于 Kafka 的大数据处理技术

8.3.1　Kafka 技术简介

Kafka 是由领英网开源的分布式消息队列，能够轻松实现高吞吐、可拓展、高可用，并且部署简单快速、开发接口丰富。各大互联网公司已经在生产环境中广泛使用，目前已经有很多分布式处理系统支持使用 Kafka，例如 Spark、Strom、Druid、Flume 等。Kafka 分布式消息队列的优点和作用如下。

【Kafka 介绍】

(1)解耦：将消息生产阶段和处理阶段拆分开，两个阶段互相独立，各自实现自己的处理逻辑，通过 Kafka 提供的消息写入和消费接口实现对消息的连接处理。降低开发复杂度，提高系统稳定性。

(2)高吞吐率：Kafka 通过顺序读写磁盘提供可以和内存随机读写相匹敌的读写速度及灵活的客户端 API 设计，利用 Linux 操作系统提供的“零复制”特性减少消息网络传输时间，提供端到端的消息压缩传输，对同一主题下的消息采用分区存储，Kafka 通过诸多良好的特性利用廉价的机器就可以轻松实现高吞吐率。

(3)高容错、高可用：Kafka 允许用户对分区配置多副本，Kafka 将副本均匀地分配到各个 Broker 存储，保证同一个分区的副本不会在同一个机器上存储(集群模式下)，多副本之间采用 Leader-Follower 机制同步消息，只有 Leader 对外提供读写服务，当 Leader 意外失败、Broker 进程关闭、服务宕机等情况导致数据不可用时，Kafka 会从 Follower 中选择一个 Leader 继续提供读写服务。

(4)可拓展：理论上 Kafka 的性能随着 Broker 的增多而增加，增加一个 Broker 只需要为新增加的 Broker 设置一个唯一编号，编写好配置文件后，Kafka 通过 ZooKeeper 就能发现新的 Broker。

(5)对峰值的处理：如秒杀系统、双十一等促销活动的爆发式集中支付系统、推荐系统等都需要消息队列的介入，这类系统在某个时间点数据会爆发式增长，后台处理系统不能够及时处理峰值请求，如果没有消息队列的接入就会造成后台系统处理不及时，请求数据严重积压，如此恶性循环最终导致系统崩溃。Kafka 的接入能够使数据进行冗余存储，并保证消息顺序读写，相当于给系统接入了一个大的缓冲区，既能接受持续暴增的请求，又能根据后台系统的处理能力提供数据服务，进而提高各业务系统的峰值处理能力。

Kafka 有如此多的优点并且被广泛认可和使用，完全得益于它优秀的设计架构以及丰富的开发接口。下面详细介绍 Kafka 的设计架构，其示意图如图 8.13 所示。

Broker：启动 Kafka 的一个实例就是一个 Broker，默认端口 9092。一个 Kafka 集群可以启动多个 Broker 同时对外提供服务，Broker 不保存任何 Producer 和 Consumer 相关的信息。

Topic：主题。Kafka 中同一类型数据集的名称，相当于数据库中的表，Producer 将同一类型的数据写入同一个 Topic 下，Consumer 从同一个 Topic 消费同一类型的数据。逻辑上同一个数据集只有一个 Topic，如果设置一个 Topic 有多个 Partition 和多个 Repli-

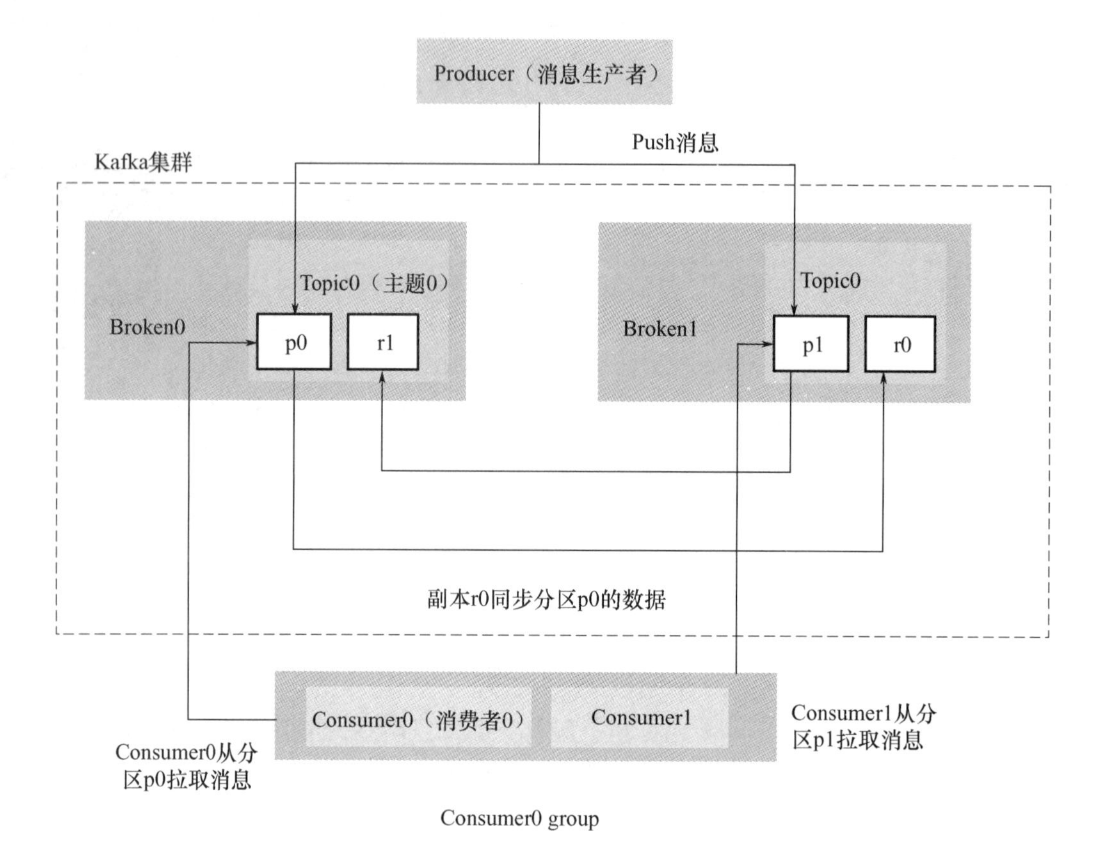

图 8.13 Kafka 设计架构示意图

cation，在物理上同一个 Topic 的数据集会被分成多份存储到不同的物理机上。

Partition：分区。一个 Topic 可以设置多个分区，相当于把一个数据集分成多份，分别放到不同的分区中存储。一个 Topic 可以有一个或者多个分区，在创建 Topic 的时候可以设置 Topic 的 Partition 数，如果不设置则默认为 1。理论上 Partition 数越多，系统的整体吞吐率就越高，但在实际应用中并不是 Partition 越多越好，过多的 Partition 在 Broker 宕机时反而需要重新对 Partition 选主，在这个过程中耗时太久会导致 Partition 暂时无法提供服务，造成写入消息失败。分区命名规则是 Topicname-Index(如 Testtopic-1、Testtopic-2 等)。

Segment：段文件。Kafka 中最小的数据存储单位。Kafka 可以存储多个 Topic，各个 Topic 之间隔离没有影响。一个 Topic 包含一个或者多个 Partition，每个 Partition 在物理结构上是一个文件夹，文件夹名称以 Topic 名称加 Partition 索引的方式命名。一个 Partition 包含多个 Segment，每个 Segment 以 Message 在 Partition 中的起始偏移量命名以 log 结尾的文件，Productor 向 Topic 中发布消息会被顺序写入对应的 Segment 文件中。Kafka 为了提高写入和查询速度，在 Partition 文件夹下每一个 Segment Log 文件都有一个同名的索引文件，索引文件以 Index 结尾。

Offset：消息在分区中的偏移量，用来在分区中唯一地标识这个消息。

Replication：副本。一个 Partition 可以设置一个或者多个副本，副本主要保证系统

能够持续不丢失地对外提供服务。在创建 Topic 时可以设置 Partition 的 Replication 数。

Producer：消息生产者。负责向 Kafka 中发布消息。

Consumer Group：消费者所属组。一个 Consumer Group 可以包含一个或者多个 Consumer，当一个 Topic 被一个 Consumer Group 消费时，Consumer Group 内只能有一个 Consumer 消费同一条消息，不会出现同一个 Consumer Group 中多个 Consumer 同时消费一条消息造成一个消息被一个 Consumer Group 消费多次的情况。

Consumer：消息消费者。Consumer 从 Kafka 指定的主题中拉取消息，如果一个 Topic 有多个分区，Kafka 只能保证一个分区内消息的有序性，在不同的分区之间却无法保证。

ZooKeeper：ZooKeeper 在 Kafka 集群中主要用于协调管理，Kafka 将元数据信息保存在 ZooKeeper 中，通过 ZooKeeper 的协调管理来实现整个 Kafka 集群的动态扩展、各个 Broker 负载均衡、Productor 通过 ZooKeeper 感知 Partition 的 Leader、Consumer 消费的负载均衡并可以保存 Consumer 消费的状态信息，Kafka 0.9 版本之前 Consumer 消费消息的偏移量记录在 ZooKeeper 中，0.9 版本之后则由 Kafka 自己维护 Consumer 消费消息的偏移量。

8.3.2 Kafka 功能介绍

Kafka 主要有高吞吐、高可用等功能，下面将分别介绍。

1. 高吞吐功能

【大数据之 Kafka】

Kafka 通过顺序读写磁盘提供可以和内存随机读写相匹敌的读写速度，使用 Sendfile 技术实现“零复制”以减少消息网络传输时间，通过对客户端的优化设计来提高消息发布和订阅的性能，对同一主题下的消息采用多分区存储，Kafka 通过诸多良好的特性利用廉价的机器就可以轻松地实现高吞吐率。

磁盘存储的最大优势是成本低、存储能力强、持久化时间长，不同的消费者可以对同一个消息多次处理，但是人们普遍认为磁盘的读写速度比内存的读写速度差很多。经过测试，磁盘顺序读写的性能比内存随机读写的性能还要高，而磁盘随机读写的性能就很差，都是在磁盘上进行读写操作，磁盘顺序读写的性能比磁盘随机读写的性能要高，其主要原因是传统的机械硬盘在随机读写过程中磁头和探针需要快速地频繁转动寻道，寻道过程耗费了大量时间，严重影响了磁盘的读写性能。

Page Cache(页缓存)是操作系统分配的一块闲置内存区域，当有其他应用程序申请内存时，操作系统会释放一部分页缓存来满足应用程序的内存需求。当有应用程序需要读取文件数据时，操作系统首先在页缓存中查找是否有应用程序要读取的数据，如果没有则将目标文件数据先加载到页缓存中，然后从页缓存中将数据发送给应用程序。当应用程序需要将数据写入文件中时，操作系统先将应用程序发送的数据缓存到页缓冲区并标记为脏页进行管理，操作系统周期性地将脏页数据写入磁盘文件中。

Kafka 很好地利用了页缓存的高速读写性能。当 Producer 向 Kafka 发布消息时，Broker 接收到消息先将消息写入页缓存并且标记为脏页，操作系统周期性地将脏页数据写入分区内的 Log 文件中；当 Consumer 有拉取操作时，先从页缓存中查找，如果在页缓存中命中需要拉取的消息则直接将消息拉取走，如果发生缺页的情况则从 Log 文件中将数据加载到页缓存返回给 Consumer。通过页缓存的使用，减少了数据传输次数和网络开销，如果 Producer 写入 Kafka 和 Consumer 从 Kafka 中拉取的速度达到一个平衡点，完全可以在页缓存中达到交换数据的目的。

Kafka 使用 Scala 开发完成，Scala 依赖于 JVM，JVM 自动完成垃圾回收，当执行一次 Full GC 时需要“Stop the Word”，除了 GC 所需线程之外，其他线程都要停止工作，直到 Full GC 结束。如果在 Kafka 中消息全部缓存到 JVM 且对象比较大时，会频繁引起 Full GC，严重影响 Kafka 性能。Kafka 的设计中采用页缓存的方式缓存消息，避免在 JVM 内部缓存数据带来的负面影响。如果 Kafka 重启或者意外宕机，JVM 线程内部的缓存都会被清除，而操作系统管理的页缓存不会受到任何影响，可以继续使用，避免了消息丢失的风险。

Kafka 的设计通过前面介绍的磁盘存储顺序读写、巧妙利用操作系统页缓存取得了较好性能，但是 Kafka 的工程师们没有停下继续对 Kafka 的架构和实现方式进行优化的脚步。Kafka 为了进一步优化性能还采用了 Sendfile 技术，通过“零复制”发送数据，实现高效数据传输。

没有使用“零复制”技术的应用程序之间的数据传输过程为：第一步，操作系统将数据从磁盘读入内核空间中的页缓存；第二步，应用程序将数据从内核空间读入用户空间缓冲区；第三步，应用程序将数据写回到内核空间放入的 Sock 缓冲区中；第四步，操作系统将数据从 Socket 缓冲区复制到 NIC 缓冲区，并通过网络发送出去。整个数据传输过程中，同一份数据在内核与应用程序之间多次复制，传输效率低下。应用 Sendfile 技术之后取消了内核与应用程序缓存之前的传输，数据从磁盘读取出来后直接从内核缓冲区发送到 NIC 缓冲区，大大简化了数据传输流程，提高了数据传输效率，为 Kafka 高吞吐的实现提供了高效的数据传输保障。

Kafka 将一个主题数据分成多个分区存储，每一个分区对应 Consumer 的一个处理线程。理论上讲，分区越多 Consumer 的并发处理能力越强，但是随着分区的不断增长，Consumer 启动的线程数也会越来越多。线程的启动需要占用一部分资源，过多的分区可能不会提高性能，反而会增加系统负担降低性能。分区数量的选择要根据具体使用场景，需要经过多次测试，设置合理的分区数，提高系统性能。

Kafka 在 0.8 版本以后提供 Producer 端 Ack 机制，设置 Producer 发送消息到 Broker 是否等待接收 Broker 返回成功送达的信号。0 表示 Producer 发送消息到 Broker 之后不需要等待 Broker 返回成功送达的信号，这种方式吞吐量高，但是存在数据丢失的风险，Retries配置的发送消息失败重试次数将失效。1 表示 Broker 接收到消息成功写入本地 Log 文件后向 Producer 返回成功接收的信号，不需要等待所有的 Follower 全部同步完消息后再作回应，这种方式在数据丢失风险和吞吐量之间做了平衡。All 或者-1 表示 Broker 接收到 Producer 的消息成功写入本地 Log 并且等待所有的 Follower 成功写入本地 Log 后向 Producer 返回成功接收的信号，这种方式能够保证消息不丢失，但是性能最差。应根据使用场景灵活选取 Ack 方式。

Kafka Producer 发送消息时通过配置“batch. size”和“timeout. ms”两个配置项，分别设置批量发送消息数量和等待发送延迟时间来启动批量发送消息功能，Kafka Pro-

ducer 在等待发送期间会在内存中不断积累消息，当消息达到一定数量或者等待时间到达时，批量将消息发送到 Kafka。批量发送策略降低了 Producer 端发送消息的网络 IO 次数，有效提高了 Producer 发送消息的效率。

当有大批量的数据需要写入 Kafka 时，影响性能下降的因素可能不是内存、CPU、磁盘等，瓶颈可能是网络带宽。Kafka 提供了端到端的数据压缩传输，在 Producer 端通过设置“compression. type”指定发送消息的压缩格式就可以轻松实现。这对于带宽资源有限、跨机房、跨数据中心的消息传输尤为重要。写入 Kafka 的批量压缩数据不会在 Kafka 中解压缩，而是以压缩状态存储，由 Consumer 解压缩处理。虽然 Consumer 端解压缩处理过程增加了 CPU 的开销，但是对于在网络带宽性能瓶颈的场景下，能够有效提高 Kafka 吞吐量。

2. 高可用功能

Kafka 中的 Topic 采用分区存储数据，一般分区数要多于 Broker 数，从而保证各分区 Leader 能够均匀地分布到各个 Broker 节点。每个分区可以配置多个副本，副本数包含分区本身。多个副本中会“选举”一个 Leader 对外提供服务，其他副本只是与 Leader 保持心跳同步数据，同步数据的顺序与 Leader 保持一致，顺序存储。当 Leader 失败不能提供服务后，Kafka 会从其他存活的副本中重新选取 Leader 继续提供服务。虽然为分区添加副本可能会对吞吐性能有一些影响，但是保证了系统的稳定性，提高了系统的容错能力。

Kafka 会从 Broker 中选取一个作为 Controller 控制器，Controller 在整个 Kafka 集群中只有一个，作为全局的 Leader 负责整个集群的管理，包括 Topic 分区管理、Broker 管理和 Topic 的操作等。Kafka 为 Controller 提供了优雅、高效的容错机制。当启动 Kafka 时，各个 Broker 都会争相向 ZooKeeper 创建 Controller ZNode(在 Zookeeper 中，节点也称为 ZNode)，该 ZNode 只会由一个 Broker 创建成功，创建成功的 Broker 被选举为 Controller，竞选失败未成为 Controller 的 Broker 会在 Controller ZNode 上创建监听。当 Broker 宕机或者其他原因导致 Broker 运行失败时，Controller 的 ZNode 会被删除，其他监听的 Broker 继续按照上面描述的步骤竞选 Leader。Kafka 提供的这种 Controller 竞选方式简洁、高效，而且能够容忍更多的 Broker 失败，只要有一个 Broker 存活都可以竞选成功为 Controller。

如果创建 Topic 设置了多个分区，则 Controller 负责分区 Leader 选举，初始化创建时，第一个分区采用随机分配 Broker 的方式，第一个被分配的分区则为 Leader。当 Topic 完全创建成功之后，Controller 会一直监控各个 Broker 及各个分区的状态。Kafka 在 ZooKeeper 中动态维护了一个目前存活的 Follower 同步副本(In-Sync Replicas，ISR)的集合，如果在 Follower 副本长时间没有与 Leader 进行心跳连接或者 Follower 同步副本的消息严重落后于 Leader 中存储的消息时，该 Follower 副本将会被从 ISR 中移除，这个超时时间由 replica. lag. time. max. ms 参数设置。一旦某个分区的 Leader 出现异常运行失败，Controller 将会从 ISR 中选择一个与之前 Leader 数据同步一致的副本作为新的 Leader。

还有一种特殊情况，全部副本都运行失败，在 ISR 中没有存活的副本，此时选择 Leader 有两种情况。第一种是等待 ISR 集合中的任何一个副本恢复之后作为 Leader。这样的优点是重新恢复的副本与原来 Leader 数据一致，不会造成丢数据的风险；缺点是如果ISR中的副本没有一个能够再次恢复启动，则整个系统不可用。第二种选择是不管是ISR中的副本还是从ISP中已经移除淘汰的副本，只要有一个副本启动起来就把该副本作为Leader。这样做的优点是增大了系统能够再次恢复服务的可能；缺点是如果先恢复的是之前被淘汰的副本，可能与之前Leader数据不同步，造成数据丢失。这就需要在一致性和可用性之间做一个平衡，以求达到一个比较满意的效果。

8.3.3 Kafka的应用

【Kafka实战-简单示例】

Kafka可以像消息系统一样读写数据流，可以在实时业务的场景中写可靠的流处理应用，并且能安全地存储数据流到分布式、多副本、容错的集群中。Kafka就是一个消息中间件。

消息系统或者说消息队列中间件是当前处理大数据的一个非常重要的组件，用来解决应用解耦、异步通信、流量控制等问题，从而构建一个高效、灵活、消息同步和异步传输处理、存储转发、可伸缩和最终一致性的稳定系统。当前比较流行的消息中间件有Kafka、RocketMQ、RabbitMQ、ZeroMQ、ActiveMQ、MetaMQ和Redis等，这些消息中间件在性能及功能上各有所长。如何选择一个消息中间件取决于业务场景、系统运行环境、开发及运维人员对消息中件间掌握的情况等。Kafka在下面这些场景中会是一个不错的选择。

(1)消息系统。作为一款优秀的消息系统，Kafka具有高吞吐量、内置的分区、备份冗余分布式等特点，为大规模消息处理提供了一种很好的解决方案。

(2)应用监控。利用Kafka采集应用程序和服务器健康相关的指标，如CPU占用率、IO、内存、连接数、TPS、QPS等，然后将指标信息进行处理，从而构建一个具有监控仪表盘、曲线图等可视化监控系统。例如，很多公司采用Kafka与ELK整合构建应用服务监控系统。

(3)网站用户行为追踪。为了更好地了解用户行为、操作习惯，改善用户体验，进而对产品升级改进，将用户操作轨迹、内容等信息发送到Kafka集群上，通过Hadoop、Spark或Strom等进行数据分析处理，生成相应的统计报告，为推荐系统推荐对象建模提供数据源，进而为每个用户进行个性化推荐。

(4)流处理。需要将已收集的流数据提供给其他流式计算框架进行处理，用Kafka收集流数据是一个不错的选择，而且当前版本的Kafka提供了Kafka Streams支持对流数据的处理。

(5)持久性日志。Kafka可以为外部系统提供一种持久性日志的分布式系统。日志可以在多个节点间进行备份，Kafka为故障节点数据恢复提供了一种重新同步的机制。同时，Kafka很方便与HDFS和Flume进行整合，这样就方便将Kafka采集的数据持久化到其他外部系统中。

作为基础服务，Kafka在搜狗商业平台广泛应用于各类数据业务。为了便于采集各业务系统的日志数据，通过自行开发的Kafka Producer收集日志，它支持日志文件切分、故障恢复、断点续传和失败重试，已作为基础组件部署在产生数据的各应用服务器上，各应用只需把数据写入日志文件，即可将数据按需收集并传输至Kafka集群。下游的消费系统可进一步对系统日志数据进行实时处理。商业平台Kafka应用架构如图8.14所示。Kafka将很多统计分析类应用的响应时间提升到了秒级。

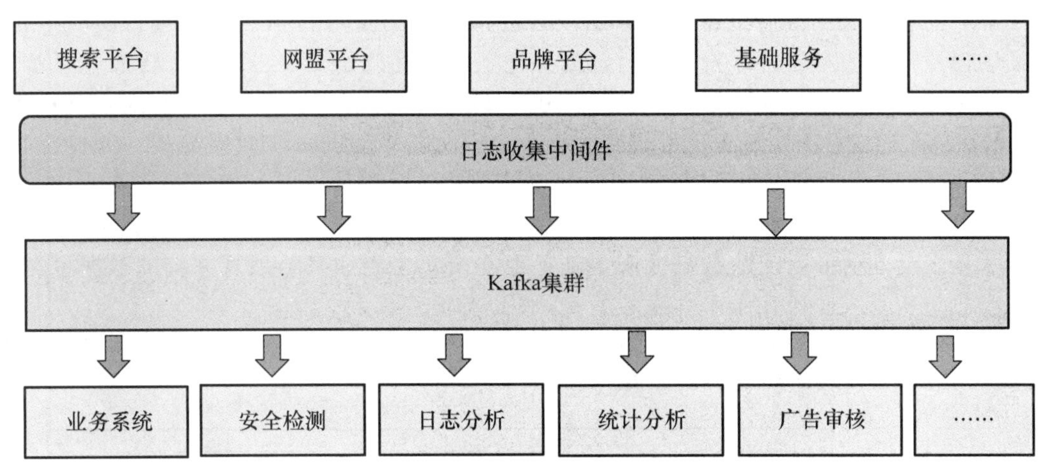

图 8.14 商业平台 Kafka 应用架构

在搜狗商业平台，每天会产生上亿级广告的状态变化数据，包括新增/修改广告的审核、关键词的调价、暂停投放及恢复投放等。这些广告状态变化的数据都需要实时监控获取并传输到后端服务系统，再进行广告的相关处理。

在引入 Kafka 之前，原广告状态变更处理架构如图 8.15 所示，对每类广告状态变化业务，都需要单独设立一条数据传输通道。

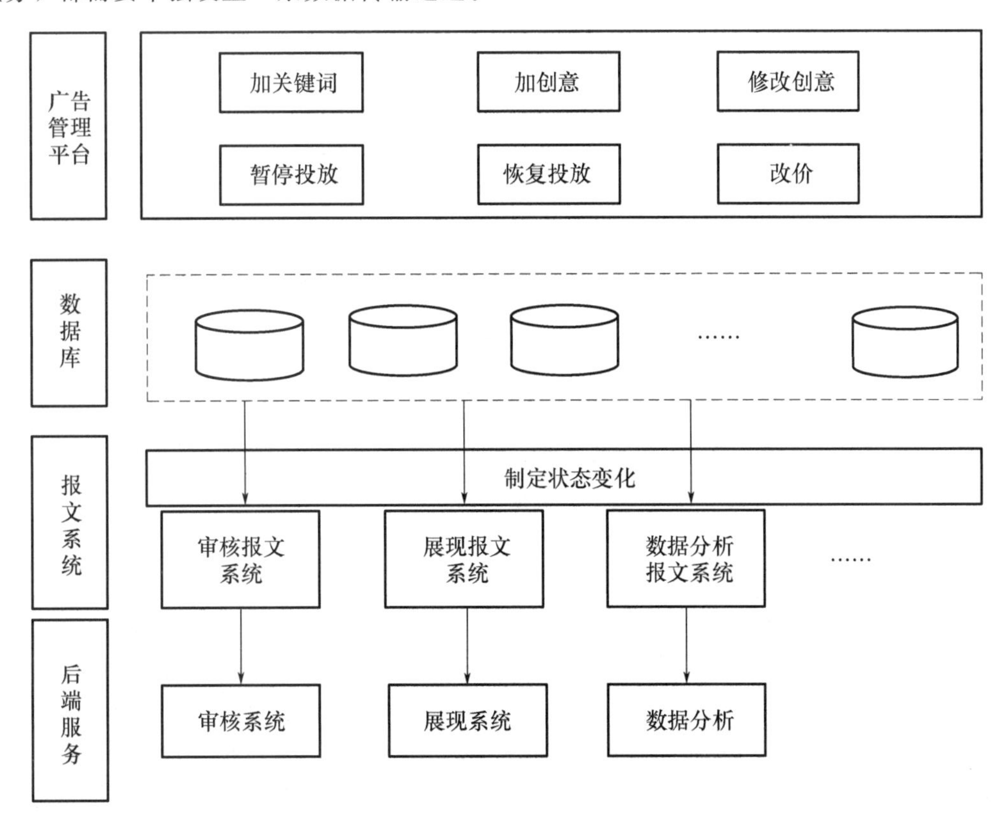

图 8.15 原广告状态变更处理架构

广告主新提交广告后，需要把新增广告的消息传输给广告审核系统进行实时审核；广告主对投放中的广告做改价操作后，需要把该广告的改价消息传输给广告展现系统进行展现策略调整；广告主暂停对某个广告的投放后，需要通知展现系统停止展现该广告；而对于每条广告的各种状态变化，也都需要统一收集并做进一步数据分析。如此一来，每新增一类广告样式或新增一种状态变化，都需要在报文系统层单独定制状态变化的监控，并与后端服务系统进行单对单的数据传输，系统的扩展性和开发维护成本都比较高，并且发给各后端业务系统的数据之间可能还存在交集，例如发给展现系统的数据也需要发给数据分析系统一份，作业也就存在一定的资源浪费。

引入 Kafka 后广告状态变更处理架构如图 8.16 所示，用 Kafka 来统一收集各种广告状态的变化数据，由下游系统订阅获取。

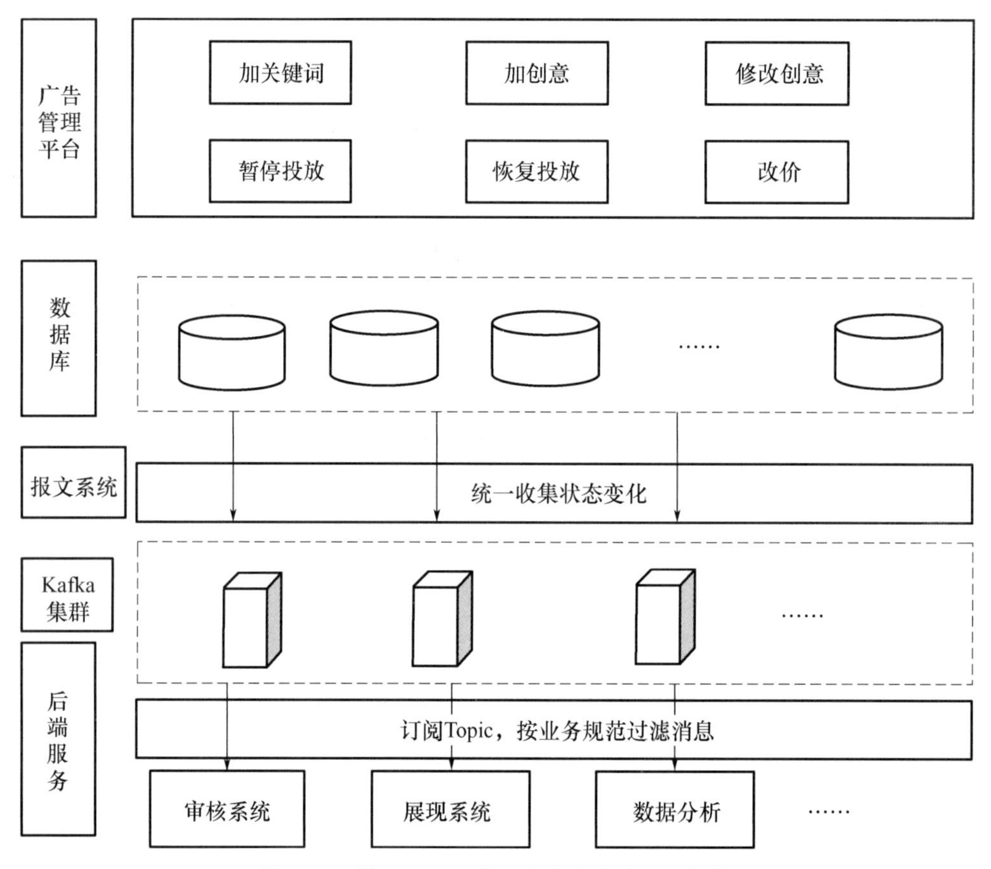

图 8.16　引入 Kafka 后广告状态变更处理架构

引入 Kafka 后，报文系统负责统一收集广告的状态变化消息并写入 Kafka，供下游系统使用。一方面，系统规模可横向扩展，消息传输的吞吐率得以极大提升，能够满足日均亿级消息量的实时传输；另一方面，也满足了各类业务场景的向后兼容性，对于新增类型的广告状态变化，只需数据订阅端按需订制自己关心的数据并对消息进行解析过滤即可。(案例来源：https：//blog. csdn. net/wender/article/details/78545032)

2017. 11. 15

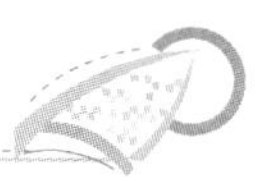

本章小结

本章围绕图数据库技术、Flink技术以及Kafka技术展开介绍，重点介绍了每种技术的概念、功能框架及应用案例。在图数据库部分，着重介绍了它的体系结构模式和组件，揭示了图数据库与其他复杂的、结构可变的、紧密关联的数据的存储方法和查询方法的不同之处。此外以恒昌为例，介绍了图数据库的应用。在Flink技术的介绍中，讲述了它特有的功能和性质，描述了Flink技术在爱立信公司的应用情况。Kafka技术则侧重于功能和应用场景的介绍。本章作为前述内容的补充，能够使读者对大数据处理技术有一个全面的了解和掌握。

关键术语

(1)属性关系　(2)底层存储　(3)原生图处理　(4)容错机制
(5)序列化工具　(6)设计构架　(7)应用架构

习　题

1. 选择题

(1)Flink的核心计算构造是(　　)。

A. Flink Runtime执行引擎　B. DataStream API
C. DataStream API　D. DataSet API

(2)以下不属于Flink的特性的是(　　)。

A. 统一的批处理与流处理系统　B. 高吞吐功能
C. 定制的序列化工具　D. 容错机制

(3)属性记录是固定大小的，一个属性记录最多可以容纳(　　)个属性。

A. 2　B. 3
C. 4　D. 5

(4)Kafka中的Topic采用分区存储数据，--般分区数要(　　)Broker数，从而保证各分区Leader能够均匀地分布到各个Broker节点。

A. 大于　B. 小于
C. 等于　D. 不等于

(5)Flink本质上使用(　　)数据流，这使得开发人员可以分析持续生成且永远不结束的数据。

A. 容错性　B. 完整性
C. 机密性　D. 实时性

(6)以下哪一项不是图数据库的应用场景？(　　)

A. 社交网络　B. 征信系统
C. 实时推荐　D. 有容错功能的场景

2. 判断题

(1)在处理图数据时，其内部存储结构往往采用邻接矩阵或邻接表的方式。 (　　)

(2)所有图数据库使用的都是原生图存储。 (　　)

(3)Kafka只能保证一个分区内消息的有序性，在不同的分区之间则无法保证。 (　　)

(4)Kafka通过乱序读写磁盘提供了可以和内存随机读写相匹敌的读写速度。 (　　)

(5)Flink同时支持流计算和批处理。 (　　)

(6)Flink以固定的缓存块为单位进行网络数据传输。 (　　)

3. 简答题

(1)图数据库有哪些优点和缺点?

(2)Flink技术的应用场景有哪些?

(3)Flink技术如何实现批处理与流处理系统之间的统一?

(4)简述Kafka分布式消息队列的作用。

(5)简述Kafka的主要架构。

(6)图数据库原生图处理和存储是如何实现的?

附录
常用中英文术语对照表

标记说明：

1. （ ）表示缩写，如：
Abstract Syntax Tree（AST） 抽象语法树
2. /表示两种形式都可以，如：
Comma-Separated Values（CSV） 逗号分隔值/字符分隔值

A

Abstract Syntax Tree（AST） 抽象语法树
administration 管理
agent 代理商
Alternating Least Squares（ALS） 最小交替二乘法
Amazon Simple Queue Service 亚马逊简单队列服务
Amazon Web Services（AWS） 亚马逊云计算服务
Application Master 应用程序管理员
Application Program Interface（API） 应用程序编程接口
Availability Zone 可用区

B

batch 批处理
Berkeley Data Analysis Stack（BDAS） 伯克利数据分析栈
block 块
Block Access Layer 块访问层
BlockReport 块报告
bucket 桶
bug 漏洞
Business Intelligence（BI） 商务智能

C

cache 高速缓存

center　中心
Central Processing Unit（CPU）　中央处理器
channel　通道
client　客户端
combine　结合
Command Line Interface（CLI）　命令行接口
Complex Event Processing（CEP）　复合事件处理
Compressor Service　压缩机服务
complete　完成
compute　函数/计算
Comma-Separated Values（CSV）　逗号分隔值/字符分隔值
container　集装箱
Container Launch Context（CLC）　容器启动上下文
Content Delivery Network（CDN）　内容分发网络
Continuous Computation　连续计算
core　核
copy　复制
Customer Relationship Management（CRM）　客户关系管理

D

date　数据
Data Stream　数据流/流式数据
DataNode On-line Volume Management　DataNode 在线卷管理
DBConnect　数据库连接
dependency　依赖
deployment　部署
Directed Acyclic Graph（DAG）　有向无环图
Distributed File System（DFS）　分布式文件系统
Distributed SQL（DISQL）　分布式数据分析语言
Discretized Stream（DStream）　离散流
Dots Per Inch（DPI）　每英寸点数
duration　间隔
Dynamic Partition（DP）　动态分区

E

Eclipse Public License（EPL）Eclipse　公共许可证
Edge Locations　边缘节点
Elastic Block Storage（EBS）　块级存储服务
Elastic Compute Cloud（EC2）　弹性计算云

Elastic Load Balancing（ELB） 弹性均衡器
Elastic Map Reduce（EMR） 弹性映射化简
event 事件
execute 查询
Extraction-Transformation-Loading（ETL） 抽取-转换-加载

F

fetch 拉取
file 文件
File Transfer Protocol（FTP） 文件传输协议
format 格式

G

Garbage Collector（GC） 内存垃圾收集器
General Packet Radio Service（GPRS） 通用无线分组业务
Graph Database 图数据库
grouping 分组
Global Infrastructure 全局基础设施
Global Positioning System（GPS） 全球定位系统
Google 谷歌公司
Google File System（GFS） 谷歌公司开发的分布式文件系统

H

Hadoop Distributed File System（HDFS） 基于 Hadoop 的分布式文件系统
Heartbeat Message 心跳消息
Hibernate Query Language（HQL）Hibernate 查询语言
High Availability（HA） 高可用性
Hyper Text Transport Protocol（HTTP） 超文本传输协议

I

Identity and Access Management（IAM） 存取管理
Indexer 索引器
input 输入
In-Sync Replicas（ISR） 同步副本
Internet Technology（IT） 互联网技术
Internet Data Center（IDC） 互联网数据中心

J

Java Database Connectivity（JDBC） Java 数据库连接

JavaScript Object Notation（JSON） JS对象简说
Java Virtual Machine（JVM） Java虚拟机

K

key 码/键

L

length 长度
lineage 血统
locality 位置
Log Statistical Platform（LSP） 日志分析平台

M

Massively Parallel Processing（MPP） 大规模并行处理
Message Queue 消息队列

N

Namespace 名称空间
narrow 狭窄的
node 节点

O

On-Line Analytical Processing（OLAP） 联机分析处理
On-Line Transaction Processing（OLTP） 联机事务处理
Open DataBase Connectivity（ODBC） 开放式数据库连接
output 输出

P

partition 分区
Policy Controller 策略控制器
portal 门户
Portable Operating System Interface（POSIX） 可移植操作系统接口
protocol 协议

Q

query 查询

R

rack 机架

Rack-aware　机架感知
Really Simple Syndication（RSS）　简易信息集合
Redundant Arrays of Independent Disks（RAID）　独立磁盘冗余阵列
region　区域
RegionServer　区域服务器
Relational Database Service（RDS）　关系型数据库服务
Relational Database Management System（RDBMS）　关系数据库管理系统
Remote Dictionary Server（Redis）　远程字典服务
Remote Procedure Call（RPC）　远程过程调用
replication　复制
Resilient Distributed Datasets（RDD）　弹性分布式数据集
Resouce Manager　资源管理
Round-Robin　轮转调度

S

sampling　取样
scheduler　调度器
schema　模式
secondary　辅助的
server　服务器
Simple Message Transfer Protocol（SMTP）　简单邮件传输协议
Simple Storage Service（S3）简单存储服务
sink　汇集
slide　滑动
socket library　套接字库
Solid State Disk（SSD）　固态盘
source　源
split　分片
stage　阶段
Static Partition（SP）　静态分区
Strategic Business Unit（SBU）　战略业务单元
Stream Processing　信息流处理
Structured Query Language（SQL）　结构化查询语言
System of Record（SOR）　记录系统

T

table　表
text　文本
Transmission Control Protocol（TCP）　传输控制协议

topology　拓扑
tuple　元组

U

Uniform Resource Locator（URL）　统一资源定位器
User Behavior Tracking（UBT）　用户行为数据
User Data Protocol（UDP）　用户数据报协议
User Define Function（UDF）　用户自定义函数

V

value　价值
variety　多样化
velocity　速度
Virtual Private Cloud　私有云
volume　量/卷

W

Web User Interface（WUI）　Web用户界面
wide　宽阔的
window　窗口

Y

Yet Another Resource Negotiator（YARN）　另一个资源管理器

参考文献

埃伦·弗里德曼，科斯塔斯·宙马斯，2018. Flink基础教程［M］. 王绍翾，译. 北京：人民邮电出版社.

安俊秀，王鹏，靳宇倡，2015. Hadoop大数据处理技术基础与实践［M］. 北京：人民邮电出版社.

陈敏敏，王新春，黄奉线，2015. Storm技术内幕与大数据实践［M］. 北京：人民邮电出版社.

范东来，2015. Hadoop海量数据处理技术详解与项目实战［M］. 北京：人民邮电出版社.

黄东军，2017. Hadoop大数据实战权威指南［M］. 北京：电子工业出版社.

李联宁，2016. 大数据技术及应用教程［M］. 北京：清华大学出版社.

刘军，2013. Hadoop大数据处理［M］. 北京：人民邮电出版社.

刘永川，2017. Apache Spark机器学习［M］. 闫龙川，高德荃，李君婷，译. 北京：机械工业出版社.

王家林，段智华，2017. Spark内核机制解析及性能调优［M］. 北京：机械工业出版社.

王家林，夏阳，2017. Spark Streaming技术内幕及源码剖析［M］. 北京：清华大学出版社.

姚海鹏，王露瑶，刘韵洁，2017. 大数据与人工智能导论［M］. 北京：人民邮电出版社.

于俊，向海，代其锋，等，2016. Spark核心技术与高级应用［M］. 北京：机械工业出版社.

袁汉宁，王树良，程永，等，2015. 数据仓库与数据挖掘［M］. 北京：人民邮电出版社.

张俊林，2014. 大数据日知录架构与算法［M］. 北京：电子工业出版社.

张良均，樊哲，位文超，等，2017. Hadoop与大数据挖掘［M］. 北京：机械工业出版社.

周苏，王文，2016. 大数据导论［M］. 北京：清华大学出版社.

北京大学出版社本科电子商务与信息管理类教材(已出版)

序号	标准书号	书名	主编	定价
1	7-301-12349-2	网络营销	谷宝华	30.00
2	7-301-12351-5	数据库技术及应用教程(SQL Server 版)	郭建校	34.00
3	7-301-28452-0	电子商务概论(第 3 版)	庞大莲	48.00
4	7-301-12348-5	管理信息系统	张彩虹	36.00
5	7-301-26122-4	电子商务概论(第 2 版)	李洪心	40.00
6	7-301-12323-2	管理信息系统实用教程	李松	35.00
7	7-301-14306-3	电子商务法	李瑞	26.00
8	7-301-14313-1	数据仓库与数据挖掘	廖开际	28.00
9	7-301-12350-8	电子商务模拟与实验	喻光继	22.00
10	7-301-14455-8	ERP 原理与应用教程	温雅丽	34.00
11	7-301-14080-2	电子商务原理及应用	孙睿	36.00
12	7-301-15212-6	管理信息系统理论与应用	吴忠	30.00
13	7-301-15284-3	网络营销实务	李蔚田	42.00
14	7-301-15474-8	电子商务实务	仲岩	28.00
15	7-301-15480-9	电子商务网站建设	臧良运	32.00
16	7-301-24930-7	网络金融与电子支付(第 2 版)	李蔚田	45.00
17	7-301-31318-3	网络营销(第 3 版)	王宏伟	49.00
18	7-301-16557-7	网络信息采集与编辑	范生万	24.00
19	7-301-16596-6	电子商务案例分析	曹彩杰	28.00
20	7-301-26220-7	电子商务概论(第 2 版)	杨雪雁	45.00
21	7-301-05364-5	电子商务英语	覃正	30.00
22	7-301-16911-7	网络支付与结算	徐勇	34.00
23	7-301-17044-1	网上支付与安全	帅青红	32.00
24	7-301-16621-5	企业信息化实务	张志荣	42.00
25	7-301-17246-9	电子化国际贸易	李辉作	28.00
26	7-301-17671-9	商务智能与数据挖掘	张公让	38.00
27	7-301-19472-0	管理信息系统教程	赵天唯	42.00
28	7-301-15163-1	电子政务	原忠虎	38.00
29	7-301-19899-5	商务智能	汪楠	40.00
30	7-301-19978-7	电子商务与现代企业管理	吴菊华	40.00
31	7-301-20098-8	电子商务物流管理	王小宁	42.00
32	7-301-20485-6	管理信息系统实用教程	周贺来	42.00
33	7-301-21044-4	电子商务概论	苗森	28.00
34	7-301-21245-5	管理信息系统实务教程	魏厚清	34.00
35	7-301-22125-9	网络营销	程虹	38.00
36	7-301-22122-8	电子证券与投资分析	张德存	38.00
37	7-301-22118-1	数字图书馆	奉国和	30.00
38	7-301-22350-5	电子商务安全	蔡志文	49.00
39	7-301-28616-6	电子商务法(第 2 版)	郭鹏	45.00
40	7-301-22393-2	ERP 沙盘模拟教程	周菁	26.00
41	7-301-22779-4	移动商务理论与实践	柯林	43.00
42	7-301-23071-8	电子商务项目教程	芦阳	45.00
43	7-301-29186-3	ERP 原理及应用（第 2 版）	朱宝慧	49.00
44	7-301-25277-2	电子商务理论与实务	谭玲玲	40.00
45	7-301-23558-4	新编电子商务	田华	48.00
46	7-301-25555-1	网络营销服务及案例分析	陈晴光	54.00
47	7-301-27516-0	网络营销：创业导向	樊建锋	36.00
48	7-301-28917-4	电子商务项目策划	原娟娟	45.00
49	7-301-30323-8	互联网金融	谭玲玲	42.00

北京大学出版社本科电气信息系列实用规划教材

序号	书名	书号	编著者	定价	出版年份	教辅及获奖情况
物联网、大数据						
1	大数据导论	7-301-30665-9	王道平	39	2019	电子课件/答案
2	大数据处理	7-301-31479-1	王道平	39	2020	电子课件/答案
3	物联网概论	7-301-23473-0	王　平	38	2015 重印	电子课件/答案，有“多媒体移动交互式教材”
4	物联网概论	7-301-21439-8	王金甫	42	2012	电子课件/答案
5	现代通信网络(第 2 版)	7-301-27831-4	赵瑞玉　胡珺珺	45	2017，2018 第 3 次重印	电子课件/答案
6	无线通信原理	7-301-23705-2	许晓丽	42	2016 重印	电子课件/答案
7	家居物联网技术开发与实践	7-301-22385-7	付　蔚	39	2014 重印	电子课件/答案
8	物联网技术案例教程	7-301-22436-6	崔逊学	40	2013	电子课件
9	传感器技术及应用电路项目化教程	7-301-22110-5	钱裕禄	30	2013，2018 第 5 次重印	电子课件/视频素材，宁波市教学成果奖
10	电磁场与电磁波(第 2 版)	7-301-20508-2	邬春明	32	2016 重印	电子课件/答案
11	现代交换技术(第 2 版)	7-301-18889-7	姚　军	36	2013，2018 第 4 次重印	电子课件/习题答案
12	传感器基础(第 2 版)	7-301-19174-3	赵玉刚	32	2016 重印	视频
13	通信技术实用教程	7-301-25386-1	谢　慧	36	2015	电子课件/习题答案
14	物联网工程应用与实践	7-301-19853-7	于继明	39	2015	电子课件
15	传感与检测技术及应用	7-301-27543-6	沈亚强　蒋敏兰	43	2016	电子课件/数字资源
单片机与嵌入式						
1	嵌入式系统基础实践教程	7-301-22447-2	韩　磊	35	2015 重印	电子课件
2	单片机原理与接口技术	7-301-19175-0	李　升	46	2017 第 3 次重印	电子课件/习题答案
3	单片机系统设计与实例开发(MSP430)	7-301-21672-9	顾　涛	44	2013	电子课件/答案
4	单片机原理与应用技术(第 2 版)	7-301-27392-0	魏立峰　王宝兴	42	2016	电子课件/数字资源
5	单片机原理及应用教程(第 2 版)	7-301-22437-3	范立南	43	2016 重印	电子课件/习题答案，辽宁“十二五”教材
6	单片机原理与应用及 C51 程序设计	7-301-13676-8	唐　颖	30	2017 第 7 次重印	电子课件
7	单片机原理与应用及其实验指导书	7-301-21058-1	邵发森	44	2012	电子课件/答案/素材
8	MCS-51 单片机原理及应用	7-301-22882-1	黄翠翠	34	2013	电子课件/程序代码
物理、能源、微电子						
1	物理光学理论与应用(第 3 版)	7-301-29712-4	宋贵才	56	2019	电子课件/习题答案，“十二五”普通高等教育本科国家级规划教材
2	现代光学	7-301-23639-0	宋贵才	36	2014	电子课件/答案
3	平板显示技术基础	7-301-22111-2	王丽娟	52	2014 重印	电子课件/答案
4	集成电路版图设计(第 2 版)	7-301-29691-2	陆学斌	42	2019	电子课件/习题答案
5	新能源与分布式发电技术(第 2 版)	7-301-27495-8	朱永强	45	2016，2019 第 4 次重印	电子课件/习题答案，北京市精品教材，北京市“十二五”教材
6	太阳能电池原理与应用	7-301-18672-5	靳瑞敏	25	2011，2017 第 4 次重印	电子课件
7	新能源照明技术	7-301-23123-4	李姿景	33	2013	电子课件/答案

序号	书名	书号	编著者	定价	出版年份	教辅及获奖情况
8	集成电路EDA设计——仿真与版图实例	7-301-28721-7	陆学斌	36	2017	数字资源
			基 础 课			
1	电路分析	7-301-12179-5	王艳红 蒋学华	38	2017 第 5 次重印	电子课件，山东省第二届优秀教材奖
2	运筹学(第 2 版)	7-301-18860-6	吴亚丽 张俊敏	28	2016 第 5 次重印	电子课件/习题答案
3	电路与模拟电子技术（第 2 版）	7-301-29654-7	张绪光	53	2018	电子课件/习题答案
4	微机原理及接口技术	7-301-16931-5	肖洪兵	32	2010	电子课件/习题答案
5	数字电子技术	7-301-16932-2	刘金华	30	2010	电子课件/习题答案
6	微机原理及接口技术实验指导书	7-301-17614-6	李干林 李 升	22	2018 第 4 次重印	课件(实验报告)
7	模拟电子技术	7-301-17700-6	张绪光 刘在娥	36	2016 第 3 次重印	电子课件/习题答案
8	电工技术（第 2 版）	7-301-31278-0	张 玮 张 莉 张绪光	43	2020	课件/答案，山东省“十二五”教材修订版
9	电路分析基础	7-301-20505-1	吴舒辞	38	2012	电子课件/习题答案
10	数字电子技术	7-301-21304-9	秦长海 张天鹏	49	2017 第 3 次重印	电子课件/答案，河南省“十二五”教材
11	模拟电子与数字逻辑	7-301-21450-3	邬春明	48	2019 第 3 次重印	电子课件
12	电路与模拟电子技术实验指导书	7-301-20351-4	唐 颖	26	2012	部分课件
13	电子电路基础实验与课程设计	7-301-22474-8	武 林	36	2013	部分课件
14	电文化——电气信息学科概论	7-301-22484-7	高 心	30	2013	
15	实用数字电子技术	7-301-22598-1	钱裕禄	30	2019 第 3 次重印	电子课件/答案/其他素材
16	模拟电子技术学习指导及习题精选	7-301-23124-1	姚娅川	30	2013	电子课件
17	电工电子基础实验及综合设计指导	7-301-23221-7	盛桂珍	32	2016 重印	
18	电子技术实验教程	7-301-23736-6	司朝良	33	2016 第 3 次重印	
19	电工技术	7-301-24181-3	赵莹	46	2019 第 3 次重印	电子课件/习题答案
20	电子技术实验教程	7-301-24449-4	马秋明	26	2019 第 4 次重印	
21	微控制器原理及应用	7-301-24812-6	丁筱玲	42	2014	
22	模拟电子技术基础学习指导与习题分析	7-301-25507-0	李大军 唐 颖	32	2015	电子课件/习题答案
23	电工学实验教程(第 2 版)	7-301-25343-4	王士军 张绪光	27	2015	
24	微机原理及接口技术	7-301-26063-0	李干林	42	2015	电子课件/习题答案
25	简明电路分析	7-301-26062-3	姜 涛	48	2015	电子课件/习题答案
26	微机原理及接口技术(第 2 版)	7-301-26512-3	越志诚 段中兴	49	2016，2017 重印	二维码数字资源
27	电子技术综合应用	7-301-27900-7	沈亚强 林祝亮	37	2017	二维码数字资源
28	电子技术专业教学法	7-301-28329-5	沈亚强 朱伟玲	36	2017	二维码数字资源
29	电子科学与技术专业课程开发与教学项目设计	7-301-28544-2	沈亚强 万 旭	38	2017	二维码数字资源
			电子、通信			
1	DSP 技术及应用	7-301-10759-1	吴冬梅 张玉杰	26	2018 第 10 次重印	电子课件，中国大学出版社图书奖首届优秀教材奖一等奖
2	电子工艺实习（第 2 版）	7-301-30080-0	周春阳	35	2019	电子课件
3	电子工艺学教程	7-301-10744-7	张立毅 王华奎	45	2019 第 10 次重印	电子课件，中国大学出版社图书奖首届优秀教

序号	书名	书号	编著者	定价	出版年份	教辅及获奖情况
						材奖一等奖
4	信号与系统	7-301-10761-4	华 容 隋晓红	33	2016 第 6 次重印	电子课件
5	信息与通信工程专业英语(第 2 版)	7-301-19318-1	韩定定 李明明	32	2018 第 4 次重印	电子课件/参考译文，中国电子教育学会 2012 年全国电子信息类优秀教材
6	高频电子线路(第 2 版)	7-301-16520-1	宋树祥 周冬梅	35	2013 重印	电子课件/习题答案
7	MATLAB 基础及其应用教程	7-301-11442-1	周开利 邓春晖	39	2019 第 16 次重印	电子课件
8	通信原理	7-301-12178-8	隋晓红 钟晓玲	32	2018 第 3 次重印	电子课件
9	数字信号处理	7-301-16076-3	王震宇 张培珍	32	2019 第 4 次重印	电子课件/答案/素材
10	光纤通信（第 2 版）	7-301-29106-1	冯进玫	39	2018	电子课件/习题答案
11	数字信号处理	7-301-17986-4	王玉德	32	2010	电子课件/答案/素材
12	电子线路 CAD	7-301-18285-7	周荣富 曾 技	41	2011	电子课件
13	MATLAB 基础及应用	7-301-16739-7	李国朝	39	2011	电子课件/答案/素材
14	现代电子系统设计教程（第 2 版）	7-301-29405-5	宋晓梅	45	2018	电子课件/习题答案
15	信号与系统（第 2 版）	7-301-29590-8	李云红	42	2018	电子课件
16	MATLAB 基础与应用教程	7-301-21247-9	王月明	32	2013	电子课件/答案
17	微波技术基础及其应用	7-301-21849-5	李泽民	49	2013	电子课件/习题答案/补充材料等
18	网络系统分析与设计	7-301-20644-7	严承华	39	2012	电子课件
19	DSP 技术及应用	7-301-22109-9	董 胜	39	2013	电子课件/答案
20	通信原理实验与课程设计	7-301-22528-8	邬春明	34	2015	电子课件
21	信号与系统	7-301-22582-0	许丽佳	38	2015 重印	电子课件/答案
22	信号与线性系统	7-301-22776-3	朱明早	33	2013	电子课件/答案
23	信号分析与处理	7-301-22919-4	李会容	39	2013	电子课件/答案
24	MATLAB 基础及实验教程	7-301-23022-0	杨成慧	36	2016 重印	电子课件/答案
25	DSP 技术与应用基础(第 2 版)	7-301-24777-8	俞一彪	45	2015	实验素材/答案
26	EDA 技术及数字系统的应用	7-301-23877-6	包 明	55	2015	
27	算法设计、分析与应用教程	7-301-24352-7	李文书	49	2014	
28	Android 开发工程师案例教程	7-301-24469-2	倪红军	48	2014	
29	ERP 原理及应用（第 2 版）	7-301-29186-3	朱宝慧	49	2018	电子课件/答案
30	综合电子系统设计与实践	7-301-25509-4	武 林 陈 希	32	2015	
31	高频电子技术	7-301-25508-7	赵玉刚	29	2015	电子课件
32	信息与通信专业英语	7-301-25506-3	刘小佳	29	2015	电子课件
33	信号与系统	7-301-25984-9	张建奇	45	2015	电子课件
34	数字图像处理及应用	7-301-26112-5	张培珍	36	2015	电子课件/习题答案
35	Photoshop CC 案例教程(第 3 版)	7-301-27421-7	李建芳	49	2016	电子课件/素材
36	激光技术与光纤通信实验	7-301-26609-0	周建华 兰 岚	28	2015	数字资源
37	Java 高级开发技术大学教程	7-301-27353-1	陈沛强	48	2016	电子课件/数字资源
38	VHDL 数字系统设计与应用	7-301-27267-1	黄 卉 李 冰	42	2016	数字资源
39	光电技术应用	7-301-28597-8	沈亚强 沈建国	30	2017	数字资源
			自动化、电气			
1	自动控制原理	7-301-22386-4	佟 威	30	2013	电子课件/答案
2	自动控制原理	7-301-22936-1	邢春芳	39	2016 重印	

序号	书名	书号	编著者	定价	出版年份	教辅及获奖情况
3	自动控制原理	7-301-22448-9	谭功全	44	2013	
4	自动控制原理	7-301-22112-9	许丽佳	30	2017 第 4 次重印	
5	自动控制原理(第 2 版)	7-301-28728-6	丁　红	45	2017	电子课件/数字资源
6	现代控制理论基础（第 2 版）	7-301-31279-7	侯媛彬等	49	2020	课件/素材，国家级“十一五”规划教材修订版
7	计算机控制系统(第 2 版)	7-301-23271-2	徐文尚	48	2017 第 3 次重印	电子课件/答案
8	电力系统继电保护(第 2 版)	7-301-21366-7	马永翔	46	2019 第 4 次重印	电子课件/习题答案
9	电气控制技术(第 2 版)	7-301-24933-8	韩顺杰　吕树清	28	2014，2016 重印	电子课件
10	自动化专业英语(第 2 版)	7-301-25091-4	李国厚　王春阳	46	2014，2017 重印	电子课件/参考译文
11	电力电子技术及应用	7-301-13577-8	张润和	38	2008	电子课件
12	高电压技术(第 2 版)	7-301-27206-0	马永翔	43	2016	电子课件/习题答案
13	控制电机与特种电机及其控制系统	7-301-18260-4	孙冠群　于少娟	42	2011	电子课件/习题答案
14	供配电技术	7-301-16367-2	王玉华	49	2012	电子课件/习题答案
15	PLC 技术与应用(西门子版)	7-301-22529-5	丁金婷	32	2013	电子课件
16	电机、拖动与控制	7-301-22872-2	万芳瑛	34	2013	电子课件/答案
17	电气信息工程专业英语	7-301-22920-0	余兴波	26	2013	电子课件/译文
18	集散控制系统(第 2 版)	7-301-23081-7	刘翠玲	36	2013，2019 第 4 次重印	电子课件，2014 年中国电子教育学会“全国电子信息类优秀教材”一等奖
19	工控组态软件及应用	7-301-23754-0	何坚强	56	2014，2019 第 3 次重印	电子课件/答案
20	发电厂变电所电气部分(第 2 版)	7-301-23674-1	马永翔	54	2014，2019 第 3 次重印	电子课件/答案
21	自动控制原理实验教程	7-301-25471-4	丁　红　贾玉瑛	29	2015	
22	自动控制原理(第 2 版)	7-301-25510-0	袁德成	35	2015	电子课件/辽宁省“十二五”教材
23	电机与电力电子技术	7-301-25736-4	孙冠群	45	2015	电子课件/答案
24	虚拟仪器技术及其应用	7-301-27133-9	廖远江	45	2016	
25	智能仪表技术	7-301-28790-3	杨成慧	45	2017	二维码资源